国家自然科学基金资助（项目编号：51278411；51378421）

河谷中的聚落

——适应分形地貌的陕北城镇空间形态模式研究

周庆华　著

中国建筑工业出版社

图书在版编目（CIP）数据

河谷中的聚落——适应分形地貌的陕北城镇空间形态模式研究/周庆华著. —北京：中国建筑工业出版社，2017.2
ISBN 978-7-112-20217-1

Ⅰ.①河… Ⅱ.①周… Ⅲ.①城镇-城市空间-空间形态-研究-陕北地区 Ⅳ.①TU984.241

中国版本图书馆 CIP 数据核字（2017）第 004492 号

责任编辑：石枫华　李　杰
责任校对：王宇枢　李美娜

河谷中的聚落
——适应分形地貌的陕北城镇空间形态模式研究
周庆华　著
*
中国建筑工业出版社出版、发行（北京海淀三里河路 9 号）
各地新华书店、建筑书店经销
霸州市顺浩图文科技发展有限公司制版
北京建筑工业印刷厂印刷
*
开本：787×1092 毫米　1/16　印张：13　字数：265 千字
2017 年 8 月第一版　　2017 年 8 月第一次印刷
定价：**52.00** 元
ISBN 978-7-112-20217-1
（29618）

目　录

第1章 绪论

1.1 人居环境问题的反思

人与自然的关系及相处之道，一直是哲学、社会学、人类学、人居环境科学等多个学科聚焦的核心课题之一。对于人与自然关系的理论与实践探究也从未停止。放眼当下，人类赖以生存的自然环境因饱受冲击而不断变化，从全球升温的世纪之难，到物种消逝的悲情之灾，再到水土流失的绿色危机，以及今天穹顶之下的雾霾之问，每一次危机的出现都直指人与自然的相处之“道”。如何在当下的环境问题中自我反思？如何在人类自身的发展过程中保持自然生态的平衡？如何找寻一种恰当的方式，让人类得以诗意地栖居？

对人居环境问题的反思，需要我们从传统营城理念、外部生态思想和内部学科理论等多个角度出发，在反思中找寻人与自然的相处之道，探索学科理论的发展转型。

中国自古以来就重视“天—地—山—水—人”的和谐统一，这种环境整体观影响着传统城市营造艺术，并且反映在山水画等多个艺术领域。如黄公望《富春山居图》，山水连绵，林木茂盛，村舍隐约，浑然一体，营造出中国人心目中理想的山水人居图景；再有柳宗元于永州营造的“八愚”[1]，以溪、泉、丘等自然因素为倚靠，布置沟、池、堂、亭等人居要素，蕴含着近水靠山、融于自然的人居智慧。

吴良镛先生提出的人居环境系统模型将自然系统、人类系统、居住系统、支撑系统、社会系统作为统一整体，这就要求城市在营造过程中要始终注重对各类系统的完善，以及对系统间相互关系的处理。现代城市规划理论，包括霍华德的田园城市理论、柯布西耶的明日之城宣言，以及新城市主义、海绵城市等，无不是对上述各类系统的思考与应对。然而，面对经济快速发展、城市急剧扩张所带来的自然生态失衡问题，我们需要回归人居建设与自然的本质关系，从自然角度出发，探索已有的和谐于自然地貌的人居建设智慧，分析既存的城市—自然矛盾，借鉴有效的理论与方法，提出适宜的城市发展模式，为现代人居环境建设及城市规划理论提供有益的建议及补充。

1.1.1 深层生态学中的人与自然之“道”

深层生态学(Deep Ecology)最早由挪威哲学家阿伦·奈斯(Arne Naess)在1973年发表的《浅层生态运动和深层、长远的生态运动：一个概要》一文中提出。根据阿伦·奈斯的阐释，“深层生态学”这一概念是对应于“浅层生态学”

[1] “八愚”指《愚溪诗序》中的愚溪、愚丘、愚泉、愚沟、愚池、愚堂、愚亭、愚岛。

而言的。在她看来，当时普遍流行的一系列生态研究及运动，立足于以人类为中心的价值观，是一种将人类与自然二元对立的视角，其所信奉的生态观实则是“取自然以为人用”的狭义、浅层的观念认知。由此，阿伦·奈斯提出将人与自然生物大系统作为统一整体而追求和谐的深层生态学。

雷毅在《深层生态学思想研究》一书中，将浅层生态学和深层生态学做了系统详尽的对比。从自然观的角度来看，浅层生态学将人与自然分而视之，认为人类能够并且应该通过科学手段利用和支配自然。深层生态学则将人与其他生物种群一视同仁，认为人类只是自然构成的部分要素，我们应该出于和谐相处而非攫取利益的目的来尊重自然、服从自然。从经济观的角度来看，浅层生态学主张一切所谓资源都是以是否对人类有益为衡量标准而判别的，只有当环境污染影响到人类经济生产和生活时，才提出保护自然、减少污染。深层生态学则主张自然界存在的资源是所有生物共享的资源，人类经济生产与生活对自然环境造成的污染是对整个生物系统的负效应，应该优先于经济效益来考虑。更重要的是，深层生态学所倡导的经济计划应该至少为百年大计，从更长远的角度、从人与自然合而一体的角度，来计划人类世代更迭过程中的可持续利益。从技术观的角度来看，浅层生态学对待环境问题有依赖科学技术的倾向，认为技术是社会变革的决定性因素，通过技术可以将问题不断分解并解决。深层生态学则提醒我们不能过分依赖技术，应该将技术视为可操作的工具而谨防被技术奴役。同时，对于环境问题应持整体观，将人与自然视为有机联系的统一体，这样对问题的认识相较浅层生态学的技术分解更为全面深刻。[1]

以上对比，揭示出深层生态学对浅层生态学思想中一些根本价值观的质疑与批判。在重新阐释人类与自然相互关系的问题上，深层生态学主张的一切平等、物我相生、谦卑恭敬等观念态度，正与中国传统哲学思想中的“道”家学说暗合。奈斯也曾明确表示：“我所说的‘大我’就是中国人所说的‘道’。”[2]对于“道”，《道德经》第25章这样描述：“有物混成，先天地生。寂兮寥兮，独立而不改，周行而不殆，可以为天下母。吾不知其名，字之曰道。”第42章继续阐释：“道生一，一生二，二生三，三生万物。万物负阴而抱阳，冲气以为和。”因此，道是先于天地万物的本源。[3]自然万物中，人类如同一叶一沙一蝼蚁，都是平等众生中的一员。人与自然的关系并非对立而生，而是物我共存。这正是深层生态学所主张的人与自然和合为一的思想。尽管有关深层生态学的学术观点不尽相同，但从更加本质的层面认知人与自然的关系，无疑具有更积极的意义。

天人合一的思想集中反映了中国传统哲学中有关人与自然关系的探究。《荀子·王制篇》论：“草木荣华滋硕之时，则斧斤不入山林，不夭其生，不绝其长也；尾笼鱼鳖鳅鳣孕别之时，罔罟毒药不入泽，不夭其生，不绝其长也；春耕、夏耘、秋收、冬藏，四者不失时，故五谷不绝，而百姓有余食也；污池渊沼川泽，谨其时禁，故鱼鳖优多，而百姓有余用也；斩伐养长不失其时，故山林不童，而百姓有余材也。”表明人类对山林植被、鱼虾兽禽等自然造物的索取应恰如其时、恰如其分、恰如其量，不可恣意滥取、无视节制[3]。《史记》论“夫国必依山川，山崩川歇，亡国之征也。”这样的劝诫强调了人居环境建设需与自然和谐相生的观念。类似的，《黄帝宅经》中认为自然乃“作天地之祖，为孕育之尊，顺之则亨，逆之则否。”可见，中国古代人居思想已经将人与自然的相处之道从初级的建设行为上升至高级的精神象征层面。从顺应自然到敬畏自然，这种对自然环境的高级回归，是发自人类本心的价值取向，是对深层生态学思想的理论支持，也是对浅层生态学的理论批判。可以认为，中国古代传统人居思想正是深层生态学所倡导的价值观念的东方哲学表达。

同时，西方的哲学思想中也有和深层生态学契合的观点与价值取向，它们之间有着深层次的联系与统一。海德格尔在讨论人与自然关系的问题上，提出了天地神人的四化融合：“空明的心境任随外物契入，是人本真地出离到世界中的生存状态，即是说人持守着自己本真之性时，也聚集在物作为自身存在的场所中。这个人成其人、物成其物聚集的场所被道家称为道，被海德格尔称为存在。”[4]海德格尔在《住居思》中对德国朴素的农家小院与自然和谐相生的场景描绘，充分流露出对于这种顺应天地自然而生养栖息的存在方式的热爱。他在寻求诗意栖居理想图景的过程中，所追求的是人与自然在物质相处和心灵修养上的共同契合。这种融合一体的物我之境，与中国传统道家思想一脉相承，都是深层生态学的理论之源。

站在深层生态学的视角来审视当下，我们的人居环境建设似乎存在诸多不足。城市建设中对原有自然地貌的大型改造、对生态廊道的阻隔、对自然河道的填挖等，都是基于人类中心主义的改造。这种改造对于人类之外的整个自然生物系统而言，是一种外部性的负影响，随着自然环境在负影响下发生变化甚至恶化，将反作用于人类自身。因此，短期看似有利于自身发展的途径，从更长远的角度看实则无益。如果基于道家哲学、深层生态学理论等同源思想，人类作为自然大系统的一员，首先应该放下姿态，与万物平等处之；其次在人居环境建设中，应该将“以人为本”的内涵上升至包含人自身在内的“以自然为本”，适当约束自己对于外部自然界的诸多需求，少一点技术改造倾向，多一些对顺应自然之道的人居智慧的挖掘与应用，最终将自然生态与人文生态合而为一。

1.1.2 复杂性科学下的城市研究之“变”

城市研究的指导思想从来都是受同时代哲学理论的影响。笛卡儿所推崇的还原论认为，复杂事物都是由多个可拆解的简单部分构成，因此，对于事物认知，可以将其还原为简单的基本单元。同时期的城市认知中出现的分解思想、复杂问题简单化等观念，就是受还原论影响的产物。类似的还有决定论影响下的城市规模之问、二元论影响下的“功能与形式”之争等等。这些哲学理论与城市认知实际上都可以归结于古希腊时期对简单性(Simplicity)的信奉。从泰勒斯的水、德谟克利特的原子与空虚到毕达哥拉斯的“数的和谐”，再从牛顿的“三大定律”到爱因斯坦的“逻辑简单性”原理，人类一直试图将对宇宙万物中复杂性的认知，回溯到对世界本源的寻求，并以此形成还原论的思维方法与简朴性的美学原则。[5]正是在对简单性的推崇下，涌现了对早期多种城市模型的探索，无论是马塔的带形城市，还是霍华德的田园城市，抑或勒·柯布西耶的“明日之城”，都是简单思维范式下的城市研究。

20世纪中后期，以系统论为萌芽的复杂性科学开始全面兴起，将城市作为复杂巨系统的最新认知也随之逐步形成并受到广泛认可。在系统论、自组织理论、分形理论等复杂性哲学的核心思想下，国内外展开了城市研究的新范式探索，如克里斯托弗·亚历山大(Christopher Alexander)的城市半网络理论、迈克·巴迪(Michael Batty)的分形城市研究、比尔·希利尔(Bill Hillier)的城市空间句法理论、陈彦光的自组织城市研究、吴良镛先生的人居环境科学等。这些研究逐步打开了城市系统的复杂性认知，城市被看作一个开放的、耗散的、相互连通的、能量集结与交换的动态场所。

以克里斯托弗·亚历山大为代表的研究团队(包括尼科斯·A. 萨林加罗斯、S. 伊希卡娃、M. 西尔佛斯坦、M. 雅各布逊、I. 菲克斯达尔-金、S. 安吉尔等核心成员)，自20世纪60年代起，即开始在复杂性科学思想的启蒙下对城市建筑环境进行理论模式和实践探索，先后发表文章及著作《城市并非树形》、《建筑的永恒之道》、《建筑模式语言》、《城市设计新理论》等，并实践完成了著名的俄勒冈实验以及位于墨西哥北部的住宅制造。他们的一系列思想与主张正是基于复杂性科学的视角，对传统城市建筑理论进行批判性反思，从复杂性理论的角度重新解读和总结城市建筑空间的适应性设计和建造方法。在《建筑永恒之道》中，亚历山大引入了“道”和“模式语言”的概念来描述城市环境的形成与发展。他认为，一个城市丰富和复杂的秩序是由一个发生系统完成的。这个发生系统是数以万计的个体建造活动，这些个体建造活动并非是简单的部分相加构成城市整体，而是如同人类胚胎发育一般，具有生物分化属性，整体先于并优于部分的集合。[6]此后，亚历山大的忠实追随者尼科斯·A. 萨林加罗斯(Nikos A. Salingaros)在团队研究的基础上，提出了城市网络理论，并在进一步研究中展开了分形思想下的城市与建筑设计新理论探讨。他在2008年的十二场新建筑理论演讲中，从生物学、心理学、数学等多个角度解读了分形思想与人类自身的渊源。其代表性文章《连接分形的城市》更是对分形思想与理论应用于城市建筑设计的语言转译，文中深刻且直观地揭示出城市作为复杂网络系统的分形属性和空间尺度逆幂律分布属性等。他所总结的城市网络理论和空间连通理论是对适应于分形自然环境与人体尺度的理想城市的一次图景式描画。此外，巴迪(Batty)和隆利(Longley)也以《分形城市》为代表，以全面系统的理论和技术方法开启了分形城市学的研究高潮。

作为复杂性科学理论分支的分形学，看似是一种人为提出的新理论，实则其研究的“分形现象”一直存在于自然万象，并影响着人类自身的进化过程。国外多位不同领域的学者通过研究认为，人类早期在纯自然的、分形的世界中不断进化，因而其内部组织系统(如心脏、血管、肺部等)和表面感官系统(如视觉、触觉等)都已经适应了分形的外部环境，并且具有接纳和欣赏分形体的倾向。在这一理论支撑下，国外首先掀起了以分形学为视角的城市、建筑、景观研究热潮，从二维的土地利用、天际线、绿地广场，到三维的城市外部空间、山体景观等。分形视角的引入，为传统城市和建筑设计理论带来了新的反思和拓展，无论是对人性尺度的强调、对城市空间尺度的等级连续性与多样性的强调、对具有生物适应性的空间尺度比例的重新研究，还是对人居环境与地域环境相似耦合的提倡，或暗合了新城市主义的核心要义，或佐证了地域性设计的理论价值，且最终指向对城市与建筑设计的开放性探索。

复杂性科学的发展让我们认识到，城市处于时刻变化的、非均衡的环境中，因而其自身也不会自动趋于平衡。城市的形成依靠的是自下而上的演进力量，这种演进过程是数以万计的个体及群体选择和极少数、偶然的顶层决策共同作用而成的。因此，相较于机械系统，城市更趋近于生物性系统。这一系统是开放的、基于演进过程的产物，而非整体设计的结果。复杂性科学对城市认知与研究的影响从最初的系统论到半网络理论及网络理论，再到后来的自组织理论、拓扑学下的城市类型化研究，再到今天的分形城市研究，无论是理论的发展还是技术方法的支撑，都使得城市建筑研究领域不断外延，城市研究的范式也从简单系统转型为复杂非线性系统，并逐步向复杂网络化系统转变。由西方兴起并带动国内展开的复杂性城市理论研究，是对传统机械主义、功能至上、简单性信条的反观与批判，开启了城市研究范式之“变”。这种城市研究之“变”是复杂性科学的不断发展演进所带来的契机。在学科交叉研究的21世纪，引入新的理论与视角进行城市研究转型的探索与尝试，是整体科学发展之趋势，也是人居环境学科发展之未来。

1.1.3 小结

人居环境问题是一个伴随人类发展的永恒话题之一，对于它的诸多探讨也将伴随着理论与技术的发展而继续。然而，无论是深层生态学的思想启示，还是复杂性科学的理论支撑，都引导着我们对当下的人居环境问题进行批判性反思和变革转型的尝试。对于人居与自然的认识也将在一次次反思与变革的浪潮中得到淬炼，从而为人居环境的建设、为人类自身存在的方式找到更加明晰的方向与指引。

1.2 研究视角与创新点

1.2.1 研究视角

陕北地区有着深厚的黄土堆积，具有鲜明的地貌独特性，是中华文明最重要的发源地之一。在过去漫长的岁月里，陕北城镇呈现出相对稳定的发展状态。然而，在近年来快速城镇化的现实背景下，城镇面临着发展方向、产业转型等各个方面的问题。已有研究证实，陕北千沟万壑的流水地貌形态具有典型的分形特征。因此，以分形理论为研究视角，基于分形地貌对陕北城镇空间形态进行剖析与优化，可以得到不同视角下的新认识，对陕北城镇与地貌问题有更深刻的理解。

分形理论由美籍数学家本华·曼德布罗首先提出，是用分数维度的视角和数学方法描述和研究客观事物。分形(Fractal)也叫碎形，曼德布罗将这一概念定义为：一个粗糙或零碎的几何形状，可以分成数个部分，且每一部分都(至少近似地)是整体缩小后的形状。[7]分形思想最初起源于数学界对于“无限”、“循环”的探索，如卡尔·魏尔施特拉斯、格奥尔格·康托尔、费利克斯·豪斯道夫等学者的研究。著名的“康托尔集”（图1-1)是乔治·康托(Georg Cantor)于1877年绘制的首个人工分形图形。它的形成是通过不断裁剪掉一条线段的中间三分之一段而得到在长度上越来越短但数量上越来越多的子线段，这种不断生成的环路规则被称为“递归(Recursion)”，依照这种生成法则，一条有限的线段似乎可以被无限地细分下去。这正反映了康托最初的创造意图，即通过这种图形绘制尝试达到一种对于无限性(Infinity)的全新解读。《易传·系辞上传》中的“易有太极，是生两仪，两仪生四象，四象生八卦”与“康托尔集”图式有相通之处，可见分形认知实则早已存在于东西方的文化之中。

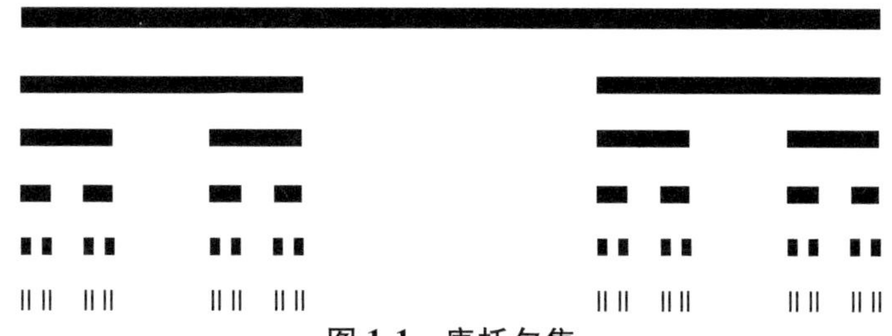

图1-1 康托尔集

分形理论是描述客观世界复杂巨系统更加真实与科学的方法，是非线性科学的三大支柱(混沌理论、分形理论和孤立子理论)之一。分形理论的研究对象主要是现实世界真实而复杂的不规则形态，这种不规则形态广泛存在于宏观与微观的大千世界之中，如河流水系、树枝叶脉、西兰花等(图1-2)，它们的局部

图 1-2　生活中的分形体

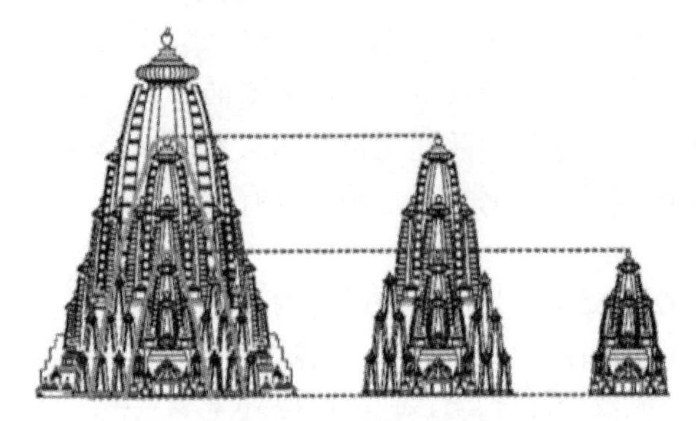

图 1-3　印度神庙中的自相似特征

（来源：Yannick Joye. A review of the presence and use of fractal geometry［J］. Environment and Planning B：Planning and Design，2011(38)：814-828）

放大后仍然具有与整体相似的丰富细节。在《非洲分形：现代计算模拟与本土设计研究（*African Fractals：Modern Computing and Indigenous Design*）》一书中，Ron Eglash 教授总结了分形几何的五大主要特征：递归(Recursion)、尺度(Scaling)、自相似(Self-similarity)、无限性(Infinity)、分维值(Fractal Dimension)。“递归”主要指图形生成所遵循的迭代法则，是一种理论上可以不断循环的环路(A Loop)，这样，上一个尺度层级生成的“子图形”将成为下一层级继续迭代的“母图形”(图 1-3)。“尺度”则是促使分形几何得以高效模拟的一种特性，具有尺度性的图形，意为该图形在不同尺度上具有相似的图式，微小局部图形放大后与整体图形类似。“自相似”是判定图形分形的重要属性之一，包括 Koch 雪花模型一类严密绘制下的人工分形图形所体现的“精确自相似(Exact Self-similarity)”和海岸线一类存有随机偏差的自然分形图形所体现的“统计学意义的自相似(Statistical Self-similarity)”(图 1-4、图 1-5)。后者对于包含人工因素的城乡聚落及建筑的分形研究具有重要意义，避免了用抽象理论下的绝对自相似作为判别分形的标准。最后，“分维值”作为唯一的数据特征，以非整数来描述分形图形在一维直线与二维平面之间所处的维度状态。[8]

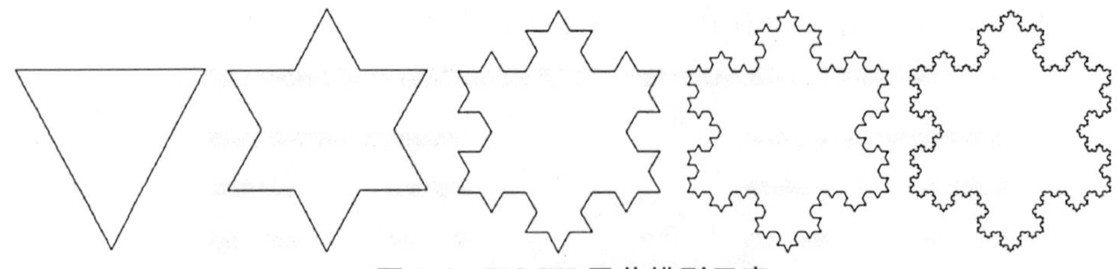

图 1-4　KOCH 雪花模型示意

（来源：Koch . On a continuous curve without tangents，constructible from elementary geometry［M］. 1904）

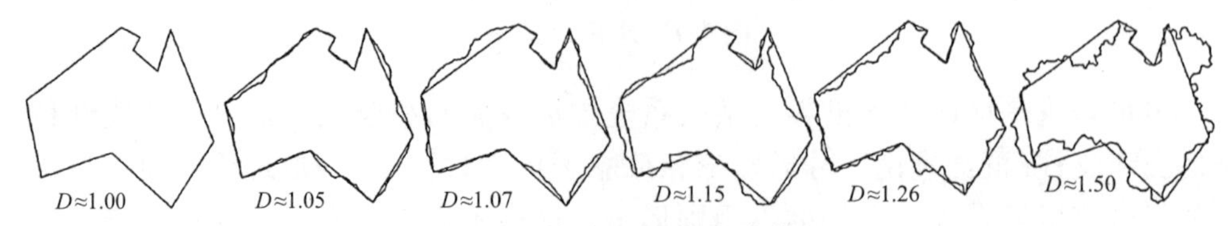

图 1-5　澳大利亚海岸线模拟

（来源：改绘自 Batty M，Longley P A. Fractal Cities［M］. London：Academic Press，1994）

虽然起源于数学，但从直观的图形角度来看，分形在本质上实则是一种混沌自组织、从无序到有序的动态变化过程(图 1-6)。如同细胞的有机分裂与融合，分形自组织过程是基于简单的变化法则(或规律)和一套内部可循环的反馈机制，从最简单的形式不断嵌套、迭代，从而形成越来越复杂的、可以自由无限循环下去的系统，这一系统具有复杂性、非线性、相似性等特征。应该说，分形系统不仅存在于空间的维度，也存在于时间的维度，生物体的繁殖这一自相似迭代正是时间维度的分形现象。从自组织角度出发，分形的规划语义就是一种符合自然有机规律的、自下而上的自组织机制，如同中世纪的城邦聚集、现当代的自然乡村聚落的演化过程等。

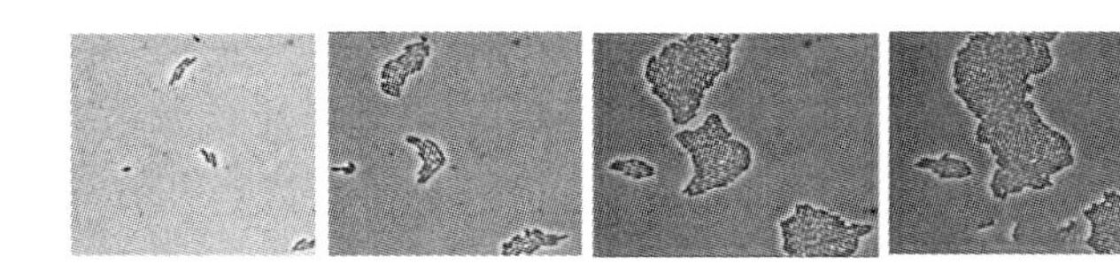

图 1-6　分形的自组织本质图示

(来源：原始数据来自 BBC 纪录片《The Secret Life of Chaos》)

陕北地区典型的黄土高原地貌，沟谷众多、地形破碎，呈现典型的枝状结构(图 1-7)，具有明显的分形几何特征，生长于其中的人居环境也与地貌紧密相连。基于此，陕北黄土高原分形地貌所包含的生态安全格局也往往被认为是符合大自然生长规律的安全状态。然而，由于河谷川道的地貌限制，陕北经济快速发展背景下的城市扩张带来土地资源紧缺的现实问题。近年来，陕北一些新的城市用地大规模向河谷空间侵蚀，甚至采用跳跃式的新城建设发展模式，这些活动逐渐改变着地貌环境，也导致各种城市问题日益凸显。

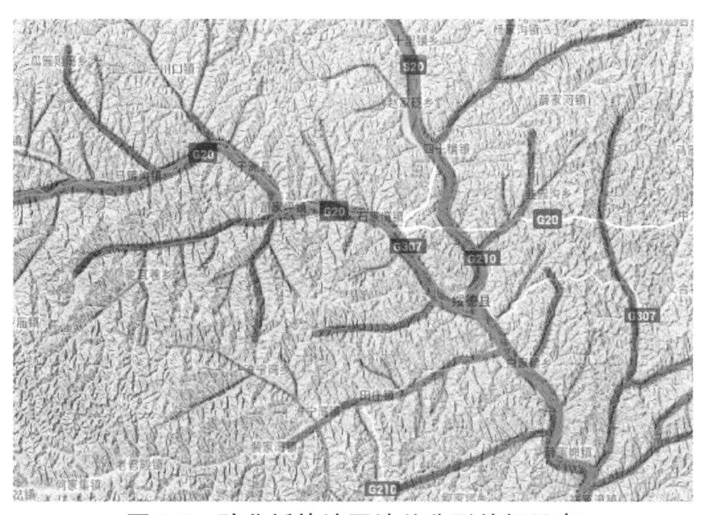

图 1-7　陕北绥德地区地貌分形特征示意

陕北城镇体系是非线性的复杂系统，分形理论对揭示城镇体系的分形特征、认知城镇空间的自组织规律、了解掌握城乡结构特征及演化规律有重大的理论意义和实践价值，可作为城镇规划理论、方法的扩展与支撑。

课题将基于分形理论及方法，发掘陕北分形地貌与数个城镇空间形态的耦合特征。通过计算分析，尝试建立分形耦合模型，提出适宜于地貌的合理发展模式，以期对未来陕北地区的城镇发展提供一定的理论指导，也希望为其他类似的特殊地貌区城镇发展提供借鉴。

1.2.2 创新点

（1）将分形理论引入陕北地貌与城镇空间的关联研究

引入分形理论并进行陕北城镇空间发展研究，突破仅仅在分形体系内进行独立研究的方法，首次将地貌分形与城镇空间分形进行耦合关联研究，深度解读二者的分形特征，揭示城镇空间发展与分形地貌的关联机制及规律，提出和谐于分形地貌的城镇空间分形模型。

（2）基于分形理论的陕北城镇空间形态模式与规划方法研究

融入分形理论的新视角，建立与陕北地貌相适应的城镇空间形态模式，进而对城镇空间体系和个体城镇发展提出规划引导。在此基础上，探索城镇空间规划方法的分形理论融入路径，拓展人居环境科学相关理论的研究视野。

1.3 研究缘起

1.3.1 地貌条件约束下的陕北人居困境

陕北是我国21世纪重要的能源基地，拥有丰富的煤炭、石油、天然气和岩盐等资源。根据《榆林市矿产资源规划(2008～2015年)》统计，矿产资源8大类40种，潜在经济价值40.6万亿元，约占全省的95%，约占全国的30%。2000年以后，随着市场经济不断成熟，全国的城镇化进程普遍加快，得益于能源产业的陕北黄土高原丘陵沟壑区也逐步进入了快速城镇化阶段，城镇空间不断扩张，超大规模的工业组团群和新城镇应能源而生。

然而，许多现有城镇受制于稀缺的土地资源，呈现出上山建城的发展态势。这些依赖人工技术突破特殊地貌制约的大规模建设行为，给相对稳态与和谐的人地关系带来突变性冲击，使得原本脆弱的生态安全格局进一步受到威胁，带来许多地质灾害、环境荒漠化等问题。

1.3.2 新型城镇化下的陕北城镇发展转型

2014年3月，我国颁布了《国家新型城镇化规划(2014～2020年)》，重点强调“人”的城镇化、地域城镇化以及生态城镇化。根据地域生态、社会经济等自身条件，探索符合地域特征的城镇化路径，是新型城镇化的重要趋向。对于拥有特殊地貌与产业背景的陕北地区而言，当下及未来的重要方向应以区域统筹、产业升级、低碳转型、集约高效等为重点内容，通过寻求适应于自然地貌的新型城镇化路径，实现生态效益、经济效益、社会效益共赢的内涵式城镇发展与提升。

1.3.3 分形视角下的陕北人居研究契机

陕北黄土高原承载着中华民族的千年文明，虽已千沟万壑，却仍哺育了世代儿女。在这样一片土地上，陕北世代居民从过去到现在，何以繁衍生息？从现在到未来，又将以何续写生活？多年来，以西北大学、西安建筑科技大学、长安大学、西安理工大学等为代表的高校研究团队，逐步展开了对陕北人居环境的调查研究，并提出多种适宜性发展对策。时至今日，对陕北人居环境的研究，无论在方法、视角还是结论上，已经进入较为成熟的阶段。然而，随着时代的变迁、政策的变化、观念的转变等，今日的陕北人居环境依然面临着种种问题，尤其是在能源产业集中开发的背景下，区域内城镇之间的协调发展、重点城镇的空间发展模式调整等，都是亟待研究与解决的重要课题。

分形理论在近十余年来的国内外城市体系研究领域独树一帜，已成为研究城市及其区域地貌的有效工具。相比于传统的欧氏几何思维，分形理论有助于深刻认识和揭示城乡聚落与自然环境在空间形态上的耦合关系。因此，分形视角为陕北人居环境研究带来了新的思路与方法：

首先，根据分形理论，分形体能最有效地占据空间，是大自然优化结构的特征。例如，血管是分形体，其把无限长的线形系统纳入有限的面积之中；呼吸系统是分形体，其把巨大的表面积纳入有限的体积之中，以便有效地进行要素交换、满足生理需求。[9]同样，如果城乡聚落能达到分形优化状态，那么人居环境就能最有效地占据地理空间，对于陕北特殊地貌下的城镇发展而言，探索和谐于地貌的城镇空间分形形态无疑是一条有效路径。

其次，陕北的地貌沟壑形态与河流水系具有典型的分形自相似特征，这一点已得到相关研究的充分论证。同时，陕北人居环境整体空间格局与自然地貌呈现出形态上的某种叠加一致性。[10]由此推断，陕北黄土高原城镇空间分布与分形地貌之间应该存在较强的分形耦合特征。这种耦合特征的形成既受到地貌对人居环境的约束影响，也受到居民对地貌的利用影响。正是千百年来内外力量的相互作用与制约，使得陕北人居环境与分形地貌逐渐趋于相对稳态与和谐的关系。

因此，基于分形视角，研究陕北城镇空间形态与自然地貌的耦合特征，揭示二者的耦合机制，既可以对其中蕴藏的人居智慧进行挖掘与总结，也可以对现状存在的不适应现代发展需求或与环境冲突的城镇发展形态进行分析与调整。无论是对智慧的总结、问题的分析，还是对现状的优化、未来的指导，都将成为陕北人居环境研究的重要契机。本课题立足于此，借助分形理论与方法对陕北城镇空间形态与分形地貌进行定性和定量研究。首先探索二者的分形耦合关系，其次挖掘二者之间的耦合特征及规律，最后以此为基础，尝试提出耦合于陕北分形地貌的城镇空间发展适宜模式。

1.4 既往研究及评析

1.4.1 国内外城乡规划引入分形理论的研究综述

自曼德布罗首次提出“分形”概念并将其应用于实践之后，分形理论逐渐被引入多个学科领域，相关理论研究也取得了丰硕成果(表 1-1)。整体来看，国内外城市分形研究在内容上主要集中于城镇及镇村体系、城乡土地利用、城市空间结构、城市人口以及单体建筑设计等方面。在研究方法上，多采用离散选择模型、细胞自动机、盒维数法、半径法、膨胀法等，结合微分方程、幂律函数、双对数回归等数理推导进行分形维数测算及相关分析。

此外，国内外以图形分形为研究视角的学者不在少数，其研究对象多为建筑、园林及城乡聚落。具有代表性的如巴迪(M. Batty)和隆利(P. A. Longley)在“Frctal Cities”一书中对比分析了田园城市、带状城市、棱堡城市等理想城市模型的分形图式，罗恩•埃格拉什(Ron Eglash)在“African Fractals”一书中以分形元迭代法模拟了大量非洲传统聚落的分形图式，[8]李德仁和廖凯、冒亚龙和雷春浓[11]从图形相似比较角度分析了中国传统城市布局模式及古典园林的广义分形特征。此后，冒亚龙、雷春浓、何镜堂等人先后以图形相似及尺度层级分析了国外著名建筑(马赛公寓、朗香教堂、东京 Tod’s Omotesando 大楼等)的分形图形特征。扬尼克·乔伊 (Yannick Joye)同样以不同尺度下的图形相似性验证分析了米兰大教堂和印度神殿的分形特征。

国内外引入分形的城乡规划研究概况　　表 1-1

研究内容	代表学者	研究方法
城市边界	M. Batty，P. A. Longley；詹庆明等	网格法、微分方程、幂律函数、线性回归等
城乡土地利用	M. Batty，P. A. Longley；R. White，G. Engelen；刘明华、陈彦光；姜世国、周一星；车前进、曹有挥等；赵珂、冯月等	离散选择模型(Discrete Choice Model)、细胞自动机(Cellular Automata，CA)、网格法、半径法、相关分析法等
城市空间结构	M. Batty，P. A. Longley；P. Frankhouser 等；R. White，G. Engelen；刘明华、陈彦光；姜世国、周一星；车前进、曹有挥等	DLA 模型、网格法、半径法、相关分析法、豪斯道夫维数法、关联函数、微分方程、幂律函数、线性回归等

续表

研究内容	代表学者	研究方法
城镇体系、镇村体系	S. L. Arlinghaus 等；陈彦光、刘继生；陈涛、白永洁；邢海虹等；汤放华等；杨延	网格法、半径法、相关分析法、豪斯道夫维数法、膨胀法、线性回归、幂律函数等

除表1-1所述之外，还有一些关于城市人口、交通体系、城市经济、城市广场绿地、乡村聚落等方面的分形研究。通过对国内外相关文献的内容梳理可以发现，国内外对于分形理论在城乡规划领域的研究与利用已经有了一定的研究基础，在方法和重要观点上有一些可借鉴的内容(表1-2)。

国内外核心文献重要方法与观点借鉴　　表1-2

编号	作者	借鉴方法	借鉴观点
1	Liang Jiang, HuYanqin, Hui Sun	借鉴新孔隙法(New Lacunas)，结合课题研究对象，引入城镇规划中的相关尺度(如出行半径、绿地规模等)进行方法调试与应用	/
2	Nikos A. Salingaros	/	① 建筑装饰实则是建筑整体中5mm~2m之间的结构性序列，这一尺度范围对应人体感知建筑的尺度(眼、指、手、臂、身体等)；②“模式”是分形概念中重要的关键词之一，相当于分形元或基本图式或普世尺度。单独的分形维数不足以作为分形依据[12]
3	Haowei Wang, Xiaodan Su, Cuiping Wang, ect	盒维数法与面积—半径法的结合	/
4	陆邵明	图形分析法、基本图式的模式变换法	/
5	张宇星	图形比较法	同一区域内的城市群(聚落群)在区位上具有内部自相似性，这源于区域竞争中对资源的选择，既是对资源的合理竞争，同时也避免优质资源的浪费
6	Ron Eglash	图形迭代分析	一些古老聚落的空间形态呈现分形的原因在于，社会制度的等级关系、人类对宇宙的无穷与嵌套的认识观、人类对生命循环无限的认识与崇拜(如手工艺品对子宫的模仿及对生命循环的隐喻)
7	Nikos A. Salingaros	建筑主要构件的尺寸比较方法(应用于窑洞建筑、村落绿地开敞空间等)	①人类在自然环境下的遗传进化中，适应性地生成了一套可以欣赏并亲近自然分形体的生物系统。因此，具有分形特征的环境设计是亲生物性的、怡人的；②活力的城市是以网络的形式发挥作用的，连接途径也应遵循普适分布法则：如它应具有少量的高速公路，大量的普通公路，较多的是当地街道，更多的是小巷、自行车道和人行道[13]

综合来看，国内外引入分形的城乡空间研究，整体上侧重对用地形态的分维测算及数据分析，对于水系、地貌等自然基底与城乡空间的分形关联性研究尚未全面展开。在方法上，网格法、半径法、关联维数法、面积—周长关系法等方法均有广泛应用，其中网格法在普适性方面更具优势。同时，较为少见的图形分析方法虽然不及数理测算方法成熟，但具有简明直观性。曼德布罗曾指出，判断自然界随机形态是否具有分形特征，首先来自观察，其次才是数据比较。因此，结合规划学科图、文、数并重的特点，本书采用数理测算与图形分析结合的方式，以网格法和关联维数法为基础，以图形分析为补充，对研究对象进行多角度刻画与比较，以期得到更复合的结论与更深层的剖析。

1.4.2 国内外有关分形地貌的研究现状及综述

相较于城乡规划领域引入分形研究的初期摸索阶段，地理学界引入分形展开的地貌研究已经进入成熟时期。由于地貌涉及的成因、要素、形态等广泛而复杂，分形的引入正是为了以一种数理工具简化对于地貌的特征描述，且目前较成熟的分形地貌多指二维平面形态上的分形，因此分形地貌的直接研究对象主要以地貌之上的水系要素作为表征，通过对水系形态的分形计算得出数理关系，从而解释分形数值所代表的地貌发育程度及破碎化程度。

在对地貌的分形研究方法上，国内外研究学者基本形成了较为成熟的测算方法与数理模型。D. G. Tarbotona 等借助 DEM 技术，分别用尺子法、盒盖法和超出数概率法研究了水系的分形特征。R. S. Show 利用 Richarson 方法计算了 12 条形态各异的单河道的分维值，研究了河道弯曲度的分形结构。V. I. Nikora 选取河道宽度 B 和河谷宽度 B_0 两个控制参量研究水系的分维特征。[14] 陈彦光、李宝林[15] 采用 Horton 和 Hack 模型对吉林省 10 个代表性水系进行了参数测算和数据回归拟合，分析了吉林省水系分形结构的分异规律及其动因。龙腾文、赵景博[16] 利用 Horton 定律和分维数学公式计算出陕北葫芦河流域的分维值，并延伸分析了水系分维值隐含的流域发育信息。沈中原、李占斌等人[17] 采用多重分形谱对黄土高原大理河流域进行分维测算，分析了多重分形参数所表征的流域地貌特征。胡最、梁明等人[18] 借助网格法测算了陕北韭园沟流域边界的二维分形维数和三维分形维数，并通过比较两种分维结果得出韭园沟流域地貌的发育状态。蔡凌雁、汤国安等人[19] 也采用网格法计算了陕北河流水系的分维信息，通过数据统计与分析得出不同黄土高原地貌类型与对应河流水系分维的关系。

总体来看，分形地貌的研究整体上侧重对分维值的测算与分析，这种量化研究方法已趋成熟且具有较强的客观性，对于指导陕北地区分形特征具有理论基础与方法指导作用。然而，分形创始人曼德布罗曾经提出，自然界随机模型（是否分形）的基本验证首先来自观察，其次才是数据比较。作为分形理论核心内涵之一的图形分形，对于揭示研究对象的形态特征具有重要意义。同时，从城乡空间规划角度出发，河流水系的图形分形研究有助于在可视化图形角度指导与之息息相关的人居空间分形研究及二者的关联分析。

1.4.3　国内黄土高原聚落分布研究综述及启示

陕北黄土高原地区人居环境研究是我国西北地区人居环境研究的重点，也是难点。由于陕北黄土高原的聚落分布与其特殊的流水冲刷地貌密切相关，国内针对该地区的聚落研究多以流域、地貌为单元展开。

陈宗兴、尹怀庭、汤国安、惠怡安等人在研究陕北丘陵沟壑区农村聚落分布时，基本上从单体聚落的分布区位、分布趋向性、分布形态及一定区域内聚落群体组合特征等方面展开，分析总结了聚落的空间结构特征及形态特征。周若祁、于汉学、刘临安指出了常规规划以行政区划作为研究边界的不足，从系统科学角度提出以流域为单元研究陕北黄土高原人居环境的合理性与科学性，并以陕北枣子沟小流域为例，运用生态学理论进行流域自然环境评价并建立了景观生态安全格局，为该流域提出初步的人居环境发展策略。刘晖[20]根据黄土高原景观空间格局将小流域分为山地型、川道型、台塬型等三种基本类型，分别选取了位于延安和洛川的三个代表性小流域作为人居生态基本单元，从自然支持系统、人居支持系统、人居建设系统等方面展开研究，提出了三种单元的人居生态安全模式。郭晓冬在其研究葫芦河流域乡村聚落空间结构的博士论文中，初步运用分形理论对研究对象进行了分维测算和分析，并用一个章节分析了地区乡村聚落的社会空间结构，从社会变迁、社会事实、日常生活、风俗习惯等多个方面展开，分析总结了乡村聚落的社会空间结构特征，并与空间形态联系比较得出相关结论。虞春隆、周若祁[21]通过分析认为，不同面积、坡度、水网形态的小流域，其人居分布及形态也各有差异。因此，他们按照从特殊到一般的思路，以面积、坡度、水网体系三个指标对黄土高原沟壑区小流域进行分类，并选取各类典型小流域展开类型化研究，为小流域人居环境的生态发展提出了控制性原则。

综合而言，早期的城乡规划领域关于陕北聚落空间分布的研究文献中，其视角与方法基本可以概括如下：地貌、交通、水源影响下的聚落分布，区位、水系、沟谷等地貌形态影响下的聚落群组分布形态及分布结构，平面几何形状描述下的单体聚落形态类型划分，一定区域范围内聚落密度与规模的量化描述等。这些视角下的研究结论基本一致或相似，说明学界内对于陕北聚落分布特征的研究趋于成熟且达成共识。2000年以后的城乡规划领域关于陕北聚落分布的研究文献，逐渐出现了新的视角与方法，如汤国安教授、郭晓冬博士等人，在诸多论文中不同程度地引入了分形理论及方法，试图对陕北聚落分布的特征加以直观、量化的描述和分类。

1.4.4 小结

综观国内外关于城乡规划、地貌分形、黄土高原人居环境研究的已有成果，在研究视角及方法上具有以下几点特征：①以分形视角进行城乡规划、地貌分形相关研究的方法主要集中于数理分析，少量国外学者和研究机构进行了图形分析和软件模拟的探索，国内学者在图形分析方面的尝试与成果较少；②将分形引入黄土高原地域内的研究内容主要集中于地貌研究，应用于黄土高原人居环境的研究较少，将地貌与聚落结合起来进行分形耦合的研究几乎空白；③以往对于黄土高原人居环境的研究多从景观生态学、城乡规划理论等角度出发，2000年以后出现少量学者开始引入分形视角对黄土高原人居环境与地貌的关系进行阐述性分析。

分形理论在城镇形态与地貌形态的分别应用已进入到全面展开的阶段，已有分形测算方法和国外学者正在探索的分形图形和软件模拟都为课题研究提供了较好的方法平台。

1.5 研究方法

课题基本研究方法是将城镇空间和分形地貌作为“人—地”关系综合体，在研究区域地理信息分析的基础上，进行该区域地貌和城镇空间的分形刻画，分析二者之间的耦合关系，进而探索相关理论模型和空间模式，指导规划实践，具体方法如下：

1.5.1 分形理论与方法

根据分形理论，依靠GIS和计算机技术，对研究区域的地貌和城镇空间对象进行地理空间分形计算，获得分形信息，即各种分维数和分形形态。依据各分维数图形特征和结构，进行陕北自然地貌和城镇空间结构的分形耦合关系研究。

在分维测算方法中，应用最广、操作性较强的是半径法、网格法以及关联维数法。半径维数是从城市生长的视角，考虑城市从中心向外围扩展的趋势，采用回转半径测算分维值，体现空间分布的向心聚集性。[22] 陈彦光等则进一步借助Smeed模型说明半径维数所表达的城市各类用地的密度从中心向四周的增减趋势以及增减速率的快慢，可很好地揭示各类用地的中心空间分布规律。当半径维数$D<2$时，该类用地的密度从中心向四周逐渐衰减，D值越大，衰减的速度越慢，反之则越快；当$D=2$时，该类用地从中心向四周均匀分布；当$D>2$时，该类用地的密度从中心向四周逐渐增大，D值越大，增加的速度越快，反之则越慢。[23]

网格法和关联维数法主要刻画研究对象在形态上的复杂度、在结构上的均衡度，以网格大小和研究对象间的直线距离为测算基础数据，无需确定研究对象的形态中心。英国伦敦学院先进空间分析中心(CASA)的研究员通过大量的应用对比得出，盒维数法(即网格法)是最适宜测量复杂结构的方法，并且该方法可以通过网格图形展示，像城市地图、鸟瞰、遥感影像一样直观简明。[24]因此，在交叉应用多种分形测算方法的基础上，以网格法和关联维数法为主要测算方法。

网格法的测算原理在很多文献中有详细阐释，在此简化说明。如图1-8所示，①选择合适尺寸的矩形网格，将测算对象刚好覆盖，暂称该网格为“边框”；②以“边框”的左上角为坐标原点，画正方形网格，该网格的边长尺寸取第一步中“边框”的长边，此时，图中有1个正方形网格覆盖测算对象；③将第二步中正方形网格的边长缩小为原来的二分之一，同样“边框”的左上角为坐标原点，将缩小后的网格进行矩阵排列，直至刚好覆盖测算对象；④将第三步中正方形网格的边长缩小至二分之一再次矩阵排列至覆盖测算对象，以此类推，至少形成9组不同尺度的网格图；⑤借助GIS软件分别提取出每一个尺度下的网格图中，包含测算对象的“非空网格”数量，将网格大小与非空网格数分列于Excel表中，对两列数据分别取对数并将对数进行线性拟合，得到公式$Y=aX+b$，其中a即为测算对象的分维D。

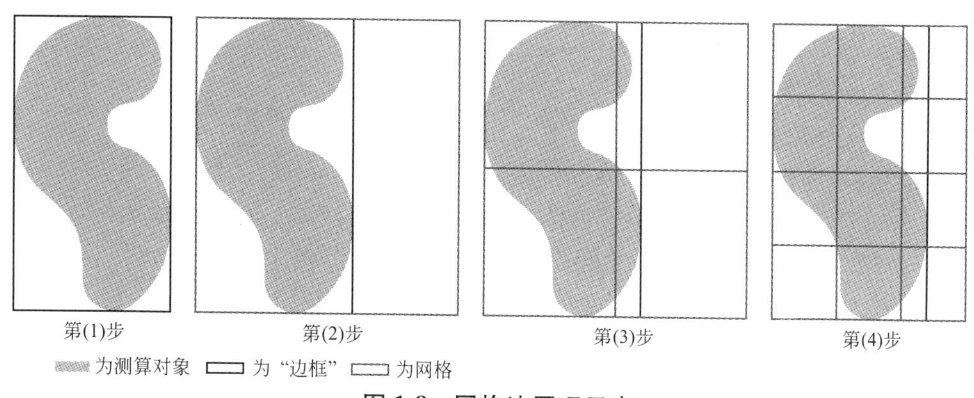

图1-8 网格法原理示意

网格维数的D值通常介于0~2之间，在聚落形态和聚落结构中分别代表不同含义，在三、四章节的应用中有具体阐述。简言之，表征形态的网格维数隐含的信息是聚落在空间形态组织模式，$D=0$表明聚落是孤点状；D在0~1之间表明聚落是不连续的、如同建筑群组一样的形态；D在1~2之间则表明聚落形态中有大量的连续簇群，同时也有孤点，如同城市用地中存在绿地、水系、空地等孔隙的状态；$D=2$时的聚落形态为无孔隙的平面，该形态不具有分形属性。表征结构的网格维数则主要说明聚落间的空间关联度和作为体系的结构均衡度。

关联维数的测算主要针对聚落间的空间结构而言，测算以两两聚落之间的距离为基本数据，用于表征研究范围内所有聚落之间的空间分布关联度。根据陈彦光、刘明华在《城市结构和形态的分形模型与分维测算》一文中的方法描述，关联维数函数表达式为：

$$C(r)=\frac{1}{N^2}\sum_{i}^{N}\sum_{j}^{N}\theta(r-d_{ij}) \tag{1-1}$$

其中，r 为度量聚落距离的码尺，d_{ij} 为编号 i 和编号 j 的两个聚落之间的直线距离（也称乌鸦距离）。θ 是一种单位阶跃函数，当两两聚落之间的距离 $d_{ij} \leqslant$ 度量码尺 r 时，该函数值为 1；当 d_{ij}>度量码尺 r 时，该函数值为 0，表达式为：

$$\theta(r-d_{ij})=\begin{cases}1, & \text{当 } d_{ij}\leqslant r \text{ 时}\\ 0, & \text{当 } d_{ij}>r \text{ 时}\end{cases} \tag{1-2}$$

如果测算对象具有分形属性，则 $C(\lambda r)\propto\lambda^{\alpha}C(r)$，从而 $C(r)\propto r^{\alpha}$，其中 α 即是空间关联维数 D。关联维数同样介于 0~2 之间，当 D 在 0~1 之间时，越趋近于 1 则说明聚落结构越趋近于线性集中；当 D 在 1~2 之间时，越趋近于 2 则说明聚落结构越趋近于整体均衡性，偏离线性集中的空间结构。[25]

目前，城市分形研究主要包括对城市个体研究和城镇体系研究两个层次。城市个体分形研究主要研究城市内部各因子的空间分形特征，研究包含中观和微观两个层面。中观是对城市形态、结构、土地利用等方面的研究，微观是针对城市建筑分形方面的研究。城镇体系分形研究是以某区域的一群城市，即城市体系为研究对象，主要研究包括城市规模等级规模分布、空间结构等的城市群落分形特征。

1.5.2 多学科结合

多学科交叉与案例实证相结合。通过城乡规划学、现代分形理论、自然地理学、景观生态学、类型学等学科的交叉研究，创新理论方法；通过广泛而深入的实地调研与案例实证，对新的理论框架进行校验与调试。

1.5.3 调研与分析方法

广泛调查与比较研究相结合。在深入研究陕北城镇空间的同时，对黄土高原其他地域进行相关的考察调研，结合大量国内外相关研究的视角，通过与自然条件差异明显的东部地区进行比较，在多维视野比较中，保证研究主题必要的外延宽度和内涵深度。

1.6 核心内容及研究框架

1.6.1 核心内容

（1）陕北自然地貌及城镇空间布局分形特征

在已有关于陕北自然地貌及城镇空间布局的研究基础上，对陕北地貌分形研究进行深化，重点计算分析城镇空间布局分形维数和分维形态，进而确定与地貌分形关联密切的城镇空间分形维数系列数据，总结城镇空间布局的分形特征，并作为城镇空间与地貌契合度分析的数据指标，以此展开对分形地貌与城镇空间形态的耦合研究。

(2) 陕北自然地貌及城镇空间布局分形耦合特征

在分形维数和分形特征的研究基础上，对地貌与城镇空间两个分形体系进行耦合研究，并得到具有多重分形结构的耦合关系。地貌分维数具有相对稳定的特征值，城镇空间形态分维数则需通过提取城镇某一时期、位置、规模、形态等不同特征要素进行分类计算，进而将城镇空间形态分维数与特征地貌点(例如河流交叉处等)或区域相关地貌分维数进行关联分析，判断二者的契合状况，解析基于三维表征方式和演化历程的多重分形结构耦合关系。同时，联系现实城镇状况，判断特征指标的分布与变化状态并分析成因，确认影响城镇空间演化的自然地貌等相关因素的交互作用，深度认知地貌环境与城镇空间发展的内在关系，揭示城镇空间发展与地貌分形特征相关联的内在机制与规律，并从中发现关键性关联指标及其容纳干扰和调节的动态范围(指标宽容度)，尝试提出适于分形地貌的陕北城镇空间发展分形数理模型。

(3) 耦合于分形地貌的陕北城镇空间形态发展模式研究

通过对陕北能源富集区河流、沟壑、沙丘、植被等地貌要素分析，结合研究社会、经济、能源发展背景下城镇空间形态特征，得到现状多系统信息的问题评估与综合判断。根据自然地貌条件、能源开发程度、社会发展状态、文化影响动力等综合因素，对城镇空间形态进行类型化研究，并对上述分形数理模型进行转换，提出与分形地貌相耦合的陕北城镇空间发展模式，包括城镇空间体系模式和典型城镇类型的空间形态发展模式等。

城镇空间体系模式采用豪斯道夫维数和网格维数进行测算，重点考虑城镇、工业组团的规模等级、分布形态、交通联系、周边乡村关系等因素。同时，注重与河流、沟壑或沙丘等代表性地貌特征以及地下资源、耕地、林地等生态用地的耦合。城镇个体研究采用边界维数、半径维数，重点考虑城镇及工业组团用地的空间增长边界、土地利用和三维高度形态等，突出与地貌高度、形态、坡向、坡度等多个特征的耦合。

(4) 基于分形理论的陕北城镇空间规划理论框架与方法探讨

在上述分形数理模型基础上，提出适宜陕北自然地貌分形特征的城镇空间形态评价指标，梳理相关工作程序与方法，拓展城镇空间研究相关技术平台，强化城镇空间规划量化指标，探索新的城镇空间形态研究理论框架与方法。

(5) 陕北能源富集区城镇空间形态模式实证研究

以耦合于分形地貌特征的陕北城镇空间形态规划方法与模式为指导，从区域层面统筹城镇空间发展与能源开发利用及生态环境保护的关系，引导城镇空间体系等级、规模及形态结构的科学发展，并选取延安、米脂等地区作为典型案例进行实证研究，探索耦合于分形地貌的城镇空间适宜形态。

1.6.2 研究框架

基于人居环境科学、现代分形理论、景观生态学等相关理论思想，对陕北黄土高原自然地貌及城镇空间形态进行分形特征分析，运用反演和模拟探究二者之间的分形耦合特征，并揭示分形耦合的内在机制与规律。在此基础上，尝试构建陕北城镇空间发展与分形地貌的耦合模型，提出陕北宏观城镇体系及中观城镇个体的适宜空间模式。最后，选取延安、米脂等作为典型案例展开具体研究，反馈和验证上述适宜发展模式的合理性与适用性，以期对陕北及类似特殊地貌下的城镇空间发展方向提供借鉴与参考(图 1-9)。

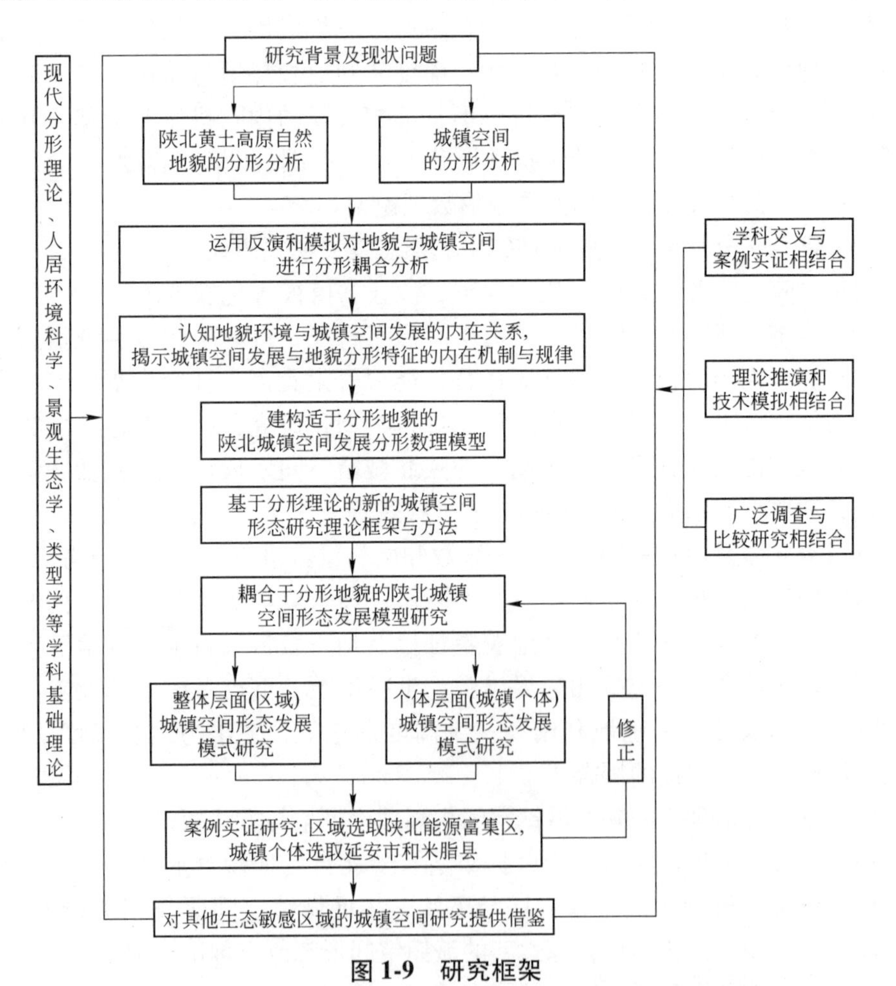

图 1-9 研究框架

第2章

陕北自然地貌分形特征

2.1 陕北黄土高原地貌概况及特征

2.1.1 陕北黄土高原地貌概况

黄土高原南倚秦岭，北抵阴山，西至乌鞘岭，东抵太行山，有今山西全省和陕甘两省的大部，兼有宁夏回族自治区和内蒙古自治区的一部分，甚至还涉及青海省东部和河南省西北部一隅之地。[26]陕北黄土高原指关中平原以北，鄂尔多斯高原以南，子午岭以东，黄河以西的陕西省北部区域，位于北纬34°10′~39°35′，东经107°30′~111°15′，是我国黄土高原的典型区域。高原海拔约600~1900m，地势西北高，东南低，总面积89327km^2，约占全省土地面积的43.2%，占整个黄土高原总面积的18.4%。高原多数地区是在中生代基岩所构成的古地形基础上，覆盖新生代红土和深厚黄土，再经过流水切割和土壤侵蚀而形成的丘陵沟壑区，黄土厚约50~200m。[27]从行政区划来看，陕北黄土高原主要包括延安、榆林两市市域范围。

陕北黄土高原的黄土层分布广泛，地貌特征以黄土塬、梁、峁等黄土地貌类型为代表。经众多河流冲刷，陕北黄土高原被分割成沟谷与丘陵，整体沟壑纵横、地形破碎，形成相似而又各有差别的多样地貌环境。在延安以南有部分基岩山地，在长城沿线有土石丘陵等过渡类地貌。其中，每平方公里沟壑长度达4~5km，沟壑面积约占高原总面积的50%；[28]黄土塬是经过现代沟谷分割后存留下来的面积较大的平坦高地，坡度多在5°以下，水土流失轻微。地势整体由西北至东南逐渐降低，位于黄土高原北部定边县境内的白于山魏梁，海拔1907m，是陕北黄土高原的制高点；位于黄土高原东南部耀县境内的河谷，海拔536m，是陕北黄土高原的最低区域。

陕北黄土高原的河流密布，河道众多，流域面积大于1000km^2，直接汇入黄河的支流多达48条，主要有渭河、泾河、洛河、延河、无定河及窟野河等，各个支流又细分出众多次等级河道，伸向黄土高原深处。陕北黄土高原整个流域体系由汇入黄河的大中小支流构成，不同等级的河谷沟道共同组成整个流域的分形骨架，并呈现出显著的等级规模特征，如无定河、延河等大型河谷，沮河、大理河等中型河谷，以及密布高原的各种小流域沟道，依次递减形成明显的等级特征。流经高原的大大小小河流从西北向东南汇入黄河，从空中俯瞰高原，河流层级递进流向黄河，梁峁交错，塬面平坦，沟谷深嵌，如同一棵大树，从黄河河谷的主干上生长，蔓延至高原的每一个角落，形成典型的枝状体系。

黄土高原是中华民族的摇篮，中国文化的发祥地，以其贫瘠的黄土地与深藏在其中的万千河谷川地养育了众多人口，大大小小的人居环境点分布其中，数千年来与沟谷共生，繁衍生息。由于历代战乱、开荒耕种放牧加之乱砍滥伐，对环境的盲目破坏，黄土高原的植被愈加稀少，生态环境随之恶化，其“黄”变得名副其实。如今的黄土高原成为世界上水土流失最严重、生态环境问题最为严峻的地区之一，陕北黄土高原典型的分形沟壑地貌更是水土流失的重点区域。干旱、水土流失、暴雨灾害、荒漠化严重、生态脆弱是黄土高原的生境现状，同时黄土高原贫瘠脆弱的地表下又蕴含着丰富的矿物资源，发展与保护的矛盾日益凸显。

2.1.2 陕北黄土高原地貌类型划分

黄土地貌是我国西北自然地理区的重要组成部分，相关学者根据其成因类型进行了科学划分，提出了以黄土塬、黄土峁、黄土梁为基本地貌单元特征的黄土地貌类型划分系统。

从北向南，地貌类型由风沙黄土过渡区到黄土峁状丘陵沟壑区，向南渐变为梁峁状丘陵为主的地区，至延长县附近黄土梁状丘陵面积增加，再向南又基本变为梁状丘陵，至洛川、黄陵一线为黄土塬，在黄土塬及黄土梁区域中夹杂着黄土残塬区(图 2-1 、表 2-1)。

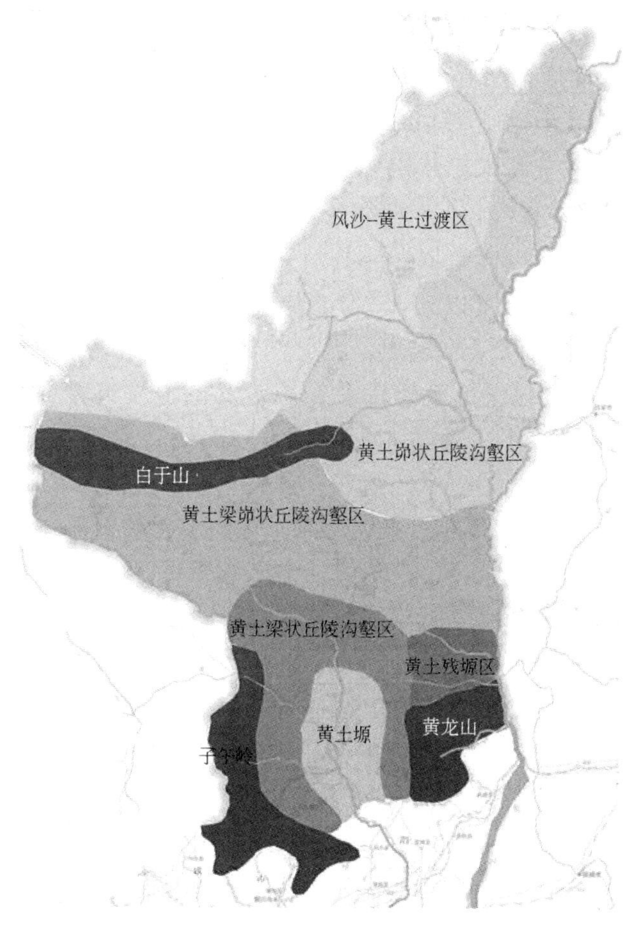

图 2-1　陕北黄土高原地貌分区

陕北黄土高原地貌分区 表 2-1

地貌类型区	地貌类型特征	所含城市
风沙—黄土过渡区	低丘陵分布，上覆盖薄片沙	神木
黄土峁状丘陵沟壑区	丘陵起伏沟壑纵横，土壤侵蚀极为剧烈	绥德
黄土梁峁状丘陵沟壑区	梁状坡面细沟、浅沟发育，梁峁以下，冲沟、干沟、河沟深切	延川
黄土梁状丘陵沟壑区	梁坡上面受侵蚀，梁地间河沟、冲沟下切强烈	甘泉
黄土残塬沟壑区	沟谷溯源侵蚀强烈、重力侵蚀活跃	宜君
黄土塬区	黄土塬以及残垣为主，深沟割裂	洛川

风沙—黄土过渡区分布在陕北黄土高原最北端榆林境域，地貌大体以长城为界，北部为风沙区，占榆林面积的42%，南部为黄土丘陵沟壑区。风沙区主要分布于定边、靖边北部、横山、榆林、神木。风沙—黄土过渡区既有沙地地形平坦特征，同时也具有黄土沟壑区丘陵起伏的特征。总体上，这一地区有连片的低丘分布，其上覆盖有薄层片沙和低缓沙丘，地形相对高差不超过40m。

黄土峁状丘陵沟壑区位于榆林境内长城沿线以南，包含有米脂、佳县、绥德、吴堡、清涧等地。黄土峁，是一种外形很像馒头的峁，峁顶面积不大，呈明显的穹起，周围全呈凸形斜坡。坡度变化较大，主要分布在丘陵沟壑区。在地貌分类上属黄土丘陵类。这一区域丘陵起伏、沟壑纵横，河床深切基岩，覆盖数十米至百余米黄土，土壤侵蚀极为剧烈，斜坡坡度20°~60°，地形相对高差100~300m。

黄土梁峁沟壑区是黄土梁状沟壑区与黄土峁状沟壑区的过渡地带，位于白于山以南、崂山以北的区域，主要包含有志丹、吴起、延川、延长等区域。其中宝塔区以北、白于山以南是以黄土峁为主的黄土峁梁沟壑丘陵区。沟谷地和沟间地的比例为1∶1，坡度以大于25°的陡坡居多，同时延安市由于大面积的持续隆起，河流下切及溯源侵蚀强烈，因此沟壑发育，且密度大，多为4~8km/km^2。可见，这一地区地形地貌条件差，易于发生地质灾害。梁状坡面存在细沟、浅沟发育，梁峁以下，冲沟、干沟、河沟深切。地貌特点是山高、坡陡、沟深，相对高度约200~300m。

黄土梁是黄土沟谷之间的长条状高地，是黄土丘陵的基本形态之一。梁长可达几百米、几公里到几十公里，宽仅几十米到几百米。顶面平坦或微有起伏，其脊线起伏较小，但横断面呈明显的穹状。脊线两侧坡度一般在20°左右。塬被沟谷分割，常形成平顶梁等。黄土梁状丘陵主要分布于甘泉县的大部分地区，以梁状丘陵为主，接近较大河流时出现少量的黄土峁。沟谷密度为3~5km/km^2。

黄土塬是黄土高原上面积较大的高平地。它是黄土高原经过现代沟谷分割后存留下来的大型平坦地面。塬面平坦，边缘地带的平均坡度也多在5°以下，水土流失轻微。发育在古盆地边缘或山前地带的黄土塬，经沟谷强烈分割后呈指状的，称作破碎塬。黄土台塬是构造运动的产物，是一种特殊的黄土塬，多发育在断陷盆地内的河谷两侧。以洛川为主的洛川塬，是陕北黄土高原区比较典型的黄土塬。洛川塬有两个突出的特点：一是具有典型的黄土地层剖面，形成完整的黄土—古土壤地层系列；二是部分地区塬面保存比较完整。

黄土残垣主要指宜川破碎塬区，这里的塬面海拔 1000～1400m，由西向东微倾，完整的塬面已遭破坏，被沟谷分割成一些小块塬地。塬面不仅破碎，而且由沟缘向塬中心部分，相对高差可达 100～120m。

2.2　陕北黄土高原地貌的分形特征

2.2.1　既往研究概述

黄土高原地貌独特，纵横的沟壑沿四通八达的水系分布。俯瞰黄土高原，整体形成典型的枝状结构，由黄河向高原深处生长。流向黄河的支流又分出更细的沟谷，重复放大整个沟谷网络的局部可以看到整个网络结构的再度重现，其系统本身的自相似性显而易见。作为分形结构体最明显的特征，自相似的黄土高原沟谷网络被认为是典型的分形结构(图 2-2)。沟谷网络所具有的分形特征

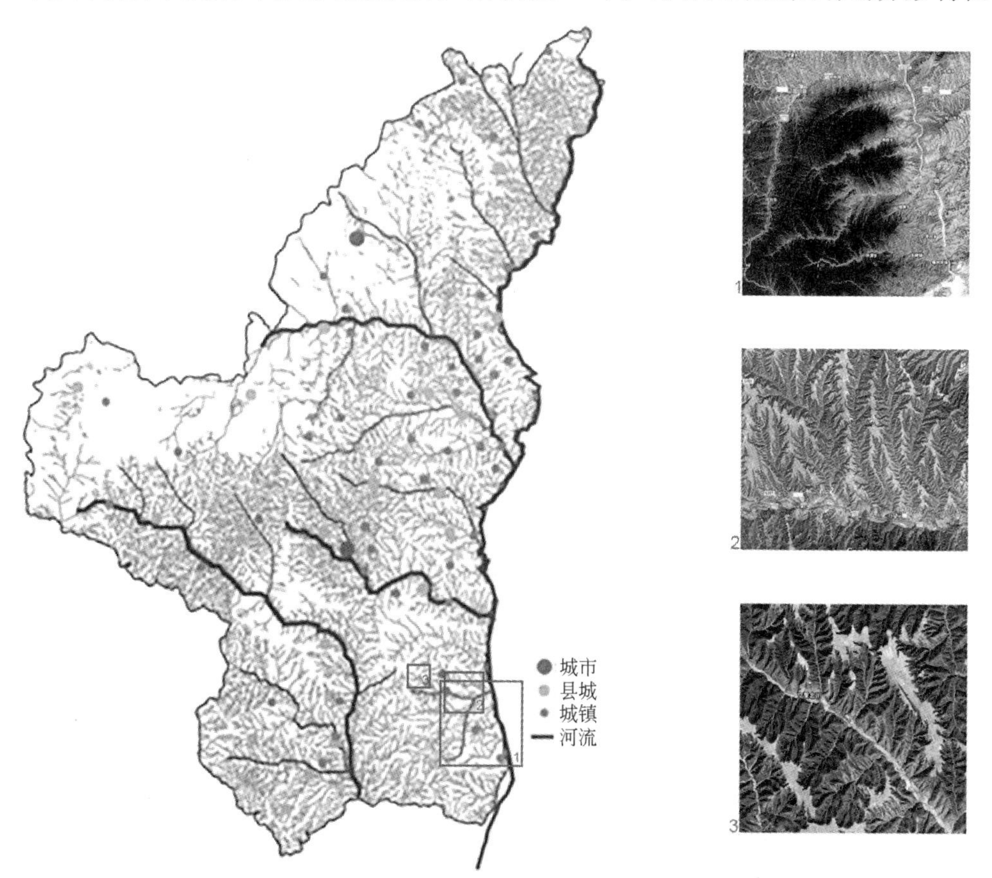

图 2-2　陕北黄土高原水系自相似特征

不仅仅表现在其典型的枝状形态结构，同时也体现在沟谷系统的组织上。沟谷网络的分维值是定量刻画沟谷网络分形性质的指标，它所代表和隐含的物理及地质意义一直是人们研究的热点。

针对黄土高原特有的地貌特征与形态，部分学者将沟网的分形性质在陕北黄土高原典型丘陵沟壑区的局部地段进行了应用分析，即根据 Horton 定律推导出沟网的分维计算公式，认为此数值可用来判断陕北沟壑区的发育程度。若分维数值接近 2，则说明沟网接近频空间填充，沟网发育较为强烈。[29] 因此，沟网分维的对比分析可以成为陕北典型丘陵沟壑区的地貌分析依据，以及流域未来发育形态预判的重要评定依据，对陕北黄土高原水土保持的生态安全工作具有实际的指导价值。

在国内，雷会珠、武春龙根据 Hortno 定律推导沟网分维计算式，确定沟网的分形结构，证实了黄土高原沟网具有分形特性并求算得出小流域沟网的分维值等于 1.9，指出了水系分形在流域水系研究中的重要作用。崔灵周、李占斌、朱永清以不同地貌中小尺度流域为研究对象，对流域次降雨侵蚀产沙与地貌形态动态耦合关系进行分形研究，为预测黄土高原侵蚀环境趋势提供理论依据。龙毅、周侗等探讨了典型黄土地貌类型区的地形复杂度分形与空间分异特征，进一步证明了扩展分形方法在黄土地貌研究中的可行性。蔡凌雁、汤国安等基于 DEM，运用 GIS 建立水系提取模型，使用网格覆盖法计算了黄土高原不同地貌类型区的水系分维值，并讨论了分维值所表征的陕北黄土地貌空间分布特征。张莉、孙虎利用 GIS 技术与回归统计方法，选取陕北黄土高原丘陵沟壑区 12 个样区，对该区以分形维数为量化指标的区域地貌形态与土壤侵蚀模数关系进行了初步探讨。

李军峰在《基于 GIS 的陕北黄土高原地貌分形特征研究》[30] 一文中广泛总结前人研究经验与成果，将分形理论分别与地形等高线、沟谷网络系统结合起来研究黄土高原地貌规律，提出了新的概念。在深入分析各自所蕴含的地学意义的基础上，探讨了各自在陕北黄土高原的空间分异规律。通过对黄土高原 7 个不同实验样区（神木、榆林、绥德、延川、甘泉、宜君、淳化）的等高线分维值的测算，并与沟壑密度做比较分析，阐述了等高线分维值的地学意义，就不同高程的等高线分维值柱状图形态特征与地貌类型之间的关系进行了探讨。在此基础上，论述了等高线分维值在陕北黄土高原的空间分异规律；其次，在总结前人研究成果的基础上，建立了基于 DEM 的沟谷网络分维值计算模型，并基于对沟谷网络分维值地学意义的深入分析，探讨了陕北黄土高原的空间分异规律。等高线分维值和沟谷网络分维值两个概念能够从不同的角度综合反映黄土高原地貌类型及地表形态特征，并且能够被量化表达，对研究区域地貌特征及区域间地貌的差异具有重要意义。

2.2.2 陕北地貌的分形维数特征

黄土高原地貌具有分形特征，分形维数则可以表征地表的复杂程度。根据网格分形维数的数学含义，分形维数 D 越接近 2 时，说明地表越发复杂，地表起伏变化剧烈，沟网密集，地表受流水侵蚀、切割越剧烈，整个区域地表破碎化程度大，对应沟壑密度较大。当 D 越接近 1 时，说明地形相对单一，地表变化浮动不大，河谷沟壑体越简单，地表侵蚀程度小。如图 2-3 所示，定边地貌分形维数为 1.01，洛川地貌分形维数为 1.61，吴起分形维数为 1.77，直观上可以看出地貌的复杂程度依次升高，分形维数的高低反映出了地貌的复杂程度。

图 2-3　定边、洛川、吴起地貌特征(从左至右)

（图片来源：百度图片）

（1）等高线表征下的地貌分维特征

1）计算方法

陕北黄土高原地区地貌分形研究以陕北地形图为基础，采取盒维数方法对等高线进行统计。具体方法如下，首先使用 ARCGIS 软件打开等高线图层，并采取不同尺度方格网覆盖等高线图。在盒维数计算过程中，盒子一般为正方形，而 GIS 中最基本的数据之一就是栅格数据，其栅格一般为正方形，从矢量数据转换为栅格数据的过程，用不同尺寸的盒子去覆盖图形，然后通过 GIS 的属性表查询栅格数据的数目，即非空栅格的数目，经统计后得到不同尺寸边长盒子对应的非空子数 $N(A)$。其次，统计出在不同尺度方格网下含有等高线要素的方格网数量。最后，利用公式[31]：

$$D=\lim_{r\to\infty}\frac{\ln(A_r)}{\ln(r)} \tag{2-1}$$

最小二乘法求出陕北黄土高原地貌等高线的分形维数，式中 A_r 为边长 r 尺度下非空方格网数，r 为网格边长。

2）地貌海拔变化分析

提取不同高程的等高线，根据最高点、最低点范围，提取海拔 800m、900m、1000m、1100m、1200m、1300m、1400m、1500m、1600m、1700m 等 10 种不同高程的等高线(图 2-4)，并分别求出其所对应的分形维数，结果如表 2-2 所示。

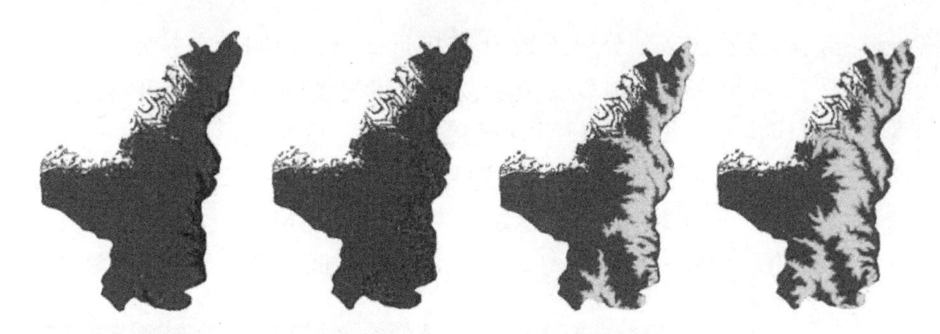

图 2-4　提取 800m、900m、1000m 等高线(从左至右)

陕北黄土高原分形维数　　表 2-2

高程(m)	800	900	1000	1100	1200	1300	1400	1500	1600	1700
分维数	1.499	1.569	1.644	1.653	1.613	1.637	1.610	1.641	1.618	1.356
拟合分维	1.580									

通过表 2-2 看出，不同高程等高线分形维数表现出呈正态分布特征，即分形维数在样区高程范围的中间值处为最大值，并且趋向最低处与最高处逐渐减小，在两边时达到最小。分形维数的这种分布特性说明，黄土高原地区内，在地势低洼处用地相对平整，地表起伏不大，等高线弯曲程度不大，如黄河河谷地处于 800~900m 海拔区域，地表起伏不大，相对平整。在高海拔地区，同样地表起伏相对平缓，等高线相对规则。如定边、靖边地区多位于 1600~1800m 海拔区，是黄土—风沙过渡片区，呈现出风沙地的平缓空旷特征。中间海拔地区，多为黄土沟壑区，地表支离破碎，沟壑纵横，分形维数较高。同时也表明了试验中等高线的选取比较均匀，基本上反映了样区随海拔变化的地形起伏状况，具有很强的概括性。

3）地貌的空间变化分析

空间变化主要分析伴随着经纬度的空间变化地貌特征的变化规律。空间分区上，从北向南，地貌类型由风沙—黄土过渡区到黄土峁状丘陵沟壑区，再向南渐变为梁峁状丘陵为主的地区，至延长县附近黄土梁状丘陵面积增加，再向南又基本变为梁状丘陵，至洛川、黄陵一线为黄土塬，在黄土塬及黄土梁区域中夹杂着黄土残塬区。以县城为单位，选出 24 处实验样区，分别计算出其分形维数(表 2-3)，并进一步分析分形维数与地貌样区的对应关系。

从表 2-3 可以看出，不同类型区地貌分形维数不同，总体上看黄土—风沙区分维值最低，黄土长梁区分维值最高。各类型区排序如图 2-5 所示，各地貌类型区分形维数分布相对集中于某一区段，虽然所选样区不同，同一地貌类型区地貌分形维数接近，也进一步证明了分区的合理性。如风沙—黄土区分形维数集中于 1.0~1.2 区间，黄土峁状沟壑区分形维数集中分布于 1.4~1.6 区间，黄土梁状分形维数分布在 1.6~1.8。黄土塬及残塬区分形维数位于 1.6~1.8 之间。总体上看，各类地貌的复杂程度为：黄土—风沙<黄土峁<黄土塬<黄土残塬<黄土长梁。

各样区地貌分形维数及地貌类型特征　　表 2-3

样区位置	地貌分维值	地貌类型
宜川	1.7787	黄土残塬区
定边	1.0019	风沙—黄土过渡区
榆林	1.0241	
靖边	1.0571	
神木	1.0803	
横山	1.1847	
延安	1.3553	黄土梁峁状沟壑区
延川	1.6153	
延长	1.6435	
安塞	1.6694	
志丹	1.6977	
吴起	1.7687	
府谷	1.4301	黄土峁状沟丘陵壑区
绥德	1.4458	
子洲	1.451	
米脂	1.4694	
子长	1.5634	
佳县	1.5831	
吴堡	1.6184	
清涧	1.6475	
甘泉	1.6341	黄土梁状丘陵沟壑区
黄龙	1.8012	
洛川	1.616	黄土塬区
富县	1.6335	
黄陵	1.6519	

风沙—黄土过渡区位于榆林市长城沿线一带，是整个实验样区的最北端，分形维数相对最低，数值基本在 1.2 以下。联系实际地貌特征，区内有连片的缓坡丘陵沙地，地面平均坡度仅有 9°，整个区域处于地貌发育的晚期，样区整体地势较平缓，沟谷底部较宽，因其处于地貌发育的晚期，地貌形态以及侵蚀发育的特点决定了等高线在这一范围分布相对规则与均匀，同时风沙—黄土过渡区分形维数呈现北低南高特征，北部的定边及榆林接近内蒙古的乌审旗与鄂托克前旗毛乌素沙漠，地形平坦，分形维数低，南部的横山接近黄土沟壑区，分形维数相对较大。

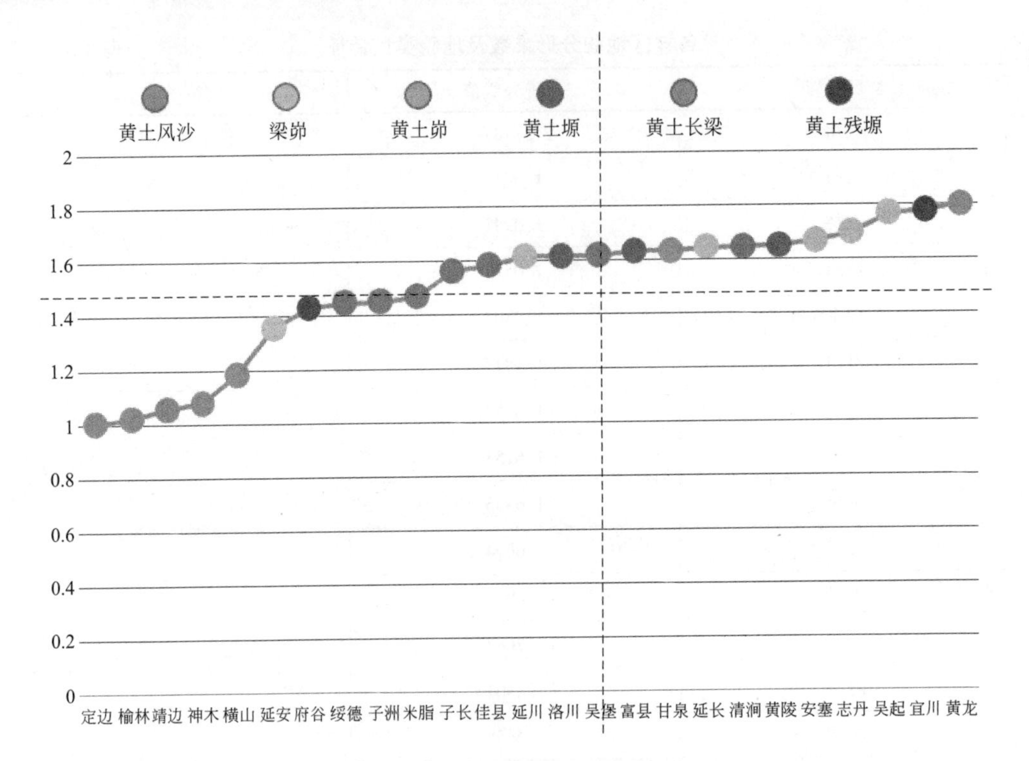

图 2-5　样区分维数及空间分布

黄土峁状丘陵沟壑区区内海拔高度约 1100~1400m，区内等高线分维值基本分布在 1.4~1.6 之间，由北向南、由东向西依次递减。联系实际地貌特征，区内梁峁兼有，但以峁为主。峁呈馒头状，峁坡边界多为凸出边界，坡度为15°~20°，处于地貌发育的相对晚期。整个区域地貌侵蚀切割最严重的地方就发生在峁的中、下部，梁的顶部，高程 1200~1300m 左右，因为这一高度对应区域等高线弯曲最大，变化最剧烈，对应的等高线分维值最大。

黄土台塬区，位于整个实验样区的南端。样区海拔 700~1100m，相对高差 300m。区内塬面为团块串珠状，面积较大，塬面边缘沟谷下蚀，溯源侵蚀处于加速发展阶段，沟谷相对切割深度在 100~200m，谷形横剖面多为"V"字形，谷坡陡峻，谷底纵向呈阶梯状，地面平均坡度 12°，整个区域处于地貌发育的青年期。

黄土残塬相比黄土塬具有更复杂的地貌及边界，黄土残塬分形维数高于黄土塬。宜川属于典型的黄土残塬区。塬平坦面坡度 3°~10°，沟谷溯源侵蚀与下切侵蚀强烈。样区海拔高度 700~1000m，相对高差 260m，整个区域处于地貌发育由青年期向壮年期的过渡阶段。可以很清楚地看到，整个样区以塬面为主，塬面平坦且面积巨大，在塬边缘地区沟谷溯源侵蚀，下切侵蚀强烈。整个样区地貌最破碎的区域应该在塬的边缘地区。

黄土梁状丘陵沟壑区，分形维数在 1.6~1.8 之间，分布少量的黄土峁。区内梁坡上面蚀，细沟和切沟侵蚀处于加速阶段，沟下切强烈，冲沟下部呈"V"尖字形，上部宽敞，谷坡陡峭，重力作用明显，整个区域处于地貌发育的壮年期。由于梁间地冲沟、河沟等大沟侵蚀强烈，虽然梁坡上面蚀，细沟和切沟侵蚀处于加速阶段，但未呈主要地貌侵蚀形态。因而，侵蚀最强烈区域位于高程中、低区域。结果与实际地形起伏、地貌特征相一致。

黄土梁峁分维值浮动范围最广，分布范围也相对较广。其既具有黄土梁特征，又具有黄土峁特征，因此其分形维数浮动范围较广，数值介于黄土梁、黄土峁二者之间。

黄土高原特有的沟谷地貌主要是流水侵蚀作用加上风化作用和坡面径流形成的结果。黄土侵蚀地貌演变过程就是由众多的、细小的沟道，不断兼并形成逐级减少的大型沟道直至河流的演递过程。如图 2-6 所示，陕北地区分形维数总体上看是由北向南逐渐升高的。陕北黄土高原各样区的地貌分形维数较小值出现在黄土—风沙区长城沿线，神木、榆林、定边、靖边样区，基本在 1. 1 以下，向南延伸到横山略有升高，地貌分形维数到 1. 2 左右。向东向南地貌分形维数进一步升高，沟壑地貌复杂程度逐渐升高，米脂、子洲、绥德、府谷分形维数在

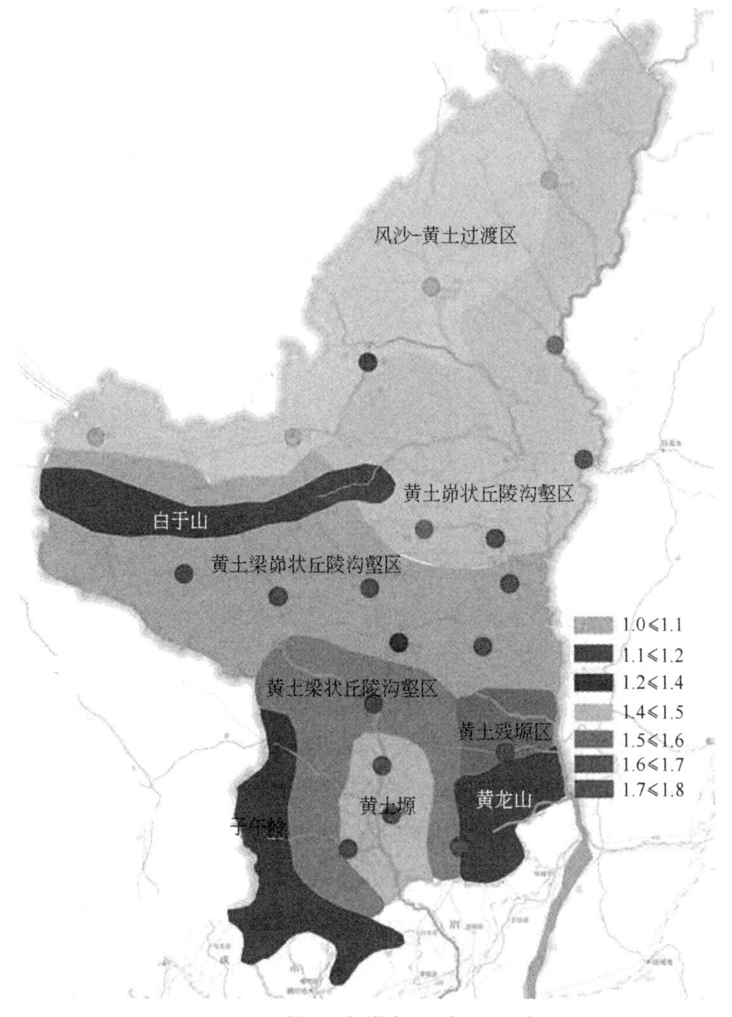

图 2-6　样区分维数及空间分布

1.4~1.5左右。自横山翻过白于山向南地貌分形维数急剧升高，安塞、吴起、志丹一带达到1.7左右。向南分形维数略有降低，延安、甘泉一带为1.3~1.6。分形维数向东南黄龙山方向升高，黄龙、宜川地貌分形维数在1.7~1.8。

产生这种剧烈变化的原因是各样区对应着不同的黄土地貌类型变化。由长城沿线向东南方，黄土风沙地变为峁状黄土丘陵沟壑，长城沿线向南翻过白于山过渡到黄土梁峁状沟壑区。米脂、绥德一带属于典型的黄土峁状丘陵沟壑区。黄土峁属于黄土沟壑侵蚀后向平坦用地演化的阶段，区内各类沟谷形态细沟、浅沟、切沟、冲沟、河沟均有发育，侵蚀方式多样而且相对剧烈；安塞、吴起、志丹一带属于典型的梁峁状丘陵沟壑区，梁峁兼有，沟壑发育，整个发育处于向峁过渡的阶段，侵蚀方式与强度较黄土峁相对弱一些，两个样区侵蚀切割强度及地表破碎程度仍有较大差异。

黄龙到洛川、洛川到甘泉一带的地貌形态变化整体上较为缓和，与之对应的体现地貌形态变化的沟谷网络分维值的变化较小，与实际地貌特征相吻合：洛川至甘泉一带的地貌类型由黄土塬过渡到黄土梁状丘陵沟壑，甘泉样区位于黄土长梁区，梁坡细沟和切沟侵蚀处于加速阶段，侵蚀强度较弱，梁地间冲沟、河沟下切较强，梁顶部区域较大，相对宽敞，谷坡相对陡峭，整个样区侵蚀切割强度及地表破碎程度适中；洛川—富县属于典型的黄土塬区，地表平坦，塬面宽广，沟谷侵蚀主要发生在塬的边缘地区且侵蚀力很弱，因而地貌类型变化不明显，对应的地貌分形维数变化也较小。地貌分形维数最高的点基本位于白于山以南沿线（吴起—志丹）及黄龙山沿线（黄龙—宜川），山体沿线谷坡相对陡峭，地表切割导致地表褶皱较大。

（2）河网表征下的地貌分维特征

分形地貌的特点在于地貌的形态具有自相似性，分形地貌指的是地貌的组成部分以某种方式排列成与整体相似的地貌形态。[32]陕北黄土高原地表褶皱起伏，沟壑纵横，在形态上显现一定的层级性与自相似性：以较大河流为依托的河谷延伸出二级沟道谷地，二级沟道与河流水系具有自相似性，在二级沟道上又延伸出更小级别的支毛沟，支毛沟与上一级沟道又具有自相似性（图2-7）。以上分析可以得出，黄土高原错综复杂的河流水系、沟壑谷地具有分形特征。

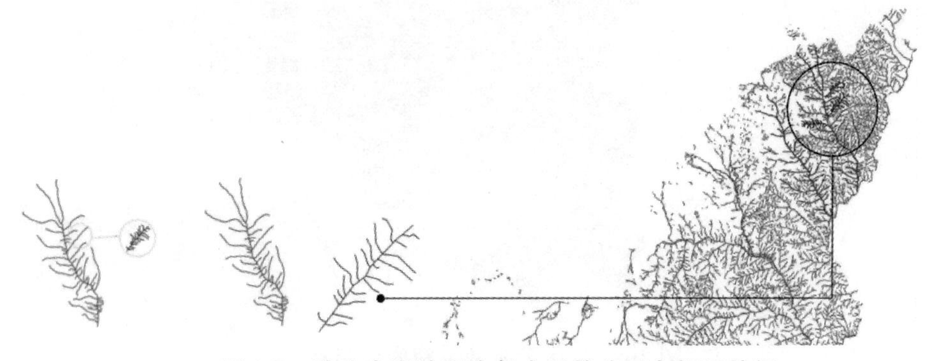

图2-7 陕北米脂地区沟壑水系的分形自相似特征

水网的分维体现了河道的复杂程度，反映了流域的发育程度。利用网格法分别计算流经陕北范围的河流水系以及四条子流域水系的分维值，结合现有地貌分区比较分析不同水系分维值所代表的含义。

从流经陕北的整个水系分布图来看，层级叠合关系明显，但水系由南向北的规律性明显降低，尤其是无定河以北、窟野河以南的水系最为稀疏，且无规律性。以黄河为界，由东向西水系的规律性明显降低，尤其是榆林市区以西、以北，水系密度下降明显，而靖边、定边县城周边几乎无水系分布。本小节主要利用河流水系的分维计算来反映陕北地貌的分形特征。提取除黄河外等级最高的四条河流，由南向北依次为洛河、延河、无定河、窟野河（图2-8）。

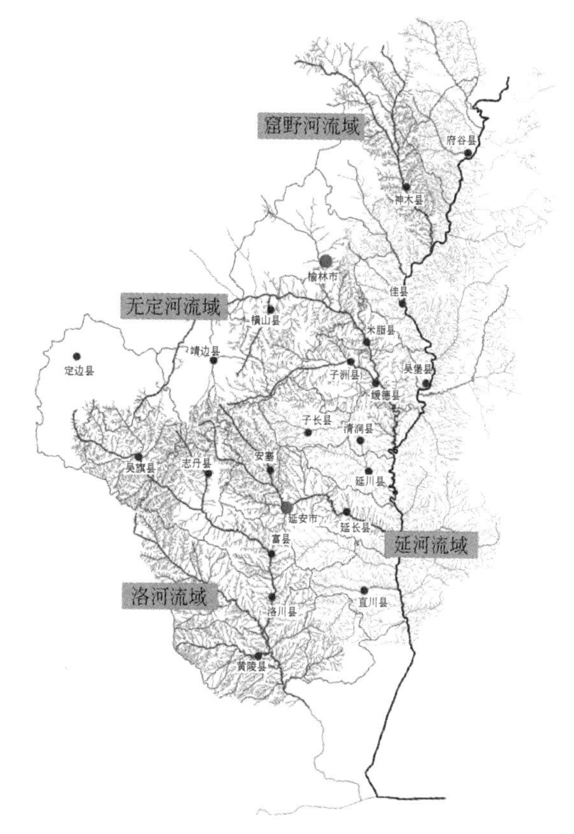

图2-8 窟野河、无定河、延河、洛河流域图

洛河，古称洛水或北洛水，为黄河二级支流、渭河一级支流，发源于陕西定边县白于山南麓的草梁山。河流自西北向东南，流经志丹、甘泉、富县、洛川、黄陵、宜君、澄城、白水、蒲城、大荔，至三河口入渭河，途经黄土高原区和关中平原两大地形单元。河长680.3km，流域面积26 905km^2。河道平均比降1.98‰，呈明显的条带形。延河发源于陕西省榆林地区靖边县，经志丹、安塞镰刀湾乡，南下入延安，经延安城后转而向东流入延长县，在延长县南河沟乡凉水岸附近注入黄河。延河全长286.9km，平均比降为3.3‰。[33]无定河发源于榆林地区定边县东南白于山（海拔1822m），后东北向流经榆林地区靖边县、内蒙古自治区乌审旗，东向流经榆林地区横山县、榆林市，东南向流经米脂县、子洲县和绥德县，最后注入黄河（河口处海拔582m）。流域总面积30261km^2，整个干流形成“n”字形。沿河有长度5km以上的支流140余条，以芦河、榆溪河、大理河等最重要。无定河全长442.8km，全河比降1.97‰。[34]窟野河为黄河一级支流，发源于内蒙古南部鄂尔多斯市沙漠地区，称乌兰木伦河，与悖牛川河在神木县城以北的房子塔相汇合，以下称为窟野河。河流自西北流向东南，于神木县沙峁头村注入黄河。全河长242.0km，流域面积8706.0km^2，河道比降3.44‰。

利用网格法计算河网分维值，得到全流域及各子流域对应的分形维数（表2-4）。从表中可以看出：首先，各流域盒维数的拟合优度均在0.995之上，说明其在无标度区间内（即网格边长的取值范围）具备较为严格的分形属性。其次，全流域及其4个子流域的分维值分布在1.5845~1.7750区间，说明流域水系整体上发育较为成熟。

陕北地区各流域分维值 **表 2-4**

流域名称	分形维数 D	拟合优度 R^2
全流域	1.7550	0.9952
洛河流域	1.7405	0.9976
延河流域	1.6495	0.9988
无定河流域	1.5845	0.9963
窟野河流域	1.6286	0.9985

何隆华、赵宏基于李后强、孔凡臣等人的研究，结合网格法的应用，对水网分维数值代表下的流域地貌发育状态进行了系统的阐释：①当水系的分维$D<1.6$时，流域地貌处于侵蚀发育阶段的幼年期。此时，水系尚未充分发育，河网密度小，地面比较完整，河流深切侵蚀剧烈，河谷呈V形。分维值越趋近1.6，流域地貌越趋于幼年晚期，河流下蚀作用逐渐减弱，侧蚀作用加强，地面分割得越来越破碎。谷坡的分水岭变成了锋锐的岭脊。此时地势起伏最大，地面最为破碎、崎岖。地貌发展到$D=1.6$这个时期，标志着幼年期的结束，壮年期的开始。②一个地势起伏大，地面切割得支离破碎、崎岖不平的山地地貌，在河流的侧蚀、重力作用和坡面冲刷下，尖锐的分水岭山脊不断蚀低，谷坡变得缓平，山脊变得浑圆，地面由原来的峭峰深谷，变成低丘宽谷。处于流域地貌壮年期的水系分维值$1.6<D<1.89$。③当$1.89<D<2.0$时，流域地貌处于侵蚀发育阶段的老年期。河流作用主要为侧蚀和堆积，下蚀作用已经很微弱，地势起伏微缓，形成宽广的谷底平原。[35]

对照以上分维释义，从陕北河网分维的计算结果来看，全流域及洛河、延河、窟野河的分维数值均介于1.6~1.89之间，流域地貌发育属于壮年期；而无定河流域分维数值小于1.6，流域地貌发育属于幼年期。从数值比较上来看，全流域>洛河>延河>窟野河>无定河，结合目前的地貌分区，我们不难看出，陕北地区内地表由西北向东南逐级降低，最高的山梁主要集中在本区西北部的白于山区。区内黄河的支流多自西北流向东南，基岩山地主要分布在本区的西北区和西部，风沙地貌主要分布在长城沿线及以北地区，其余广大地区为黄土地貌区，[36]这与我们所得的该研究区域的分维数值分析结果一致：陕北地区南部基本为典型的黄土沟壑区，所以洛河与延河流域水系发育最为充分，分别为1.7405和1.6495；无定河流域有很大一部分位于陕北地区西北部，所以水系的发育受到基岩山地与风沙区的影响，发育最缓。

(3) 各类型地貌的沟谷线分维特征

按照六大类地貌类型划分，从陕北各大流域中选取同等级的六条规模相近的完整支流，提取沟谷线，利用网格法计算分维值(表2-5)。

六类地貌样区沟谷线统计表　　表 2-5

地貌类型	在陕北流域中的位置	沟谷线形态	分维值	提取支流对比	沟谷线特征
黄土残塬沟壑区		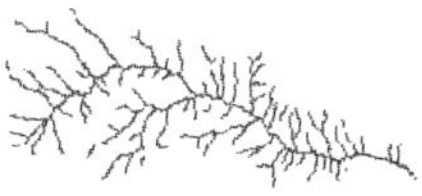	1.061	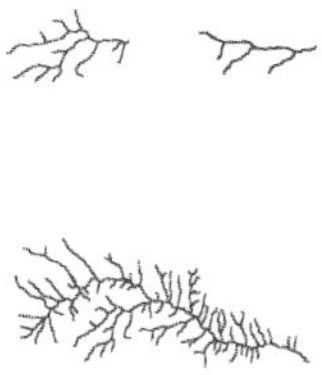	地貌较复杂，沟谷线等级多，长度变化大，末枝发达
黄土塬区		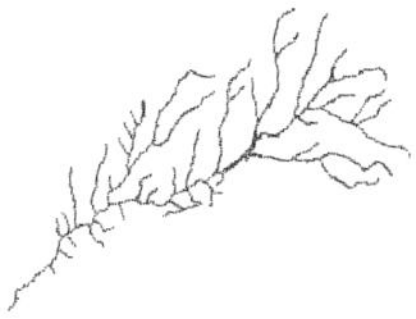	1.097	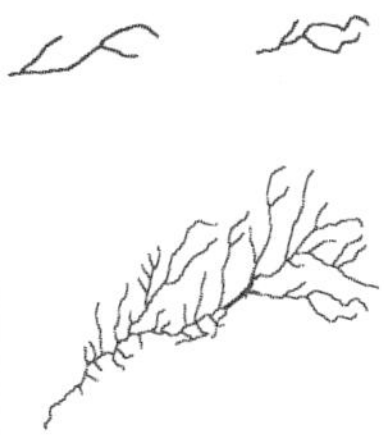	地形复杂，沟谷线等级多，每级长度变化不大，且图形相似度高
黄土梁状丘陵沟壑区		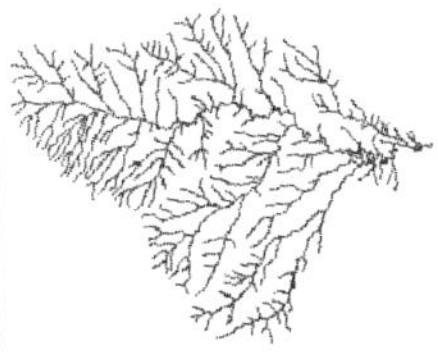	1.122	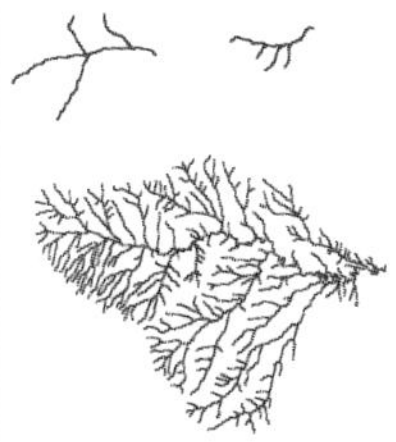	高等级沟谷线少，低等级沟谷线多，总体呈树枝状发展，末枝发达
黄土峁状丘陵沟壑区			1.067	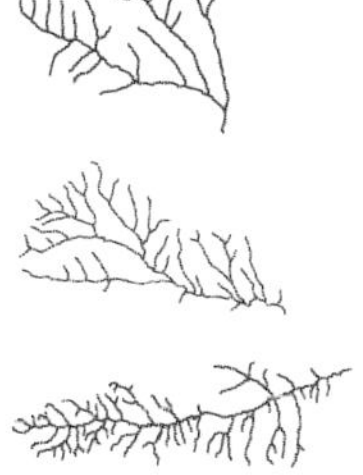	流域内部沟谷线发展以高等级为主，低等级依附于高等级发展，总体等级较少

续表

地貌类型	在陕北流域中的位置	沟谷线形态	分维值	提取支流对比	沟谷线特征
黄土梁峁状丘陵沟壑区			1.146		地形复杂，沟谷线曲度较大，变化多，且枝杈大都较短
风沙—黄土过渡区			1.116		沟谷线发育程度低，等级少，呈“Y”字形发展，图形较简单

从表2-5可以看出，六类地貌的沟谷线分维值皆围绕1.1上下浮动，说明对于陕北地区的地貌沟谷线来说，其分维值大部分应该是在1~1.2范围之内的。基于冯平、何隆华等的理论，陕北地貌沟谷线的发育程度尚处于幼年期，尤其是黄土残塬沟壑区、黄土塬区、黄土峁状丘陵沟壑区，其沟谷线密度低，且末梢不发达，在河流及雨水的侵蚀下，沟谷线会有很大的变化。风沙—黄土过渡区的地貌沟谷线线型十分简单，但其分维值较其他地貌并不算低，说明在此类地貌区内，水流对地貌表层的侵蚀作用较小，沟谷线将不会有太大的变化。

2.2.3 陕北地貌的图形分形特征

从直观形态来看，黄土高原地貌呈现出由“川+塬+川”的反复重复而形成的具有明显自相似性的整体地貌结构。[37]作为对前文地貌分维研究的补充，同时也为了结合城乡规划的学科特点，本节以直观图形为切入点，从观察及数据比较来验证和总结水系表征下的陕北地貌分形特征。

分形研究中的图形分析法主要在于相似图形的抽象提取与尺度层级比较。基于这一方法认知，借助GIS平台对陕北河流水系及人居分布进行图形提取，通过CAD制图对真实的河流图形进行抽象概括，以抽象图形作为比较分析及参数测量的基本参照。值得说明的是，由于自然界(及建筑界)的分形体是统计意义而非严格自相似，因此对于自然河流的图形抽象是自相似分析的必要环节。这一抽象过程中难免出现人为误差，但在统一抽象原则(即保证水系长度、分枝角度、数量及间距等参数基本一致)的前提下，这种共存误差对于抽象图形的横向比较不会产生本质影响。

(1) 提取图形进行相似性比较

以保留流域完整性作为水系范围提取的前提，根据Horton河网分级方法，结合分形所强调的“观察尺度”提出规则——将黄河主干设为一级，从一级衍生出的河流都称为二级，以此类推，并将附着在同一级但长度明显低于其他分枝的河流排除。提取多组同流域同等级、同流域不同等级、不同流域同等级、不同流域不同等级的图形展开比较，可以从图形中得出：陕北河流水系在流域与等级的交叉比较中显示出高度自相似特征。而艾南山教授认为，分形地貌的特点在于地貌的形态具有自相似性，这是陕北水系分形的有力佐证(图2-9)。

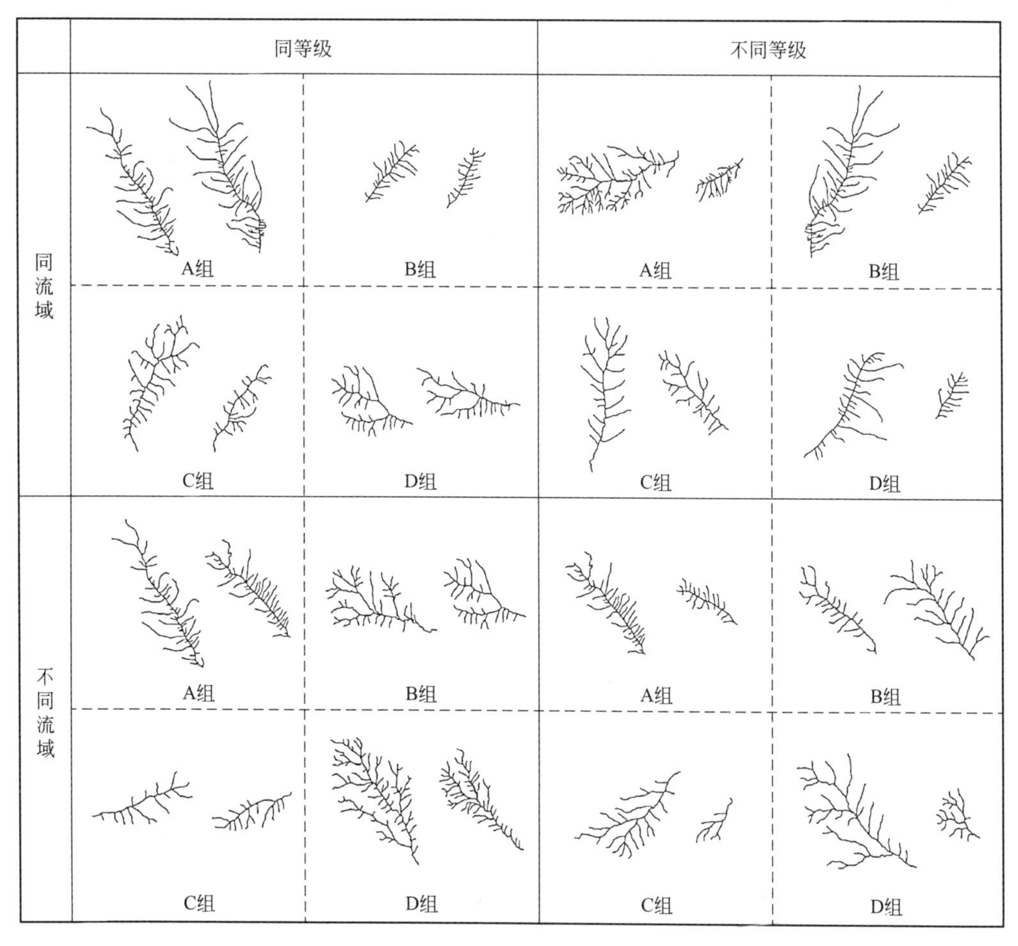

图2-9　陕北河流图形对比图

（2）参数测算及数据分析

选取一级至五级水系进行图形抽象，并对角度、长度、间距三个参数进行统计分析，可以观察比较得出，陕北河流水系总体上存在普遍分形特征，分枝角度约在［55°~70°］区间，长度间距比约在［1.3~2.4］区间。且结合姜永清、邵明安等[38]测算黄土高原流域水系的分形维数，可知陕北水系分形的多样性特征，即在普遍的相似特征下，不同流域、不同等级的水系分别具有特殊的分形特征（表2-6）。

陕北河流样本数据统计表 **表2-6**

图形等级	参数样本量（组）	表征参数		备注
		分枝角度	长度间距比	
一二级	84	68°	2.4	结合测量结果及图形观察，表征参数最终选取占比65%以上的原始数据进行计算
二三级	74	55°	1.3	
三四级	58	62°	1.4	
四五级	72	70°	1.8	

（3）分形特征总结及基本图式模拟

根据以上两步得出陕北黄土高原河流水系具有多重分形特征，单一的图式不足以全面刻画其分形特征。因而以相似图形为基础，以特征参数为辅，试图概括陕北总体地貌分形特征和几种典型的分形图形特征（表2-7）。

陕北分形图形对比表 **表2-7**

形状描述		对称羽状	非对称羽状	对称叶状
图形参数	分枝角度	70°	68°	55°
	分枝长度间距比	1.8	2.4	1.3
分形基本图式				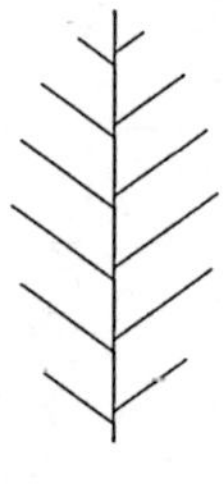
对应原型图像				

（4）分形元图形与样区图形对比

分形元是指构成分形整体，而相对独立的共同相似的基本部分，即相似单元或称相似单位；同时也是变换中不变性的最基本结构单元或单位。分形元与分形整体是共性的统一体。

由于上述分形元图形是根据某些样区测算简化得出，并不能代表陕北所有沟谷线图形特征，故而将上述三种分形元图形再次进行简化，根据测得样本数据进行元图形提取(图 2-10)：

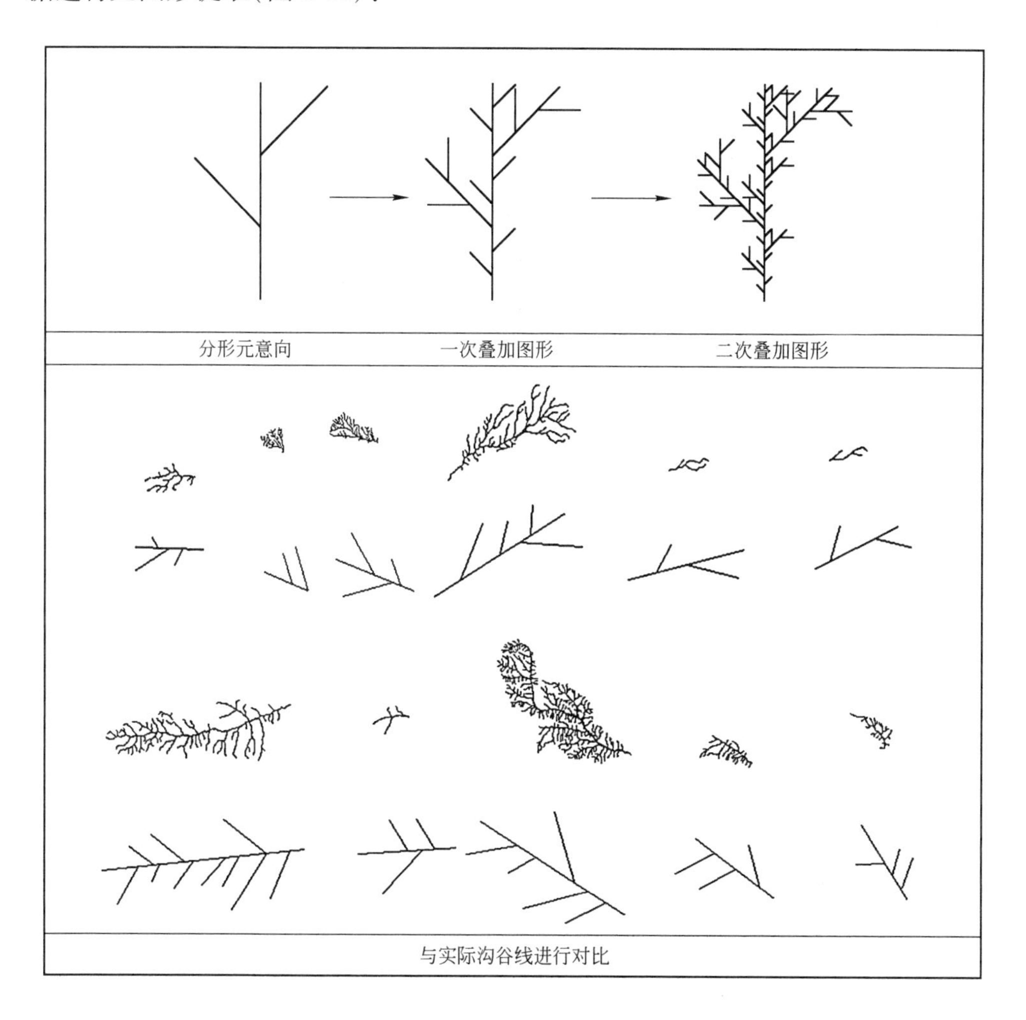

图 2-10　分形元与样区对比图

将简化之后的沟谷线分形元与样区的图形进行对比，高等级的沟谷线简化之后所得的图形与枝杈式的分形元相似度不高，当沟谷线等级越低，其简化图形与枝杈分形元相似度越高，根据现有沟谷线资料来看，当图形选样到最低一级时，其简化图形大都符合枝杈状。

2.3 结论

本章从数理分维和图形分形两个角度出发，对陕北整体及各类型地貌的分形特征进行了深入研究，得出以下结论：

(1) 数理分维方面

在数理分维方面，主要针对沟谷线和等高线两种表征地貌的要素进行测算，其中沟谷线分维值又有两种计算方法，我们在六大类地貌中各选取一条完整水系统计了其网格维数，又在每种地貌区中选取若干样区，用网格法计算其等高线分维值，并取每种类型的平均数，将统计所有数据列表如下(表 2-8)：

沟谷线与等高线分维比较表 **表 2-8**

地貌类型区	沟谷线分维值	等高线分维平均值	二者差值
风沙—黄土过渡区	1.115	1.0419	0.0731
黄土峁状丘陵沟壑区	1.067	1.0777	-0.0107
黄土梁峁丘陵沟壑区	1.146	1.053	0.093
黄土梁状丘陵沟壑区	1.122	1.0562	0.0658
黄土塬区	1.097	1.0306	0.0664
黄土残塬沟壑区	1.061	1.0544	0.0066

将上述两种分维值进行对比，发现其变化趋势有一定关系，但均存在特性(图 2-11)。从图表数据可以看出：风沙—黄土过渡区的沟谷线和等高线差值较大，且等高线分维值较小，说明此处地表高度变化简单，但沟谷线系统发展较成熟；黄土峁状沟壑区的两种分维值较为接近，但只有此处的沟谷线分维值小于等高线分维值，说明此处流水对地表侵蚀缓慢，地表高差大，但在较大尺度下沟壑状地貌不明显；黄土梁峁状丘陵沟壑区的沟谷线和等高线分维值差值最

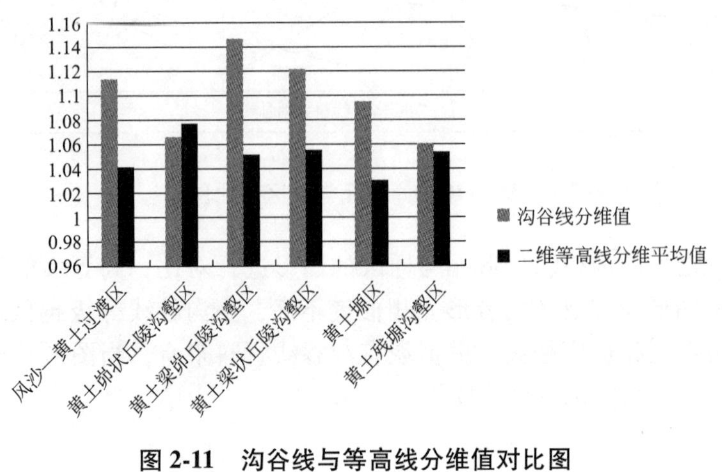

图 2-11 沟谷线与等高线分维值对比图

大，且此处沟谷线分维值最大，说明此处地表高差变化小，沟谷线系统发育最为成熟，在大尺度下其沟壑状地貌表现更明显；黄土梁状丘陵沟壑区的两种分维值皆较高，说明此处地貌较复杂且高差较大；黄土塬区的两种分维值都较小，说明此处地貌不复杂且高差较为平缓；黄土残塬沟壑区的两种分维值差值最小，说明沟谷线与等高线的契合度较高，且发育状况相近。

总体来看，等高线分维与沟谷线分维的变化趋势有一定联系，但并不完全相同。等高线分维的变化趋势是：黄土峁状丘陵沟壑区>黄土梁状丘陵沟壑区>黄土残塬沟壑区>黄土梁峁状丘陵沟壑区>风沙—黄土过渡区>黄土塬区；而沟谷线分维的变化趋势是：黄土梁峁状丘陵沟壑区>黄土梁状丘陵沟壑区>风沙—黄土过渡区>黄土塬区>黄土峁状丘陵沟壑区>黄土残塬沟壑区；二者差异集中于黄土峁状丘陵沟壑区和黄土残塬沟壑区上。可以认为，这两种地貌区内，相对于等高线，沟谷线发育较不成熟；或者说，相对于沟谷线，等高线的表征较为简单，当数据密度无法达到一定值域时，单纯的等高线分维则很难反映塬体边界落差变化等一系列复杂地貌特征，因而在具体应用中，应根据需要选取更精细完善的数据。

（2）分形图式方面

首先从不同等级和不同地貌类型中选取相对完整的多组流域，根据样本测算所得的数据特征对流域进行形态上的抽象简化，从而描摹出基本图式单元，即可作为地貌分形元图式，如图 2-12 所示为水系要素表征下的地貌分形元图式。

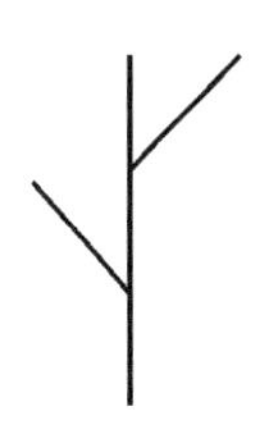

图 2-12　地貌分形元示意

简化后的图形中，对称羽状、非对称羽状、对称叶状三种形态与实际沟谷线相似度最高，说明河流发育的原始形态是比较简单的枝杈状，而非具有明显集合对称特征的图形。这种现象说明，高等级沟谷线的发育程度更高，其线型更完整。这是因为，由于水流冲刷，在自然力作用下的河谷发育过程中，已有的枝杈不断分出小的枝杈，且各等级按照类似的分枝法则不断衍生，最终形成现状复杂的沟谷体系。

本章对地貌的分维值测算以及对分形元基本图式的抽象概括，将作为后续与聚落分形特征比较的基础数据，根据二者的耦合比较得出地貌与人居体系的相互关联，并以此为基础，结合对陕北城镇发展的历史和现状解读，尝试提出耦合于分形地貌的城镇空间发展适宜模式。

第3章

陕北城镇空间形态分形特征

3.1 陕北黄土高原人居环境概况

在展开陕北城镇空间形态分形特征研究之前，首先从自然环境、交通条件、区域资源、社会经济等方面，对陕北黄土高原人居环境进行现状概述。

3.1.1 区位交通

交通条件滞后始终是约束陕北地区资源开发和经济发展的主要因素之一。改革开放以来，由于公路、铁路、机场的改造和新建，使得区域交通落后的状况得到明显改善。近年来，随着经济跨越式的快速发展，陕北地区已经形成了机场、铁路、高速、国道等四通八达的网络系统。榆林榆阳机场、延安二十里铺机场成为连接陕北与西安、北京、上海、重庆等地的重要支线机场；西包、包神、神黄、神木—榆林—延安四线铁路成为区域内外信息交换的重要交通轴线；包茂高速、青银高速、青兰高速、延吴高速、榆神高速、G210、G307 与境内铁路线形成发达的交通网络，沿途连接境内各城镇点，成为陕北黄土高原地区经济快速发展的重要支撑，也成为区域城镇体系不断完善的重要动力因素之一。随着陕北地区交通支线网络的完善，区域城镇的分工协作与联动发展的条件日益成熟。

3.1.2 行政区划

陕北黄土高原地区从行政区划范围看，主要包括榆林市 1 区 11 县和延安市 1 区 12 县（表 3-1）。2014 年榆林市总人口约 375 万人，总土地面积 4.4 万 km^2。[1] 根据 2010 年第六次全国人口普查，全市常住人口为 218 万人，总土地面积 3.7 万 km^2。

陕北地区行政区划范围　　表 3-1

市	市辖区	市辖县
榆林市	榆阳区	神木县、府谷县、横山县、靖边县、定边县、米脂县、吴堡县、清涧县、子洲县、佳县、绥德县
延安市	宝塔区	延长县、延川县、子长县、安塞县、志丹县、富县、甘泉县、洛川县、宜川县、黄龙县、黄陵县、吴起县

[1] 榆林市政府政务信息化办公室，榆林概况［EB/OL］. http：//www. yl. gov. cn/site/1/html/zjyl/list/list_ 18. htm，2016-02-24。

3.1.3 自然条件

陕北地区南部为暖温带半干旱气候区，北部为温带半干旱气候区。区域气候特征主要是冬季长，气温东高西低，光能资源丰富，日照时间长，辐射值高。年平均气温6~11℃，最高气温39.7℃，最低气温-25.4℃。由于季风气候的不稳定性，降水强度季节分布不均，区域旱灾频繁，雨季水土流失严重，冻害、冰雹、大风等灾害频繁。陕北地区自然植被以草本为主，次之为灌木，乔木最少。按照自然植被明显的渐变性分布特征，陕北植被自南向北依次可划分为：落叶阔叶林区、森林草原区、典型草原区和荒漠草原区。

3.1.4 资源基础

陕北黄土高原地区的水资源紧缺，但矿产资源丰富，自然景观多样，人文底蕴深厚，主要包括四个方面。

（1）水资源

黄河是我国第二大河，干流和支流形成了庞大的黄河水系，陕北黄土高原位于黄河中游，其中窟野河、无定河、延河流域面积大于5000km^2。陕北黄土高原水域面积950km^2，占陕西省水域面积的24.5%。区域年平均降水量在320~660mm之间，降水量空间季节分布不均，南多北少，夏季暴雨，因而加剧了旱情，是水土流失的主要动力条件。水资源短缺是陕北地区一直以来的发展瓶颈，也是影响区域可持续发展的基础性资源约束。近些年，在政府的大力推动下，陕北黄土高原地区进行了大面积退耕还林、水土保持、涵养水源的工程，“西北地下水资源勘查研究”工作已经探明的地下水资源将为陕北黄土高原自然环境、经济发展、人居环境建设带来新的契机。

（2）矿产资源

根据多年地质勘探资料，陕北黄土高原地区有多种探明储量的矿产，资源种类多、储量大，其中尤以煤炭、石油、天然气、岩盐储量最为丰富，目前的产量也最大，开发潜力国内外罕见。在当前世界能源紧缺的形势下，这些储量丰富的矿产资源将会对西部大开发的大战略，对陕北黄土高原地区以及全国的现代化建设，对此区域脱贫致富以及生态环境治理等，都将发挥积极的作用。

（3）自然景观资源

多样的地貌及地域性气候赐予了陕北地区独特的自然景观资源，形成了黄河壶口瀑布、白云山、红石峡、红碱淖、清凉山、宝塔山，以及毛乌素沙漠等特色景观。随着旅游产业的发展，这些景观资源逐渐得以开发利用，但由于交通条件和基础设施等因素的制约，现状发展相对滞后。

（4）人文资源

军事攻防体系的丰厚文化沉积是陕北重要的历史人文资源，如历代长城遗址、军镇寨堡体系等。民歌、秧歌、腰鼓、特色窗花剪纸等是陕北特有的风土民俗，还有多种富有特色的民间艺术，如唢呐、说书、社火、农民画等。陕北也因延安等革命圣地而留下了丰富的红色文化资源，如枣园、杨家沟、瓦窑堡会议旧址、抗日军政大学旧址、子长烈士纪念馆等。

3.1.5 社会经济

在改革开放和西部大开发等国家政策的大力驱动下，陕北社会经济得到较快发展。2011 年，陕西省 GDP 为 12391.3 亿元，总人口为 3743 万人，人均 GDP 为 33105 元。陕北地区 2011 年全年 GDP 达到 3405.61 亿元，占陕西省的 27.48%；总人口 554.64 万人，占陕西省 14.82%；人均 GDP 为 61402 元，是陕西省总体水平的 1.85 倍。特别是榆林市，2011 年经济总量居全省地级市第一，突破 2000 亿元(表 3-2)。

2002~2011 年陕北地区占陕西省 GDP、人口、人均 GDP 比例情况　　表 3-2

年份	GDP(亿元)			人口(万人)			人均 GDP(元)	
	陕西省	陕北	占比(%)	陕西省	陕北	占比(%)	陕西省	陕北
2002	2253.39	342.54	15.20	3674	536.18	14.59	6133	6389
2003	2587.72	423.09	16.35	3690	553.82	15.01	7013	7639
2004	3175.58	553.89	17.44	3705	558.76	15.08	8571	9913
2005	3772.69	841.78	22.31	3720	563.45	15.15	10142	14940
2006	4523.74	1134.20	25.07	3735	542.35	14.52	12112	20913
2007	5465.79	1443.44	26.41	3748	546.29	14.58	14583	26423
2008	6851.32	1933.60	28.22	3762	548.47	14.58	18212	35254
2009	8169.80	2030.57	24.85	3772	549.91	14.58	21659	36926
2010	10021.53	2642.09	26.36	3732	553.84	14.84	26853	47705
2011	12391.30	3405.61	27.48	3743	554.64	14.82	33105	61402

数据来源：陕西历年统计年鉴，陕西统计信息网。

由上述图表(表 3-2，图 3-1)可以看出，陕北地区近 10 年人口呈缓慢增长态势，而经济却经历了先缓慢再快速发展的过程，特别是 2006 年后，陕北发展迅猛，一跃成为陕西省乃至国家经济发展明星。从人均 GDP 来看，陕北由 2002 年的 6389 元到 2011 年的 61402 元，增加了近 10 倍。榆林市与延安市第二产业比重明显比其他地级市高，并在其产业结构中占绝对优势。随着陕北能源重化工基地的建设进程加快、国家全面实施退耕还林、特色农业的发展以及包茂高速公路的建成通车、铁路线的延伸、西安—延安铁路复线的建成通车、西气东输管道的开通等，使陕北经济进入了快速发展阶段。经济的快速发展带动了陕北地区整体社会发展水平，人民生活水平、基础设施建设等都发生了翻天覆地的变化，陕北由改革开放以前的整体贫困地区转变为现在的陕西经济龙头，因而，陕北城乡空间发展也处于快速扩张的时期，急需科学、合理的规划引导。

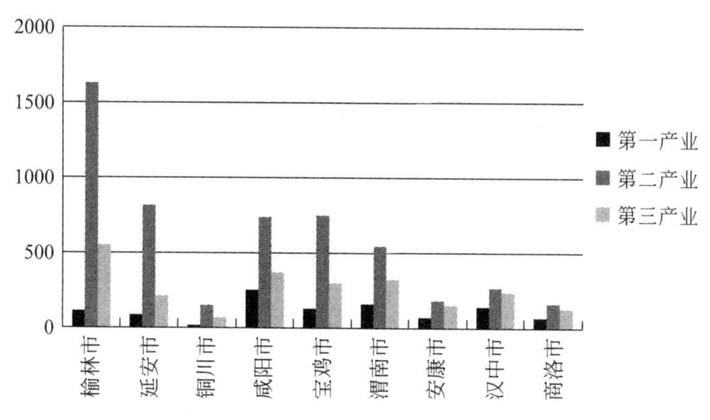

图 3-1　2011 年陕西省地级市产业柱状图

3.2　陕北城镇体系的分形特征

基于陕北城镇发展现状，结合相关理论及方法，从历史、现状两个方面展开，从数理和图形两种视角切入，对陕北城镇体系的分形特征进行对比分析与总结，揭示陕北人居环境空间形态的演化规律及隐含问题。

3.2.1　历史演进中的城镇分形特征❶

黄土高原是中华文明的重要发源地。从“穴居”到“窑洞”的居住方式，从“河谷阶地聚落遗址”到“流域—城镇—乡村”的人居组织，无不蕴含着陕北人居的原始基因。这些“基因”隐含人居演化规律，具有人居环境科学研究的原型价值。[11]为此，本节重点研究控制陕北空间格局上层基因的宏观城镇空间。

城镇体系是非线性的复杂系统，分形理论对揭示城镇体系的分形特征，认知城镇空间的自组织规律，了解掌握城乡结构特征、演化形态有重大的理论意义和实践价值，可作为城镇规划理论、方法的扩展和支撑。[39]陕北古代城镇空间演化与组织缺少定量研究。因此，将历史地理与城镇空间的分形研究相结合，动态、定量地研究历史城镇空间演进与组织具有重要理论价值。

（1）分形测算模型与研究方法

城镇体系的分形测算有规模结构和空间结构两方面，包括规模结构、空间

❶　注：本节核心内容发表于《西安建筑科技大学学报（自然科学版）》，详见：周庆华，高元. 两千年来陕北城镇空间演化与组织的分形特征研究［J］. 西安建筑科技大学学报（自然科学版），2015，47（1）.

集聚和空间关联三个分维数。[40,41]一定区域内城镇规模的层次分布，可以反映城镇体系从大到小的序列与规模关系，揭示区域内城镇(人口)规模的分布规律(集中、分散)，见表 3-3。以《中国历史地图》[42]和《陕西历史人口地理研究》[43]测算、提取城镇间的距离和城镇人口规模为突破口，计算并比较六个朝代陕北城镇空间的分维数(空间聚集维数、关联维数和规模结构维数)，对陕北城镇空间演进与组织差异进行研究(图 3-2)。

城镇空间分维数测定模型与意义 **表 3-3**

分维数		模型	结果	分维特征	
规模结构分析	规模结构维数	豪斯道夫维：$N(r) \propto r^{-D}$ r 为尺度，$N(r)$ 为用 r 去度量的测量结果，尺度 r 越小则测量结果 $N(r)$ 越大，反之尺度 r 越大则测量结果 $N(r)$ 越小 Zipf 维数 q：$q=1/D$	$D=1$ $q=1$	自然状态下的最优分布：首位城镇与最小城镇的人口规模之比恰好为区域内整个城镇体系的城镇数目	
			$D>1$ $q<1$	中间位序的城镇发育：城镇规模分布比较集中，城镇体系的人口分布均匀，中间位序的城镇数目较多	
			$D<1$ $q>1$	首位城镇的垄断性较强：城镇规模分布分散，城镇体系的人口分布差异较大，中间位序城镇数目少	
空间结构分析	集聚维数	$R \equiv < \left(\frac{1}{k} \sum_{i=1}^{k} l_i^2 \right)^{1/2} >$ R_k 为平均半径；l_i 为第 i 个城镇到中心城镇的距离；k 为城镇个数；<>为平均值	$D=2$	半径方向上均匀分布	值越小，分布集聚程度越大
			$D<2$	半径方向呈凝聚状态分布，呈向心性	
			$D>2$	半径方向呈离散状态分布，呈离心性	
	关联维数	$c(b) = \sum_{i,j=1}^{N} H(b-d_{ij})$，$i \neq j$ N 表示区域内城镇数目；r 为码尺；d_{ij} 为 ij 两城镇的欧氏距离（乌鸦距离）；H 为 Heaviside 函数	$D \to 0$	城镇间联系紧密，分布集中于一个地方	值越小，空间分布关联度越高
			$D \to 1$	集中到一条地理线上，如河流、铁路	
			$D \to 2$	空间作用力小，城镇布局分散到均匀的程度	

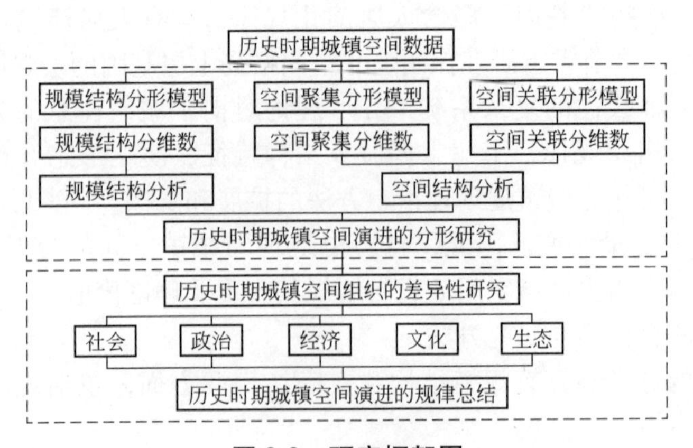

图 3-2 研究框架图

(2) 陕北城镇空间演化的分形特征

选取重要历史时期(西汉、东汉、隋、唐、北宋、清)，对各阶段的城镇空间进行分维测算，结合历史背景展开推测与分析。

1) 西汉

西汉陕北有西河郡、上郡和北地郡，其规模结构维数 $D=0.28<1$ 且 $q=3.52>1$，城镇人口规模不大，但人口分布差异大。上郡首位城镇的垄断性较强，中间位序城镇数目少。

平定对陕北的聚集度为 0.61，大于对西河郡的 0.30，表明以平定为中心城镇向四周密度递减，是内向型集聚城镇。肤施对陕北的聚集度为 0.87，大于对上郡的 0.60，以肤施为中心向四周密度递减，是内向型集聚城镇。

陕北城镇空间关联维数 0.65，表明城镇之间关联度较大。西河郡城镇空间关联维数 0.31，小于上郡 0.58，说明西河郡的城镇之间的关联度大，且城镇主要集中于一处。秦汉陕北城镇发展处于萌芽阶段，城镇规模小且分布分散。秦始皇为北拒匈奴，实行“移民实边”，设置由咸阳出发经上郡直达黄河北岸云中郡的驰道，沿途设军镇、堡寨。汉初“休养生息”，使得经济、人口大力发展。“强本弱末”政策向关中迁移人口，造成陕北人口洼地。北部受少数民族吸引，南部受关中城镇影响，使得陕北城镇间联系稀松，呈中心弱、四周强的旋涡状散点离心模式。

2) 东汉

东汉陕北有西河郡、上郡和安定郡三个行政单元，其规模结构维数 $D=0.40<1$，$q=2.50>1$，人口分布差异大，上郡首位城镇的垄断性较强，中间位序城镇数目较少。肤施作为陕北中心城镇，对陕北的集聚度 0.93，大于对上郡的 0.76，是一个内向型集聚城镇，以其为中心向四周城镇密度递减。陕北城镇空间关联维数 0.54，表明城镇空间的关联度较大。东汉陕北“北重南轻”的空间格局加重，整个城镇呈散点式分布。两汉时期，陕北高原一带宜农宜牧，自然地理条件良好，[26]故上郡、西河、安定诸郡吸引不少羌人。后羌族大起义，陕北多次沦为战场，人口大量内迁，流亡人口增多。为巩固西北边疆，朝廷曾数次向西北一带大规模移民，使得陕北一带农业和游牧民族的血缘与文化融合。

3) 隋

隋大业时陕北有榆林郡、盐川郡、弘化郡、朔方郡、雕阴郡、上郡和延安郡七个行政单元，其规模结构维数 $D=0.33<1$，$q=3.03>1$，人口分布差异较大，延安郡、上郡人数均超过 27 万，垄断性较强，中间位序城镇数目较少。

朔方郡对陕北的聚集维数 2.24，空间分布呈漏斗离散态，属非正常情况。榆林郡对陕北的集聚维数接近于 2，以榆林郡为核心方向上城镇均匀分布。盐川郡和弘化郡，对陕北城镇的集聚维数均在 1.5~2.0 之间，属弱集聚。雕阴郡、上郡和延安郡，对陕北城镇的集聚维数在 1~1.5 之间，属强集聚。

肤施对延安郡的集聚度 1.11 与对陕北的聚集度 1.13 基本相等，说明肤施在陕北的主导地位已经稳定成熟。洛交对上郡的空间聚集度 0.85 小于对陕北的 1.12，是内向型强集聚城镇。上县对雕阴郡的集聚度 1.57 大于对陕北的 1.38，是内向型弱集聚城镇。

陕北城镇空间关联维数 0.85，城镇空间关联度较大。雕阴关联维数 0.81 和上郡 0.72，延安郡 0.70，表明延安郡关联度最大。

隋朝时期，陕北郡数目增多且辖境比两汉时缩小。整个陕北体系受都城长安的影响较大，空间重心向南偏移。以肤施为中心，陕北初显“Y”字形结构，从洛河至无定河河谷形成了城镇相对集中的轴线。

4）唐

唐陕北有盐州、胜州、庆州、夏州、银州、丹州、绥州、延州和鄜州九个行政单元，其规模结构维数 $D=0.56<1$，$q=1.79>1$，人口分布差异较大，鄜州、延州人口规模均超过 10 万，垄断性较强，中间位序城镇数目较少，盐州仅 0.8 万。盐州对陕北的集聚维数接近于 2，城镇均匀分布。绥州、银州对陕北城镇的集聚维数均在 1.5~2.0 之间，属弱集聚。丹州、延州和鄜州对陕北城镇的集聚维数在 1~1.5 之间，属强集聚。上县对绥州的空间聚集维数 3.32，大于 2，呈漏斗离散分布，属非正常情况。洛交、义川对鄜州、丹州的空间集聚度均接近于 2，且大于对陕北的集聚维数，是外向型均匀城镇。儒林对银州的空间集聚维数 1.16 小于对陕北的 1.45，肤施对延州的空间集聚维数 0.98 小于对陕北的 1.21，均是内向型强集聚城镇。陕北城镇空间关联维数 0.96，接近于 1，说明陕北城镇之间的关联度较大且主要城镇沿一轴线展开。延州的城镇空间关联维数 0.69，其内部城镇的关联度最大。

唐朝的经济、文化全面繁荣，吸引不少少数民族迁入今陕北地区。政府重视发展边地农业生产，大力进行屯田，兴修水利，陕北高原一带人口大幅度增长，城镇聚落也快速发展，大多城镇有向洛河至无定河等大河流域河谷发展的趋向，并呈现出明显的轴带指向分布规律。

5）北宋

北宋陕北有丰州、府州、麟州、晋宁军、绥德军、延安府、丹州、鄜州、保安军、定边军十个行政单元，其规模结构维数 $D=0.25<1$，$q=4.0>1$，人口分布差异较大，延安府人口规模均超过 20 万，垄断性较强。定边军、绥德军对陕北的集聚维数接近于 2，城镇均匀分布。晋宁军、保安军对陕北城镇的集聚维数均在 1.5~2.0 之间，属弱集聚。丰州、府州、麟州、延安府、丹州和鄜州对陕北城镇的集聚维数在 0.5~1.5 之间，属强集聚。肤施、麟州和洛交对行政单元的空间集聚维数大于对陕北的空间集聚维数，麟州和洛交是外向型强集聚城镇，肤施是内向型强集聚城镇。陕北城镇空间关联维数 0.78，城镇之间关联度较大。

宋、夏对峙，由于宋“失于抚御”和西夏进攻，陕北人口、原来居住在宋朝边境的少数民族迁入西夏境内。但北宋在陕北横山沿线地区修筑的许多军寨、城堡，如绥德军(今绥德县)、克戎寨(子洲县)、米脂寨(米脂县)、定边军(定边县)、威羌寨等，是日后城镇发展的基础，他们既是攻防基地，又是地域管制中心，还是民族商贸活动集市所在。[44]复合功能使其中一批寨堡成为长久的村镇或城池，形成了横山沿线城镇带。

6）清

清陕北除部分处于长城以北外，有绥德州、鄜州、榆林府和延安府，其规模结构维数 $D=1.31>1$，$q=0.76<1$，城镇规模分布集中，人口分布均匀，中间位序的城镇数目较多。榆林府对陕北城镇的集聚维数1.58，属弱集聚。绥德州、延安府和鄜州对陕北城镇的集聚维数在0.5~1.5之间，属强集聚。榆林对榆林府的集聚维数1.13小于对陕北的1.58，是外向型弱集聚城镇。绥德对绥德州的集聚维数1.46大于对陕北的1.30，是内向型强集聚城镇。肤施、鄜州均是对行政单元内的集聚维数小于对陕北的，是外向型强集聚城镇。陕北城镇空间关联维数0.83，小于2，说明陕北城镇空间之间的关联度较大。

明中叶统治势力南撤，沿今山西、陕西、宁夏三省区与内蒙古自治区交界线设防并兴建“边墙”。明代大兴军屯与民垦，大量向沿边地带迁移人口，发展农业生产。延安、榆林为区域中心城市，洛河、无定河河谷成为陕北人居点的分布主轴。由延安向西北引出保安、吴起镇(今吴起县)、定边轴，沿长城一线则集中了河曲、神木、榆林府、鱼河堡等城镇，形成长城沿线人居带。

(3) 陕北城镇空间的组织差异研究

从城镇规模结构由首位城镇的发展演变，城镇空间聚集的转变以及城镇直接关联度的加强研究整个陕北城镇空间的组织差异，并总结规律。

1）城镇规模结构由首位城镇垄断走向城镇体系发育、成熟

首先是中心城镇垄断时期：上郡作为西汉时期陕北的主要城镇，垄断性最强。东汉时由于战乱、迁都等原因，陕北城镇数量与规模急剧下降，中心城镇的垄断性减弱。两汉时期，城镇的规模差异都比较大，中间位序的城镇较少。隋建都长安，延安郡与上郡发展迅猛，在陕北的垄断性迅速提高。

其次是城镇体系发育时期：唐承隋都，社会稳定，经济繁荣，陕北中间位序的城镇得以发展。规模结构分维数达到0.56，向着城镇体系的最优分布(分维数为1)发展，见图3-3。北宋与金对峙，大城镇数量变化不大，但规模下降，中小城镇变化较大，故北宋时大城镇的垄断性加大。

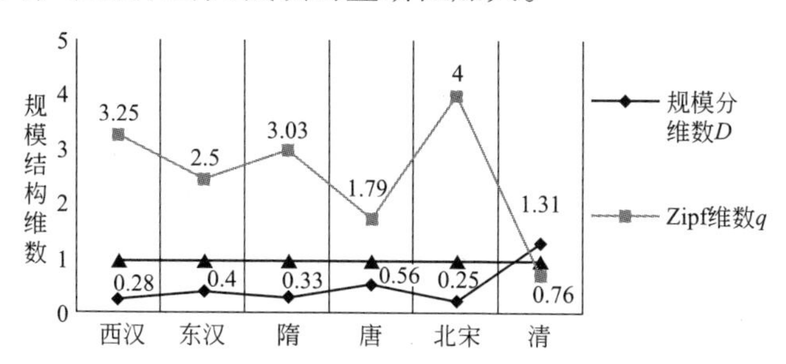

图3-3 陕北城镇规模结构分维数

最后是城镇体系成熟时期：明清两代政治长久稳定，且都城均在北京，城镇分布均匀，两大城镇发展稳定，中小城镇发育，形成了合理的城镇空间规模结构。清代的城镇规模结构，奠定了今陕北城镇空间格局。西汉到清，陕北呈现从首位城镇垄断到城镇体系发育、成熟，但封建时期，社会政治不稳定，城镇空间规模结构受其影响较大，波动性较强，见图 3-4。

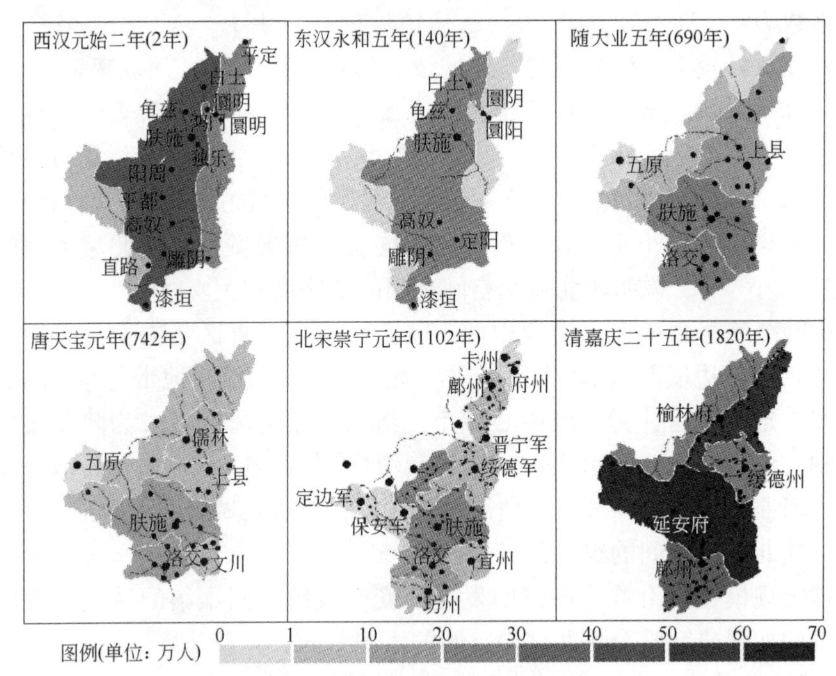

图 3-4　陕北城镇规模分布图

2）城镇空间集聚从单核到点轴集聚

两汉陕北的核心城镇都是内向集聚型。受北方少数民族和关中城镇影响，城镇空间集聚重心发生变化。西汉时期陕北处于漩涡离心式的集聚；东汉时期，漩涡被外界压力挤压，呈现北重南轻的集聚。

隋唐陕北核心已经形成，肤施一极独大。隋是以肤施向心式的集聚，对周围的扩散主要以沿河谷呈现“Y”字形扩展(图 3-5)。唐陕北北部城镇发展较快，并且外向集聚型城镇较多，与肤施的核心集聚相叠加，形成了点轴式的空间集聚格局。

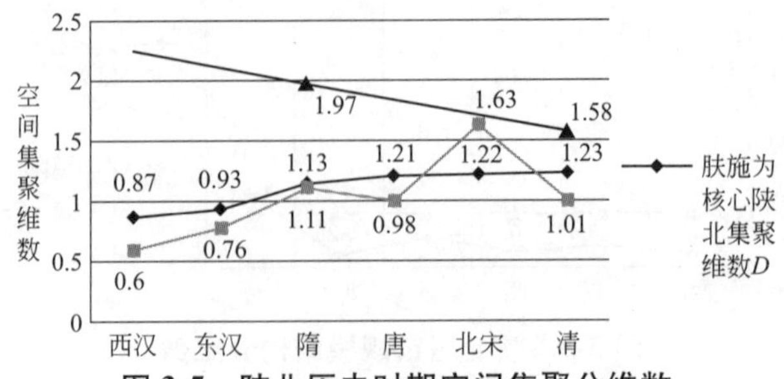

图 3-5　陕北历史时期空间集聚分维数

北宋延安、榆林两大核心已形成，呈现哑铃状集聚结构。清代，随着两大城镇的发育，之间的相互作用加强，延安沿东北无定河方向为主，沿西北延河、周河等方向为辅进行扩展，榆林沿西南长城线和沿东南的无定河方向进行拓展，最终形成整体“T”、核心“Y”字放射的空间集聚格局(图 3-6)。

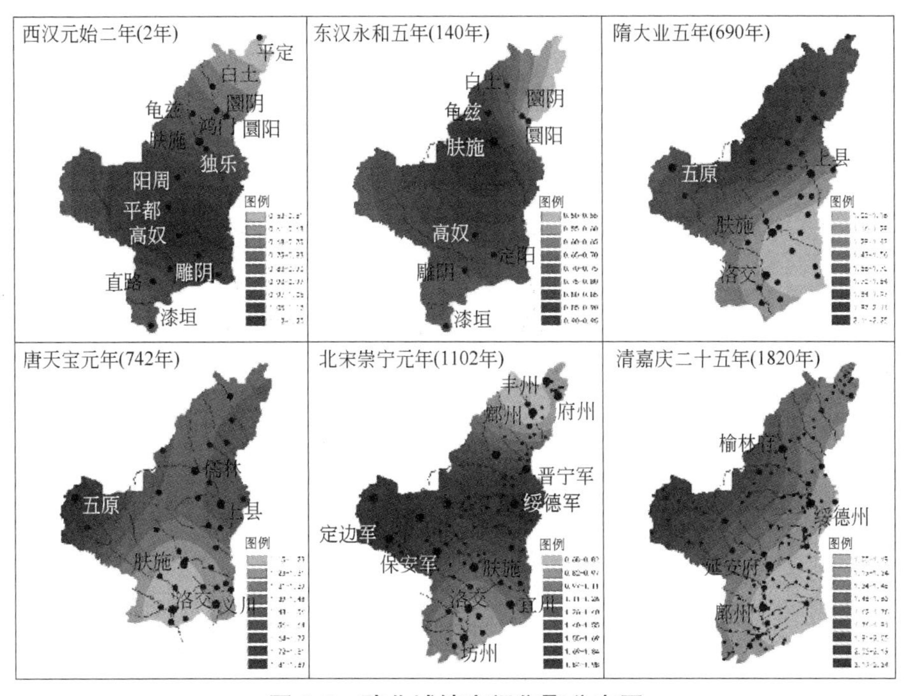

图 3-6 陕北城镇空间集聚分布图

3）城镇空间关联度逐渐加强

在古代，交通联系是影响城镇关联度最大的因素。古代交通工具以马车为主，连接城市之间的主要道路沿地势相对平坦的河谷展开，因此，交通的便捷程度基本上决定了陕北城镇空间结构的关联度。

西汉到清，陕北城镇空间关联维数均在 0.5~1.0 之间(图 3-7)，说明地理空间上的分布主要是在几条地理线上。秦汉时城镇沿南北直道分布较多，但其他城镇分布较散，城镇关联度较大。此后，由于水土流失等生态原因，秦汉古道的便捷性远不如河谷，并逐渐退化，城镇开始主要沿河谷内展开。

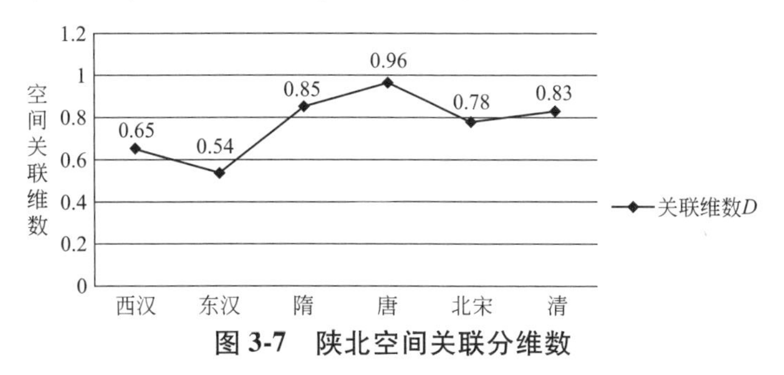

图 3-7 陕北空间关联分维数

明清时期，城镇在河谷发展的基础上，出于军防、政治考虑，沿横山设置防线驻扎重兵，修筑边墙，建立寨堡，设置治所，促进了榆林、神木、府谷、定边、靖边等城镇的发展。可见直道、河流河谷、长城线是历史上陕北城镇空间关联的主要地理线(图 3-8)。

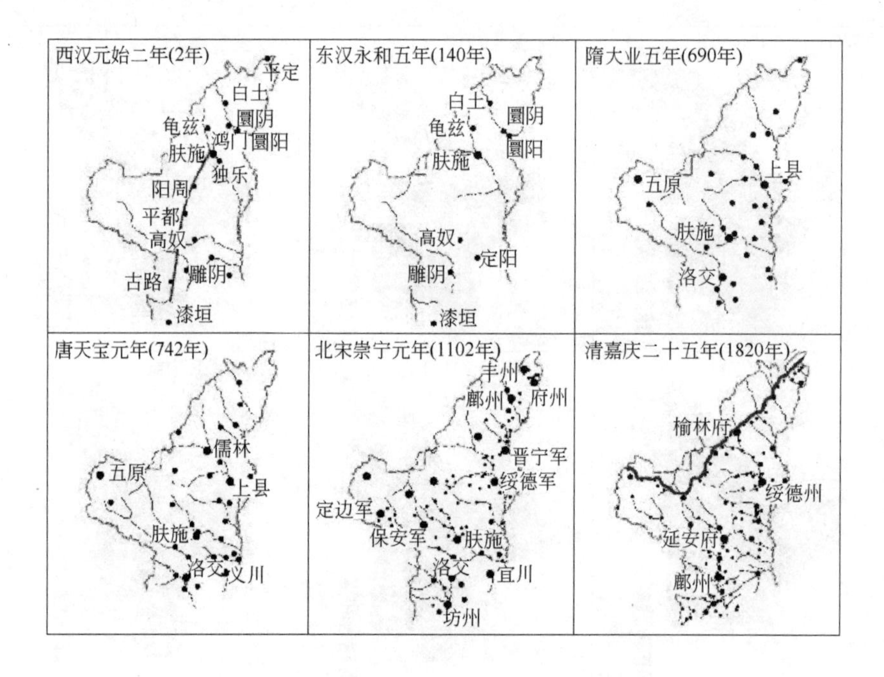

图 3-8　陕北城镇空间地理关联分布图

(4) 陕北城镇空间演进规律总结

主要从自然环境、经济地理、生产力发展、人居生态、社会等几个主要因素展开，总结其对陕北城镇空间演变的影响与规律。

1) 受自然环境、气候和地形约束，城镇主要分布于河谷

历史上陕北北部往往是陕西省人口最稀少的地区，[44]环境、气候条件差。陕北黄土高原地形崎岖不平，可耕地甚少，降雨量较少，水资源极为贫乏，农业条件差；尤其是长城沿线以北地区，气候寒冷，少雨干旱，风沙较大，水、热等资源远低于其他地区，在人口对自然环境依赖的古代，制约农业和城镇发展。

黄土高原中的河谷的集聚、闭合、传输、交汇效应对陕北城镇的生成、汇聚、发展具有重要的作用。[43]河谷地区的生态、军事攻防、道路交通、耕地资源方面的优势形成了对人居环境的吸引，河谷的长短距离、宽窄规模、通达程度、水源状况、地形条件、与其他河谷的关系等都深刻影响着人居环境的发育生长。人居点的分布也随着河谷水系网络的成熟而逐渐增多，且大多数城镇在河谷。这里土地平坦、水源充足、土壤肥沃、交通便利，集聚了农业生产优质用地，是人居基因生成的主要场所。

2）自然地理走向经济地理，生产力制约城镇人居的基因分布

陕北先民进入农业社会以前无力对抗自然，主要在枝状河谷中进行生产生活，虽在某些方面已开始有效地利用自然，比如灌溉、畜牧，但改造自然的能力有限，尚属自然经济范畴。

生产力的发展水平和布局以及产业的转变，是影响人居点分布的基本因素。农业生产力水平大于畜牧业的发展，采矿业又大于农业。陕北地处内地，信息不畅，地理、交通、环境相对封闭、落后，能源矿藏勘察发现很晚，因民族矛盾以及历史上军事、政治斗争的影响，自然经济形态的农业生产不能形成较大规模，工业、商业及近代工业不可能得到长期稳定的发展。明清时期，陕北煤矿资源对人口分布也有一定的影响。矿产资源一般位于山区，这些山区开发以前往往人口稀少，但被开发后会吸引大量的从业人口迁入矿区，使当地人口大增。

3）人居与生态系统协调影响下的陕北生态基底

黄土高原的森林草原破坏、生态平衡失调，会产生沟壑增多、河流浑浊和沙漠扩大等影响。由商周至秦，黄河中游的农业虽有所发展，农业地区都有一定限度，但当地草原仍然相当广阔，林区没有被大规模破坏。东汉后，游牧民族迁入，农业地区缩小，草原相应地扩大。森林虽有所破坏，还不至于过分严重。黄河频繁泛滥，正是由于黄河中游到处开垦，破坏草原，农业地区代替了畜牧地区，而森林又相继受到严重摧毁，林区大规模减少。隋唐时期，平原地区基本没有林区，到明代中叶，黄土高原森林受到摧毁性的破坏，除了少数几处深山，一般说来，各处都已达到难以恢复的地步。[26]

4）社会稳定、政治先导、军事防卫影响人居基因变迁

秦、西汉、隋、唐，关中是全国的中心所在，吸引大批人口入陕，也吸引了大量陕北人进入关中。多次向关中强制性地政策性移民，由政府组织，具有强烈的政治色彩，导致陕北人口下降。迁移大多是东汉迁都洛阳，陕西及陕北人口急剧下降。五代、北宋以后，人口增长与政治地位的关系大为减弱。

陕北是中原与少数民族部落的过渡带与缓冲区，吸引部分少数民族聚居于此。但出于军事考虑，横山成为必须固守的第二道防线而驻扎重兵，穿越或绕过横山的不同河谷（如无定河、延河等）均是军事攻防的必争之地。修筑边墙，建立寨堡，设置治所，促进了沿线城镇的发展，同时米脂、绥德、金明等河谷军镇应运而生。

（5）小结

两千年来，陕北城镇空间演进符合分形特征，城镇规模从首位城镇垄断走向体系发育，中间层次的小城镇逐步发展；空间集聚从单核到点轴发展，受制于地形等影响，城镇的空间关联度一直较高。陕北城镇空间组织是生态、社会、经济、文化、政治共同影响的结果。受自然环境、气候和地形约束，城镇主要分布于河谷，自然地理走向经济地理，生产力制约城镇人居的基因分布，人居

与生态系统协调影响下的陕北生态基底，社会稳定、政治先导、军事防卫影响人居基因变迁。随着陕北能源的开发利用，陕北城镇空间规模结构应趋于 1 的最优分布发展，在发展两大核心城市的前提下，重点扶持中小城镇。遵循沿河谷和交通线的整体“T”字、核心“Y”字的空间集聚格局发展。加快完善城镇道路体系，形成航空、铁路、公路有机结合的交通网络，增强城镇之间的空间关联度，促进陕北作为一个大的人居环境单元的良性发展。

3.2.2 现状城镇体系的分形特征

运用分形理论，定量测算陕北城镇体系的总体分形特征、以样区居民点为例的聚落分形特征以及以无定河流域为例的城镇体系分形特征。

(1) 陕北城镇体系总体分形特征

1) 等级规模结构特征

城镇体系等级规模是城镇体系研究的核心问题，城镇体系等级规模结构在一定条件下具备分形特征并满足 Zipf 位序—规模法则。以 $\ln r$ 为横坐标，$\ln P(r)$ 为纵坐标，对榆林、延安两市 25 个城镇的非农业人口数据进行双对数坐标计算，拟合位序—规模的线性关系(图 3-9)。

模拟结果显示，榆林与延安两市拟合相关系数 R^2 均在 0.9000 以上，证明模型拟合程度较好；Zipf 指数均小于 1，说明陕北两市城镇规模结构具有位序—规模分布特征；分维数 D 均大于 1，说明陕北城镇之间规模较为集中，规模分布较为均衡，中间位序的城镇较多，占据两市城镇体系的主导地位。

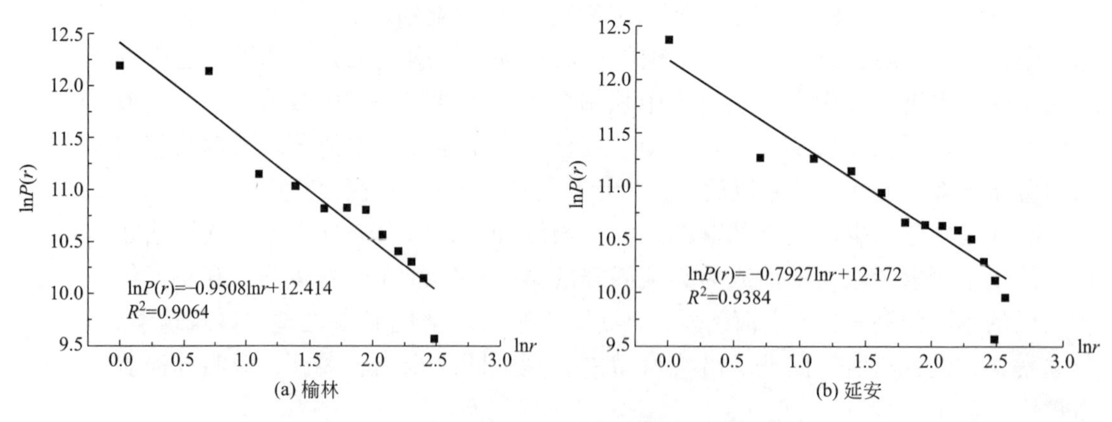

图 3-9 陕北城镇规模分布双对数坐标图(2012)

从散点图可以看出，首位城镇或第二大城镇出现明显的下沉，说明陕北城镇体系中区域性中心城市组织辐射带动作用不强。从散点图的相关系数来看，榆林和延安相关系数较低，散点线性拟合度不是很好，说明陕北城镇体系在规模方面存在分形退化趋势，有一批规模较大的城镇，同时存在数个发育较低的城镇，中间过渡不自然。

采用首位度指数[45]可以衡量城镇规模分布状况，常用的有 2 城市指数、4 城市指数和 11 城市指数。按照位序—规模分布原理，正常的 4 城市首位度指数和 11 城市首位度指数均为 1，而 2 城市首位度指数为 2。从表 3-4 计算的首位度指数可以看出，榆林首位度指数均小于上述标准，说明榆林城镇体系结构中首位城市作用不突出，这主要是以能源开发为主的神木府谷在体系结构中的作用日渐增强，逐渐削弱首位城镇的作用。延安首位城镇在区域中影响力较强，属于极核式空间结构。

陕北城镇体系首位度指数表　　**表 3-4**

城市	2 城市指数	4 城市指数	11 城市指数
榆林	1.06	0.62	0.66
延安	3.02	1.06	0.93

2）城镇体系空间结构特征

城镇体系空间结构特征主要以关联维数指标进行分析。分别以榆林 12 个城镇和延安 13 个城镇之间的欧氏距离、交通距离、空间距离为数据，构造 12×12 矩阵、13×13 矩阵（表 3-5）。借助 GIS 软件，以步长 $\Delta r = 20$km 为标度 r，则距离在 nΔr 内的城镇之间的距离个数 $C(r)$ 随着 r 的变化而变化，得到一系列点对［r，$C(r)$］（表 3-6），将点对标绘在双对数坐标图（图略）中，得出关联维数 D（表 3-7）。回归模型 R^2 均在 0.91 以上，模型通过显著性检验。

延安各城镇间空间距离矩阵（km）　　**表 3-5**

	宝塔区	延长	延川	子长	安塞	志丹	吴起	甘泉	富县	洛川	宜川	黄龙	黄陵
宝塔区	0	66.0	79.9	91.5	36.3	83.7	155.3	38.2	73.1	118.8	153	174.5	145.5
延长		0	52.0	106.0	79.8	149.8	221.4	104.2	139.2	184.8	72.6	104.2	186.7
延川			0	119.0	93.7	163.6	235.2	118.0	153.0	198.6	77.1	148.7	231.2
子长				0	105.3	175.3	246.9	129.7	164.7	210.3	146.2	217.8	237.1
安塞					0	97.5	169.1	51.9	86.9	132.5	120.0	191.6	159.3
志丹						0	71.6	121.9	156.8	202.5	189.9	261.6	229.2
吴起							0	193.5	228.4	274.1	261.5	333.1	300.9
甘泉								0	34.9	80.6	114.8	136.3	107.4
富县									0	45.6	79.9	101.4	72.4
洛川										0	125.5	55.7	26.8
宜川											0	71.6	154.1
黄龙												0	82.5
黄陵													0

延安空间距离标度 r 及其对应的关联函数 $C(r)$ 表 3-6

序数	1	2	3	4	5	6	7	8	9
r	20	40	60	80	100	120	140	160	180
$C(r)$	13	21	29	49	63	85	99	117	127
序数	10	11	12	13	14	15	16	17	
r	200	220	240	260	280	300	320	340	
$C(r)$	139	145	157	159	165	165	167	169	

陕北城镇关联维数 表 3-7

		欧氏距离	交通距离	空间距离
榆林	D 值	0. 9053	0. 9997	0. 9991
	R^2	0. 9141	0. 9687	0. 9726
延安	D 值	0. 9007	0. 9144	0. 9181
	R^2	0. 8631	0. 9864	0. 9868

以欧氏距离计算关联维数，在平原地区交通网络发达的情况下是比较符合实际的。但是，陕北地处黄土高原区，地形复杂，交通不发达，城镇之间的欧氏距离与交通距离会存在较大误差，同时黄土高原地区高差起伏较大，交通距离与空间距离也会存在一定的误差值。因此，鉴于陕北黄土高原地区特殊的地形条件，为了更接近于实际情况，同时计算出基于欧氏距离、交通距离和空间距离的关联维数，并计算两两之比。

由分维值可以看出，两市分维值都比较接近于 1，说明陕北城镇体系形成沿着交通线发展的格局，这与陕北黄土高原地区城镇沿着河谷地带交通线发展的现实情况相符。其中，延安市的关联维数值 D 非常接近于 1，城镇体系的线性特征非常明显，城镇要素主要集中于河谷地带，沿河谷的交通路线构成延安市的交通骨架。榆林市的关联维数值 D 较小，说明该区域内各城镇联系紧密，城镇体系表现出线性发展趋势。

以交通距离和欧氏距离计算的关联维数之比：延安市 1. 104、榆林市 1. 024；以空间距离和欧氏距离计算的关联维数之比：延安市 1. 104、榆林市 1. 025。当比值接近于 1 时，表明城镇之间的交通网络通达性较好，各城镇之间基本具备开展经济协作的基础设施条件。榆林市与延安市交通网络都很发达，但延安市相比榆林市来说，地形条件更复杂，在分维值非常接近的情况下，延安市的交通网络相对发达一些。

3）城镇体系空间集聚性特征

为了全面刻画城镇体系的空间分布状态，以两个区域性中心城镇为中心，计算城镇体系的空间集聚性。首先测量区域内各城镇到区域性中心城镇的中心距 Ri，然后将其转换成平均距离 Rs（表 3-8），得到一系列点对(s，Rs)，再绘制双对数坐标图(图略)，进行回归分析并计算分维值。

陕北城镇中心距和平均半径(km)　　表 3-8

城镇	s	Ri	Rs	城镇	s	Ri	Rs
宝塔区	1	0	0	榆阳区	1	0	0
安塞县	2	33.5	23.7	横山县	2	53.2	37.6
甘泉县	3	35.6	28.2	米脂县	3	70.5	51
延长县	4	48.1	34.3	佳县	4	72.8	57.2
子长县	5	63.7	41.9	子洲县	5	78.4	62
富县	6	66.7	46.9	神木县	6	87.6	67
志丹县	7	67.5	50.4	绥德县	7	98	72.2
延川县	8	70.7	53.3	靖边县	8	113.4	78.6
宜川县	9	86.6	58	吴堡县	9	126.4	85.2
洛川县	10	93.1	62.4	清涧县	10	137.1	91.7
黄陵县	11	114.5	68.8	府谷县	11	141	97.3
黄龙县	12	115.8	73.9	定边县	12	204.5	110.2
吴起县	13	121	78.6				

计算的集聚分维值为：延安 1.374、榆林 1.837；拟合程度 R^2：延安 0.9595、榆林 0.9820。陕北两市城镇集聚分维值 D 均小于 2，说明陕北城镇体系的空间分布从中心向四周密度递减，城镇体系空间分布呈现集聚分布。延安市集聚分维值 D 较小，说明延安市城镇体系空间集聚度大，首位城镇优势明显；榆林市集聚分维值 D 较大，表明其城镇体系空间集聚度相对小一些。

陕北城镇体系历史上是以两个区域城镇为集聚中心进行自组织演化发展形成的，各区域中心城镇外围均已形成由中心向四周密度递减的城镇体系。按照增长极理论，区域优先发展的地区可以作为发展的增长点，通过增长点自身的集聚、扩散效应，可以把整个区域经济活动连接起来，从而带动周围区域的增长。历史上，陕北通过自组织演化形成的两大区域城镇中心，从集聚维数上看具备成为增长极的条件，通过自身力量的不断发展，带动其他区域健康发展。

4）小结

根据陕北城镇体系在等级规模结构、空间结构和空间集聚三方面的分形特征，可以得到如下结论：首先，从陕北城镇体系等级规模分形维数来看，两市等级规模分维值均大于 1，中间位序城镇较多，首位城镇作用被削弱。延安和榆林城镇等级规模较为集中，分布较为均衡。其次，从陕北城镇体系空间结构关联维数来看，两市关联维数值均接近于 1，说明两市的城镇体系在空间上分布比较集中，城镇主要分布于沟谷河流沿线，形成城镇体系的主要发展轴线。延安和榆林之间交通通达性较好，各城镇之间具备开展经济协作的基础设施条件。最后，从陕北城镇体系空间集聚分维数来看，延安和榆林集聚维数均小于 2，表明陕北城镇空间分布集聚程度较大，说明陕北城镇体系空间分布从中心向四周密度递减，城镇体系呈现集聚分布状态。

（2）不同地貌类型的聚落分形特征

将整个陕北地区按照六大地貌分类，各地貌类型区域内选取一个完整的流域，且以该流域内的所有居民点(即将所有居住聚落抽象成为点)表征该类地貌的人居体系，从而探究人居与地貌类型的潜在分形关系。研究使用网格分维法测算出六类地貌样区的居民点分维值(表 3-9)。

六大地貌样区内的居民点分维值 **表 3-9**

项目	风沙—黄土过渡区	黄土峁状丘陵沟壑区	黄土梁峁状丘陵沟壑区	黄土梁状丘陵沟壑区	黄土塬	黄土残塬区
对应函数	$y=-0.6988x+8.6157$ $R^2=0.96153$	$y=-1.0288x+12.62$ $R^2=0.96184$	$y=-1.0943x+13.473$ $R^2=0.98037$	$y=-1.0645x+13.053$ $R^2=0.97686$	$y=-0.8964x+11.046$ $R^2=0.97788$	$y=-1.0069x+12.556$ $R^2=0.97874$
聚落分维	0.6988	1.0288	1.0943	1.0645	0.8964	1.0069

首先从各类地貌的居民点的聚合度(R^2)来看，在六个地貌样区中，聚合度均在 0.96 以上，说明整体上分形特征明显；分维值相近而不相同，说明各类地貌的人居分布有所差异。此外，六类地貌样区的人居分维值都远小于 1.7，说明自然状态下的聚落分布较分散，未能将土地利用到最高效的状态。其中，风沙—黄土过渡区的聚落分维值最小，表明在该种地貌类型下，土地的利用率较低，故针对这种地貌类型，在规划中可以大大加密居民点；黄土梁峁状丘陵沟壑区是这六大地貌中聚落分维值最高的类型，但距离 1.7 仍有一定差距，故针对此种地貌类型在规划中可以适当加密居民点。

（3）以无定河流域为例的城镇体系分形特征

由于无定河上游为风沙区，居民点分布与典型黄土沟壑区存在一定差异，因此重点研究黄土沟壑区范围内无定河流域居民点的分布特征。通过建立河流临近区来统计不同临近距离内的居民点数量，从而判定居民点与河流水系的吻合程度。研究范围内的流域总面积约为 1092km^2(图 3-10)，城乡居民点共计 2276 处，按照市、县、镇(乡)、村 4 个级别来划分，得出市级居民点 1 处，县级居民点 5 处，乡镇级居民点 123 处，村级居民点 2147 处。

1）无定河流域分形水系与城乡居民点空间分布关系

首先，对无定河流域地形进行坡度、坡向分析得到水系流量、流向分析，根据流量及流向分析得出水系分布图。其次，采用 Strahler 河网分级方法，对无定河流域水系等级进行划分(图 3-11)。再次，以河流为中心向两侧偏移不同宽度的临近距离，建立以水系为基础距离、河流为不同临近距离的临近区。以最大临近区面积不超过研究流域总面积的 30%为原则，经测算 500m 临近距离建立的临近区面积为 59.28km^2，达到研究范围流域面积的 30%，因此，以 100m、200m、300m、400m、500m 为临近距离建立 5 个临近区，分别统计不同等级河道两侧、不同临近距离范围内的不同等级城乡居民点数量及其占总城乡居民点的百分比(图 3-12)。

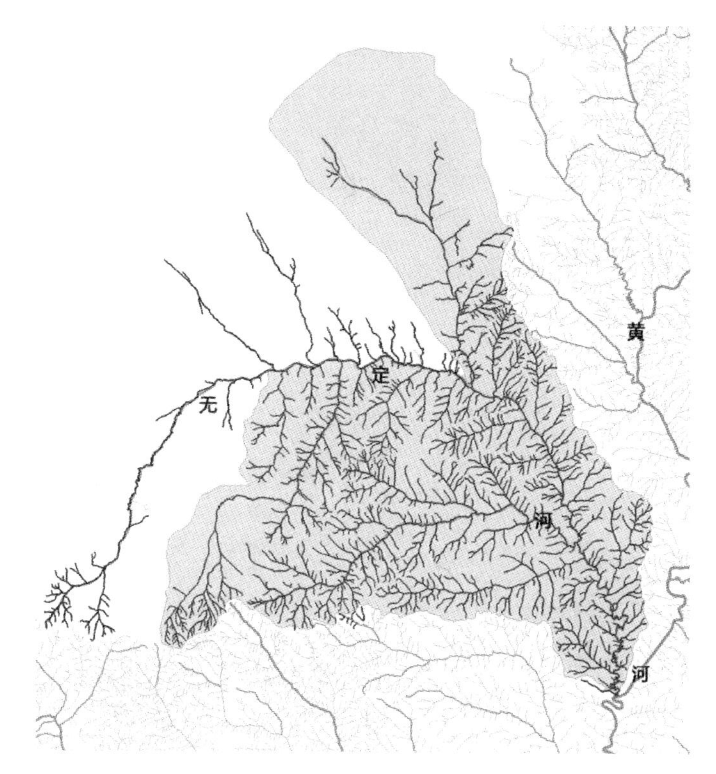

图 3-10　无定河流域水系研究范围

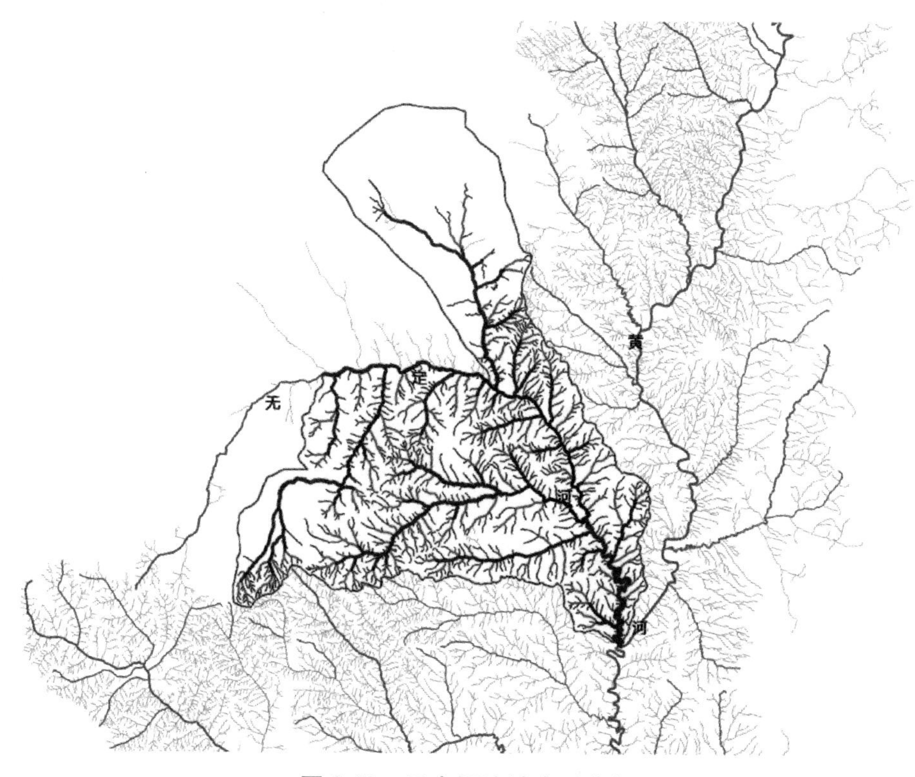

图 3-11　无定河流域水系分级

图 3-12　无定河流域河流缓冲区与城乡居民点

从上图可以发现，无定河流域内的城乡居民点与河流水系具有明显的依附特征。首先，在空间形态上，70%的居民点分布于500m临近区范围内，该临近区面积仅占研究面积的30%；56%的居民点分布于400m临近区，该缓冲区面积占流域面积的22%，说明很大一部分居民点分布于河流或沟道两侧。

从分布均质度上看，高等级城乡居民点分布相对集中于干流临近地区，低等级居民点分布相对零散。如图3-13所示，河流两侧500m临近范围内分布了

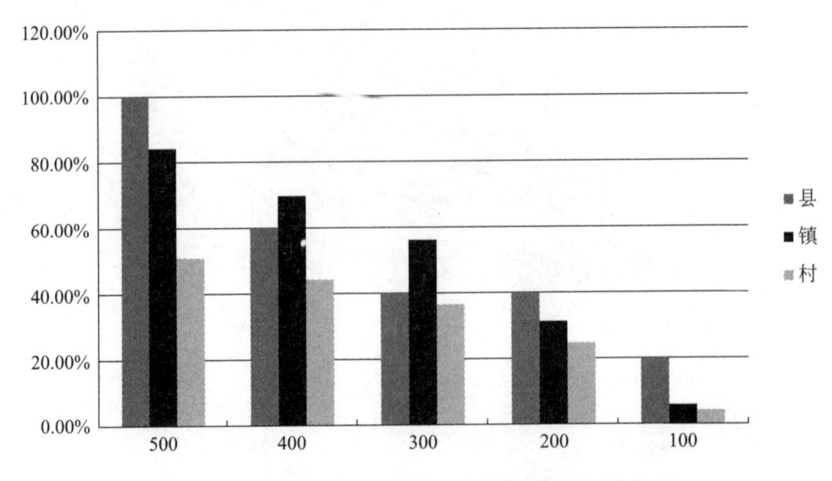

图 3-13　不同临近区居民点所占各自总量比例

100%的县城、85%的镇，相对于村庄，镇、县这一类高等级居民点与河流的联系更为密切、依赖程度更高。

伴随着临近距离的逐渐增加，即统计边界与河流中心线距离的增大，不同距离区段内镇、村居民点数量经历了一个先增加后降低的过程，在 100~200m 范围内达到峰值后逐渐降低。如图 3-14 所示，在 0~100m 范围内有 4.5%的村庄、6.4%的镇；在 100~200m 范围内镇村居民点数量最大，该范围内有 20.4%的村庄、25.0%的镇；伴随着临近距离的增加，村镇数量均呈现下降趋势。主要原因是镇、村这类低等级居民点过于临近沟道容易受到河流灾害的影响，但同时也不能过于远离水源地，所以在 100~200m 区域较为合适，因此在这一范围内其数量最大，如管子所云："高毋近阜，而水用足；下毋近水，而沟防省"。由于县城的基础设施较为齐备，抵御自然能力强，其分布不遵从这一原则，但是 100%的县城分布于 500m 河流临近区内，可见县城对于水源的整体依赖程度更高。

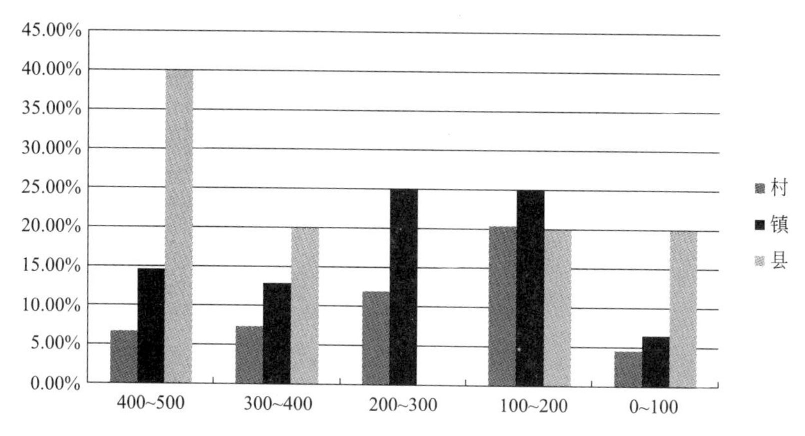

图 3-14　不同临近距离居民点所占各自总量比例

在第二章中，我们已经通过沟谷线的分维值以及分形元图形证明了河流形态是分形的，加之大量的居民点与河流密切的依附分布关系，故初步认为人居点在空间上的分布也具有分形特征。其次，在等级关系上，城乡居民点等级与河流等级正相关，随着河道等级的增加，村、镇的居民点比重在下降，县、市居民点的比重增加，说明村、镇对应低等级河道，市、县对应高等级河道。从发生学的角度来看，绝大多数城市都不是短期内爆发形成的，它们的漫长发育历程通常与水资源的空间分布具有内在联系，高等级河流孕育高等级居民点，低等级河流孕育低等级居民点。这也进一步证明居民点的形成离不开水系，而河流水系的等级决定了居民点的等级。

2）无定河流域分形水系与城乡居民点的数理耦合特征

研究将无定河流域划分为 19 个小流域（图 3-15），并统计出各个小流域内不同等级城乡居民点数量，探究各个小流域水系分形维数与居民点出现概率之间的关系。

以分水岭为界限划分小流域，如图 3-15 所示共划分为 19 个小流域，与之对

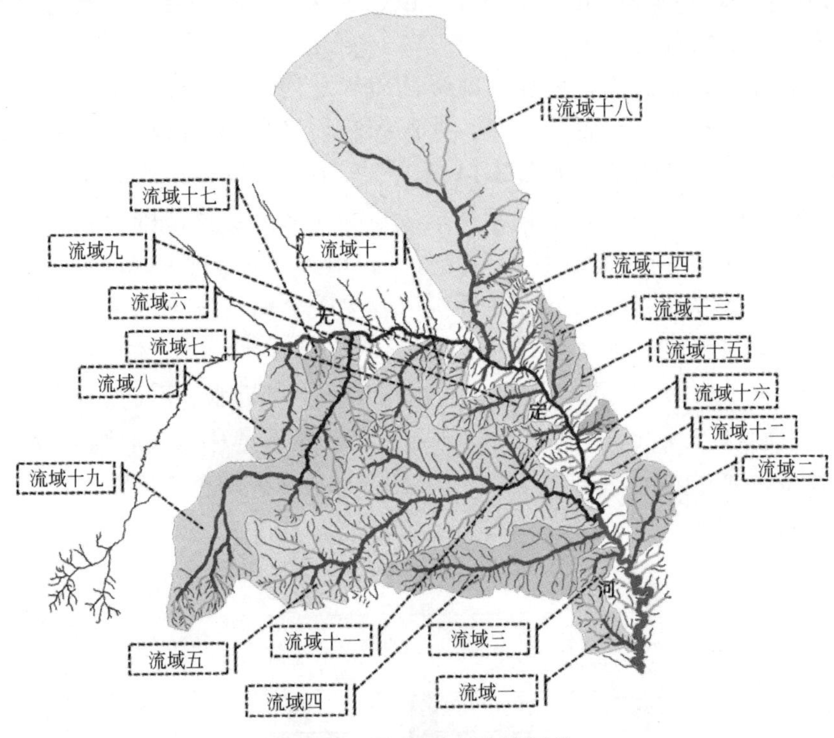

图 3-15　无定河小流域划分

应的为 1910 个城乡居民点，并对 19 个小流域进行分维值的测定。借鉴已有的流域水系分形计算方法，本文采用网格维数计算方法，计算公式如下所示：

$$D=\lim_{t\to 0}\frac{\ln N(r)}{\ln(1/r)} \tag{3-1}$$

其中，r 表示网格的尺寸，$N(r)$表示含有水系沟道网格的数量，D 表示分形维数特征值。选取 200m、400 m、800 m、1600 m、3200 m、6400 m、12000 m 网格来覆盖小流域内河流水系，统计出含有水系的网格数量，采用最小二乘法求出各沟道水系分形维数。最后统计每个小流域面积及其居民点个数，为了避免各小流域面积大小对居民点数量多少的影响，本研究用居民点数量除以所对应流域面积，计算出子流域内单位面积内居民点出现的数量，即居民点出现概率，结果如下表所示(表 3-10)。

小流域内分形维数及居民点对应关系　　表 3-10

编号	流域名称	水系分维	流域面积 (km²)	"市"数量	"县"数量	"镇" 数量/概率	"村" 数量/概率	居民点合计
1	川口河	1.1150	322.04	0	0	3/0.00931	41/0.127311	44
2	义和河	1.1190	429.47	0	0	6/0.0139	62/0.144361	68
3	团结沟河	1.0660	149.57	0	0	1/0.00668	22/0.147082	23
4	贺庄河	1.2030	1225.96	0	0	9/0.00734	167/0.136219	176

续表

编号	流域名称	水系分维	流域面积（km^2）	“市”数量	“县”数量	“镇”数量/概率	“村”数量/概率	居民点合计
5	大理河	1.2240	3920.11	0	2	32/0.00816	500/0.127547	534
6	马湖峪河	1.1600	379.46	0	0	5/0.01317	54/0.142305	59
7	黑木头川	1.1290	468.54	0	0	3/0.00640	56/0.119518	59
8	黑河子	1.0630	568.79	0	0	1/0.00175	51/0.089664	52
9	盐子沟	1.0700	169.20	0	0	0/0	27/0.159567	27
10	响水镇	1.0608	127.43	0	0	2/0.0156941	11/0.086318	13
11	孟岔河	1.0794	129.25	0	0	1/0.0077365	20/0.154731	21
12	小河沟河	1.0416	200.35	0	0	3/0.0149733	34/0.169698	37
13	小川河	1.1441	290.54	0	0	2/0.0068836	40/0.137672	42
14	鱼河峁	1.2046	316.81	0	0	3/0.0094692	36/0.113631	39
15	高西沟	1.0352	110.09	0	0	2/0.0181663	14/0.127165	16
16	银河	1.0557	105.41	0	1	1/0.0094865	15/0.142299	17
17	沙沟	1.0289	116.41	0	0	1/0.00858992	22/0.188978	23
18	榆溪河	1.1662	5166.88	1	0	16/0.0030966	400/0.077416	417
19	芦河	1.2226	2463.48	0	2	10/0.0040592	231/0.09377	243

首先，流域内村、镇出现的概率呈负相关。从图 3-16 中可见，单位面积内村庄数量与镇数量呈负相关，主要是由于黄土沟壑城市可建设开发空间资源有限，在用地等资源上二者存在一种竞争关系，此消彼长。

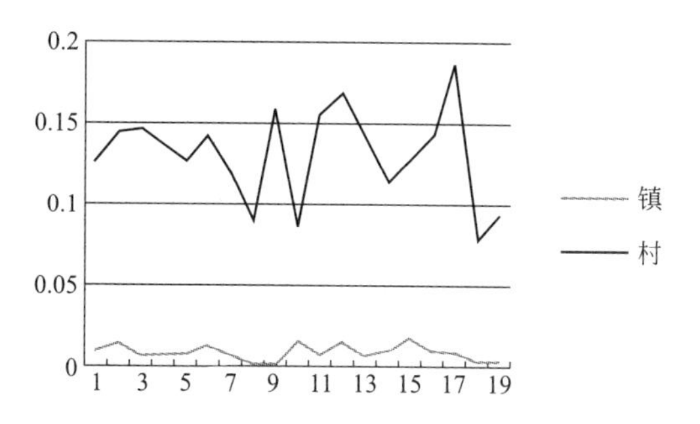

图 3-16　各小流域内镇、村出现概率

其次，河流的等级越高，河流的分形维数越高。李后强、何隆华的研究认为，当水系的分维值 $D\leqslant 1.6$ 时，流域地貌处于侵蚀发育阶段的幼年期。此时，水系尚未充分发育，河网密度小，地面比较完整，河流深切侵蚀剧烈，河谷呈“V”形。分维值越趋近 1.6，流域地貌越趋于幼年晚期，河流下蚀作用逐渐减弱，旁蚀作用加强，地面分割越来越破碎。从表 3-5 中可以看出，黄土沟壑地区水系分维数值普遍偏低，水系基本处于水系发育的幼年时期，同时也从另一方面揭示了黄土高原地区水土流失、河流侵蚀剧烈的原因。无定河流域中，较大支流域的分维数值比较小流域的分形维数高，如大理河、芦河、榆溪河分维数值在 19 个小流域内都位于前列，表明分维数值的高低与水系发育程度正相关。

再次，水系分维数值达到一定门槛值出现“县”。表 3-10 中可知，在 5、

16、19号小流域出现县城。其中，16号小流域为银河流域，存在的米脂县城位于无定河与银河交叉口，不属于小流域内部。5号大理河流域内存在的绥德县，位于无定河与大理河交叉口，也不属于小流域内部。5号大理河流域内部存在一处县城，19号芦河流域内部存在两处县城，分形维数分别为1.224与1.226，因此出现县城的小流域水系分维值均达到1.22以上，为各流域最高值。可以认为，小流域内水系分维值1.22是陕北黄土高原沟壑地区县城出现的一个门槛值。相对来说，在水系分维数值越高的区域，生态地质条件越稳定，侵蚀作用相对较弱。安全性与稳定性越高，越适宜高等级居民点的衍生与发展。黄土高原无定河流域沟壑水系分形维数低于1.3，整体处于河流水系发育的幼年期，分形维数高于1.22的地区只是相对来说生态地质条件更加稳定，灾害发生的概率低，并不意味着居住条件良好与稳定，对于城市建设与环境改善还有很长的路要走。

最后，小流域内分维数值越高，出现镇、村的概率越高。统计结果按分形维数降序排列得到表3-11，从总体上看，分形维数高的沟道内，其镇、村出现的概率相对较高，如6号与13号，2号和1号，11号、3号与8号，10号与12号等多组数据。当几个小流域的分形维数接近时，如果某一小流域中有县、市的出现，那么其村、镇出现的概率会降低，二者呈负相关。初步推测该现象反映了一种近似“阴影效应”的规律，即分维相近的小流域之间，其流域资源总量也基本相近，当有县、市一类高等级人居点发育时，自然会影响一定范围内低等级人居点的发育。

各等级水系分维降序排列 **表3-11**

编号	市(概率)	县(概率)	镇(概率)	村(概率)	分维数
5	——	0.00051	0.00816	0.12755	1.22400
19	——	0.00081	0.00406	0.09377	1.22260
18	0.00019	——	0.00310	0.07742	1.16620
6	——	——	0.01318	0.14231	1.16000
13	——	——	0.00688	0.13767	1.14410
7	——	——	0.00640	0.11952	1.12900
2	——	——	0.01397	0.14436	1.11900
1	——	——	0.00932	0.12731	1.11500
14	——	——	0.00947	0.11363	1.10000
4	——	——	0.00734	0.13622	1.10000
11	——	——	0.00774	0.15473	1.07940
9	——	——	0.00000	0.15957	1.07000
3	——	——	0.00669	0.14708	1.06600
8	——	——	0.00176	0.08966	1.06300
10	——	——	0.01569	0.08632	1.06080
16	——	0.00949	0.00949	0.14230	1.05570

续表

编号	市(概率)	县(概率)	镇(概率)	村(概率)	分维数
12	——	——	0.01497	0.16970	1.04160
15	——	——	0.01817	0.12716	1.03520
17	——	——	0.00859	0.18898	1.02890

3.2.3　陕北居民点分形图式研究

针对陕北整个地区的居民点分布特征，除了应用数据进行分析研究，还使用图示语言对其展开进一步分析，尝试找出人居的分形元，为下文与地貌分形元(以水系为主)对比耦合、总结二者耦合特征及内在机制提供基础资料。

探索陕北居民点的分形元主要采用如下两种方法：①从陕北整体出发，根据面积大小，将图形分成三个层级，在各层级都通过图式模拟的方法找到不同等级的三种分形元图形。②基于六类地貌，根据面积大小将每个地貌内部分为两个层级进行图形描摹，总结不同地貌类型中各等级的人居分形元图形。

(1) 基于陕北整体范围内的人居分形元探究

由于肉眼观察下的陕北居民点过于分散，所以对照相应水系，在陕北全区范围内寻找并连接有明显线性趋势的居民点，通过图形描摹找出其共同特点，总结该等级下的分形元。图 3-17 是六处具有代表性的居民点描摹图形。

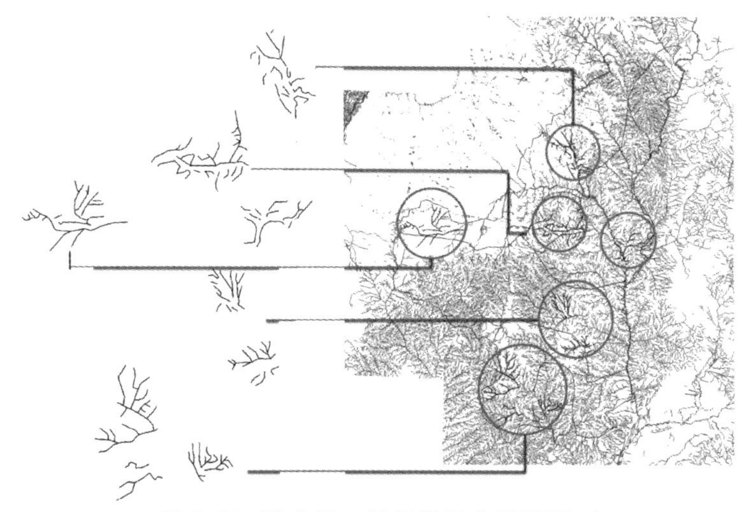

图 3-17　陕北第一等级居民点描摹图形

图 3-18　陕北整体区域第一级分形元图形

对图 3-17 中的居民点图形进行抽象提取，得到陕北第一该等级的人居分形元图形(图 3-18)。该等级的人居分形元整体呈双枝、非对称羽状，这是因为该等级下的居民点普遍分布在河流两侧，连点成线后则出现河流两侧的双枝图形。此外，在图形参数上，该等级的分形元图形的分枝角度约为 60°，分枝长度与间距长度比约为 1. 7。

采用类似的工作程序，在陕北整体区域中的第二个层级中大量描摹，得到居民点连接图形(图 3-19)。抽象提取上述图形，总结得出该层级下的分形元图形(图 3-20)。第二级的分形元仍然为不对称羽状，与第一级的分形元相似又不尽相同。第一等级分形元的不对称是指两侧的枝段并不从主干的同一点出发，而第二级的分形元图形则完全不对称：①当右半段主干还是双枝状时，对应的左半段已经呈现单枝状；②支段自身也存在双枝和单枝并存的情况。除此之外，在图形参数上，第二等级的分形元图形的分支角度约为 60°，分枝长度与间距长度比约为 1. 5/2. 1。

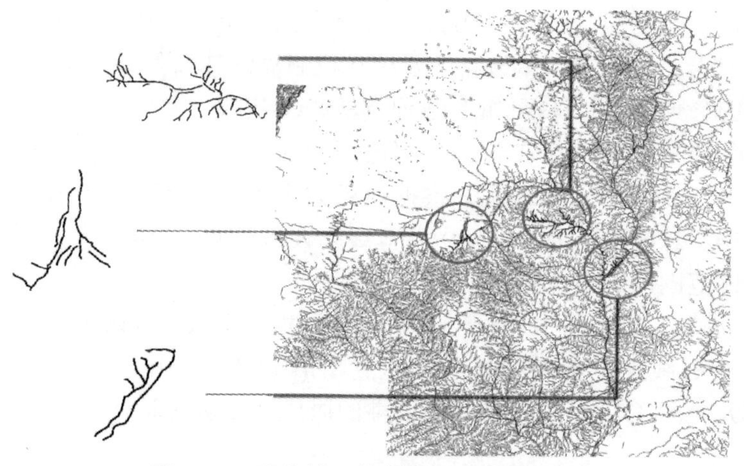

图 3-19　陕北第二等级居民点描摹图形

图 3-20　陕北整体区域第二级分形元图形

最后，在更小的视角即第三等级下描摹居民点，选出如图 3-21 中的两个枝段作为代表。研究总结该等级下的分形元特征以及抽象图式。

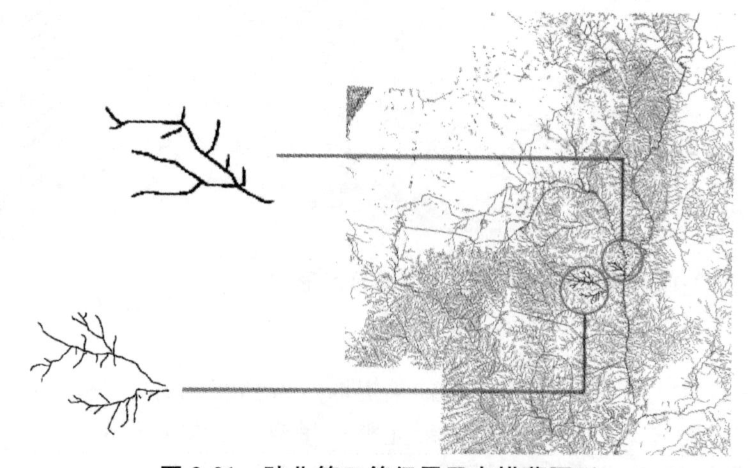

图 3-21　陕北第三等级居民点描摹图形

图 3-22　陕北整体区域第三级分形元图形

第三等级的分形元图形如图 3-22 所示，呈单枝非对称羽状，与前两级的分形元图式相近。该等级的分形元最为简单，将其进行迭代亦可得出第一等级和第二等级的分形元，所以大胆假设，将第三等级的分形元作为陕北人居的基本分形元图形。在图形参数上，该分形元分枝角度约为 60°，分枝长度与间距长度比约为 1.6。第三等级的分形元的分枝角度与间距长度都与第一等级和第二等级的分形元十分接近，所以从图示数据角度认为其具有基本的自相似性。此外，对比第 2 章中提取的地貌沟谷线分形元图形，二者十分相似，一方面再次验证了流水地貌对居民点分布的密切，一方面也为后续进行分形图形耦合提供了较好的基础。

（2）基于六类地貌的人居分形元探究

从陕北整体范围内提取人居分形元之外，以不同地貌类型为基础再次总结，作为对前一种视角的补充与验证。六类地貌分别为黄土梁状丘陵沟壑区、黄土梁峁状丘陵沟壑区、黄土塬、黄土峁状陵沟壑区、黄土残塬区、风沙—黄土过渡区，以每个地貌类型为单位寻找分形元，具体操作方法及过程如下，以风沙—黄土过渡区为例说明。

从沟谷线要素来看，黄土—风沙区地貌存在较为明显的两级结构，因此，对应于地貌，对该地貌区内人居分形元的提取也从两个层级展开。首先是第一层级，即在图中绿色线条区域内进行大量居民点的连接与图形描摹，以图 3-23 中的三个图形为代表。

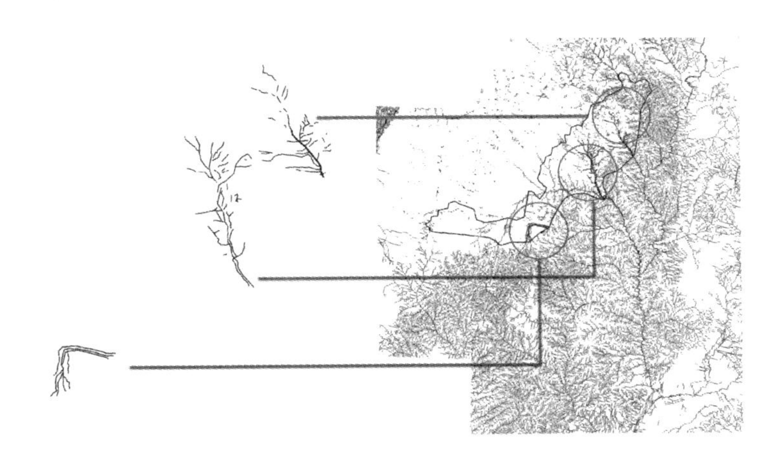

图 3-23　陕北风沙—黄土过渡区第一级居民点描摹图形

图 3-24　风沙—黄土过渡区第一级人居分形元图式

对上图中的居民点描摹图形进行抽象提取，得到如图 3-24 所示的人居分形元图式，形态上为对称羽状，主干为双枝，两侧枝干均为单枝，分支角度约为

60°，分枝长度与间距长度比约为1.9。从尺度对应角度来看，风沙区的第一等级人居分形元对应于陕北整体的第二级，对比二者可见，都是主干双枝，且整体为羽状。不同的是，陕北整体第二级人居分形元的支干均不对称且单双支交错出现，风沙区第一级人居分形元的枝段在形态上始终一致。从地貌的角度考虑，风沙区地貌的内部差异性较小，因此对居民点分布的影响基本类似，而陕北整体第一级内的地貌则囊括了多种地貌类型下的分形特征，故其影响下的居民点分布更加复杂多样。

其次，进一步缩小尺度，在风沙地貌区的第二等级范围内，采用同种方法连接描摹居民点图形，如图3-25所示，取其中四枝为代表。

对上述描摹图形进行抽象总结，得到如图3-26所示分形元。该等级的人居分形元为不对称单枝羽状，与上一级的区别仅在于主干为双枝或单枝。将第二级的分形元迭代即可得到第一级分形元，因此可以推测，该等级分形元为风沙—黄土过渡区的基本分形元。

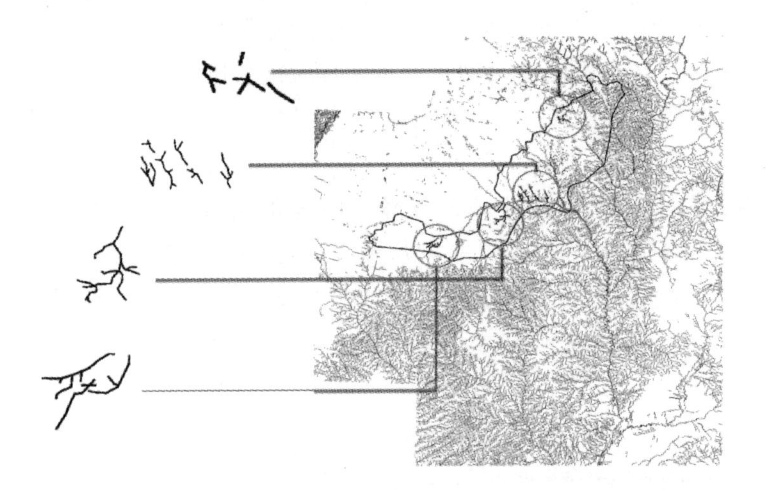
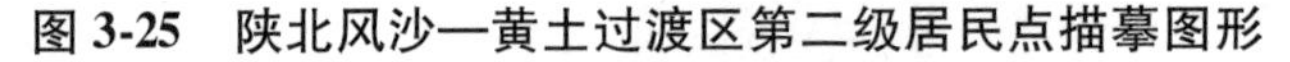

图3-25 陕北风沙—黄土过渡区第二级居民点描摹图形

图3-26 风沙—黄土过渡区第二级分形元图式

采用同样方法对其余五类地貌类型下的人居分形元进行提取总结，得出六类分形元的序列表（表3-12）。经过比较分析，与风沙区类似，其他地貌类型中的第二等级人居分形元可作为各自的基本分形元。此外，将此六类人居分形元与陕北整体的核心分形元进行比对，可以初步认为：不对称羽状分枝图形是陕北人居分布的基本分形元。人居的分形元由不同等级规模以及不同地貌类型抽象概括得出，且可以在此基础之上进行迭代，变化形成陕北城镇空间模式的原型，进而作用于城镇体系的演进，如城镇的选址以及城镇发展方向。

六类地貌类型内的各等级人居分形元图形及其参数特征　　　　表 3-12

风沙—黄土过渡区			
图形名称		第二级居民点分形元	第一级居民点分形元
形状描述		对称羽状	对称羽状
图形参数	分枝角度	60°	60°
	分枝长度间距比	2.1	1.9
分形基本图式			
黄土峁状丘陵沟壑区			
图形名称		居民点分形元	第一级居民点分形元
形状描述		对称羽状	对称叶状
图形参数	分枝角度	75°	60°
	分枝长度间距比	1.9	1.1/1.9
分形基本图式			
黄土梁峁状丘陵沟壑区			
图形名称		居民点分形元	第一级居民点分形元
形状描述		对称羽状	对称叶状
图形参数	分枝角度	60°	75°
	分枝长度间距比	1.1/1.6	1.8/1.1
分形基本图式			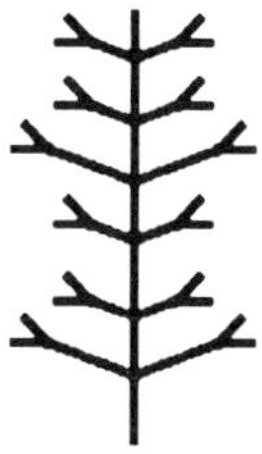
黄土塬			
图形名称		居民点分形元	第一级居民点分形元
形状描述		对称叶状	对称羽状
图形参数	分枝角度	60°	30°/75°
	分枝长度间距比	2.2	1.6

续表

分形基本图式			
黄土梁状丘陵沟壑区			
图形名称		居民点分形元	第一级居民点分形元
形状描述		非对称羽状	对称叶状
图形参数	分枝角度	75°	60°
	分枝长度间距比	0.6/1	1.1/2.7/1.5
分形基本图式			
黄土残塬区			
图形名称		居民点分形元	第一级居民点分形元
形状描述		非对称羽状	对称羽状
图形参数	分枝角度	75°	75°
	分枝长度间距比	1.8/3.1	1.2
分形基本图式			

3.3 陕北城镇空间形态的分形特征

本节针对各个城镇单体，采用网格法，从用地边界和用地布局两个方面展开对城镇分形特征的描述。为方便起见，文中将用地边界的分维命名为“城镇边界分维”，将用地布局的分维命名为“城镇用地分维”。前者为测算边界线自身的分维值，后者为测算边界以内实体用地的分维值。

3.3.1 城镇用地形态边界的分形特征

用地边界是城镇空间形态中的核心要素之一，且与城镇所处地貌紧密关联。本节主要针对陕北 25 个城镇（榆林、延安两市及其下辖的 23 个市县）进行用地边界的分维测算，结合城镇所处地貌的类型进行比较研究，并对几个典型城镇的边界形态展开详细探讨。

（1）25 个城镇用地边界的分形特征

首先根据边界形态，将 25 个城镇划分为狭长带状、分枝带状、弯曲带状、破碎带状和团块状五种类型，如图 3-27 为各类城镇形态的典型代表。在陕北的特殊地貌条件下，许多城镇都是嵌沟而建，从而形成狭长带状的用地形态。该类型城镇用地边界的特征为形态窄而长，且整体形态在方向上（如从北到南）并无太大的宽窄变化。分枝带状的城镇多建于河流交叉口处，以交叉点为几何中心发展，通常在分枝上多于两条。弯曲带状型城镇与狭长带状类似，至少在形态上较前者更宽，且带状中间有几次弯曲变化。破碎带状型城镇的最大特点是整体带状、局部分散。团块状城镇则明显有别于其他四个类型，该类城镇的用地比较整合，用地边界虽不如其他类型复杂，但也因城镇周边的小岛式用地而参差不齐。

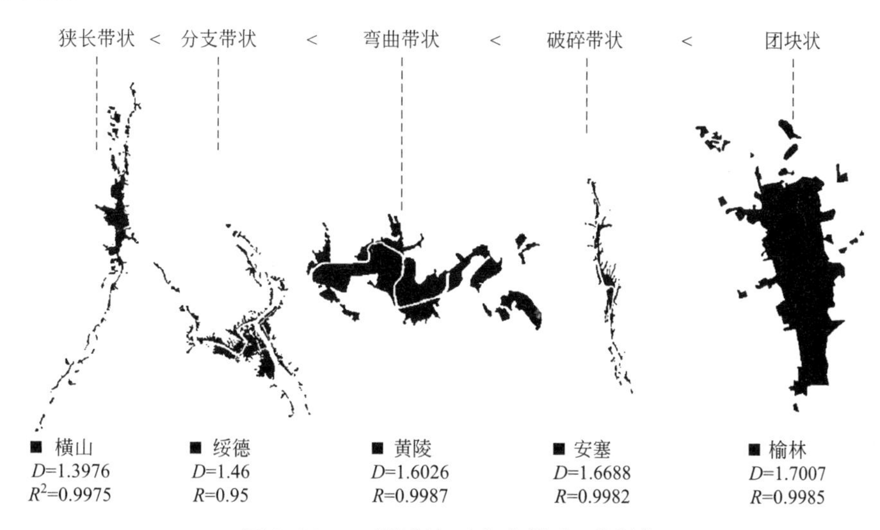

图 3-27　五类城镇形态中的典型城镇

采用网格法对 25 个城镇的边界线进行分维测算（表 3-13），根据分维结果不断递增的趋势对 25 个城镇进行排序，如图 3-28 所示，城镇下方色带表示该城镇的形态类型。可以看到，随着城镇边界的分维值不断增大，城镇形态类型也有相应的规律性变化。在城镇边界分维值较低的区间，对应的城镇边界形态多为狭长带状和弯曲带状，说明这两类城镇的边界形态比较简单；在城镇边界分维值较高的区间，城镇边界形态多为分枝带状和破碎带状，说明这两类城镇的边界形态较为复杂；团块状城镇的边界分维值则参差不齐，规律性较弱。

25 个城镇的边界分维值 **表 3-13**

城镇名称	吴起	榆林	黄龙	横山	宜川	神木	志丹	吴堡	安塞
边界分维值	1. 2	1. 216	1. 268	1. 355	1. 362	1. 378	1. 379	1. 387	1. 387
城镇名称	洛川	清涧	延安	子长	富县	靖边	定边	佳县	府谷
边界分维值	1. 399	1. 441	1. 441	1. 445	1. 445	1. 452	1. 462	1. 463	1. 471
城镇名称	甘泉	延川	黄陵	米脂	绥德	子洲	延长	——	——
边界分维值	1. 491	1. 494	1. 501	1. 511	1. 52	1. 576	1. 59	——	——

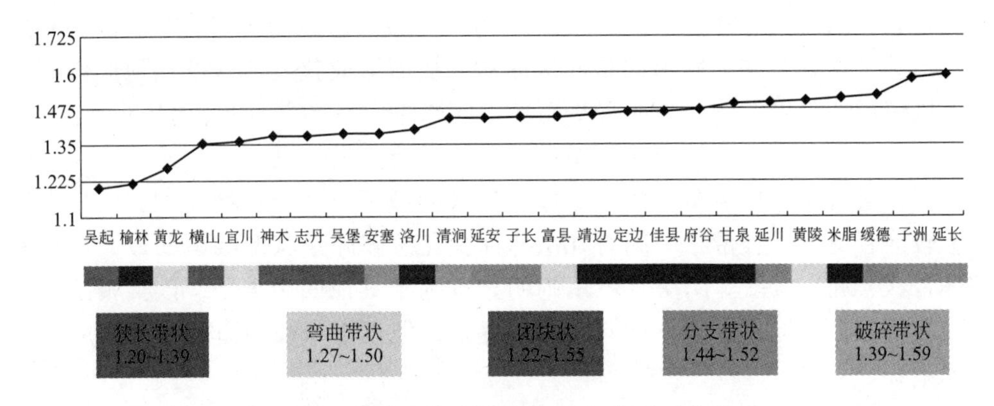

图 3-28 城镇边界分维值与形态类型对应关系

(2) 六类地貌内的城镇边界分形特征

对应于前文的地貌分类，将上述 25 个城镇按照所处地貌类型划分，并对每个地貌类型下的城镇边界分维取平均值(表 3-14)，用以表征该地貌类型内的城镇边界分维。

六类地貌内的城镇边界分维 **表 3-14**

风沙—黄土过渡区城镇	横山	神木	靖边	榆林	定边			
边界分维	1. 355	1. 378	1. 452	1. 216	1. 462			
平均值	1. 3726							
黄土峁状丘陵沟壑区城镇	吴堡	绥德	子长	府谷	佳县	米脂	清涧	子洲
边界分维	1. 387	1. 52	1. 445	1. 471	1. 463	1. 511	1. 441	1. 576
平均值	1. 47675							
黄土梁峁丘陵沟壑区城镇	吴起	延安	志丹	延川	安塞	延长		
边界分维	1. 2	1. 441	1. 379	1. 494	1. 387	1. 59		
平均值	1. 4152							
黄土梁状丘陵沟壑区城镇	黄龙	甘泉						
边界分维	1. 268	1. 491						
平均值	1. 3795							

续表

黄土塬区城镇	富县	洛川	黄陵	
边界分维	1.445	1.399	1.501	
平均值	1.4483			
黄土残塬区城镇	宜川			
边界分维	1.362			
平均值	1.362			

根据柱状图 3-29 对比可得：黄土峁状丘陵沟壑、黄土梁峁状丘陵沟壑、黄土塬三类地貌中的城市边界分维较大，即这三种地貌类型下的城镇边界较为复杂；黄土残垣区、风沙—黄土过渡区、黄土梁状丘陵区这三种地貌类型下的城镇边界复杂度相对较低。前三类地貌中，黄土峁状丘陵沟壑区内形似馒头的"峁"状地形特征明显，峁顶面积不大，呈明显的穹起，周围全呈凸形斜坡，坡度变化大，因而导致其中的城镇边界比较复杂，也从侧面说明该类地貌对城镇用地边界的约束较强。后三类地貌中，风沙—黄土过渡区具有类似沙地的平坦特征，因此其中的城镇用地边界复杂度相对较低，说明该类地貌对城镇边界形态的影响较弱。

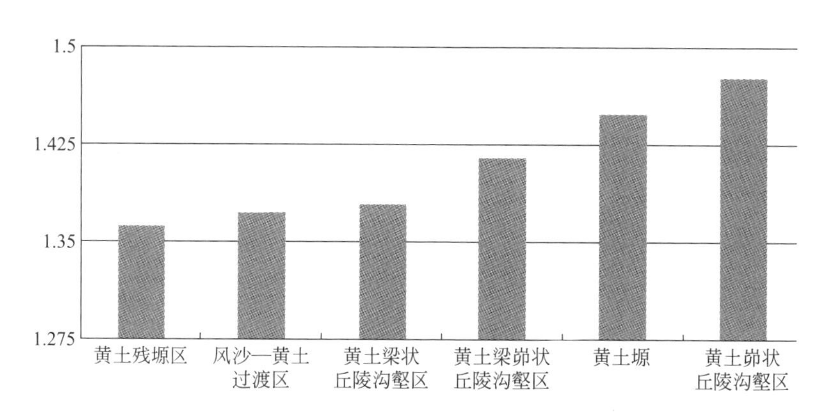

图 3-29　六类地貌城镇分维平均值柱状图

（3）重点城镇用地边界的分形特征

选取府谷、绥德、佳县、宝塔区、子长、吴起六个城镇为重点案例，借助软件 Fractal Fox 对各自的用地边界分维进行测算并分析。

1）府谷县城

以《府谷县县城总体规划(2013—2030 年)》为基础资料，对府谷县中心城区的现状城市建设用地进行软件

图 3-30　府谷县中心城区用地边界

处理，获取城市建设用地边界(图 3-30)，并借助软件 Fractal Fox 进行边界维数的测算(图 3-31)，图中斜线的斜率即为边界分维值 $D=1.49$。

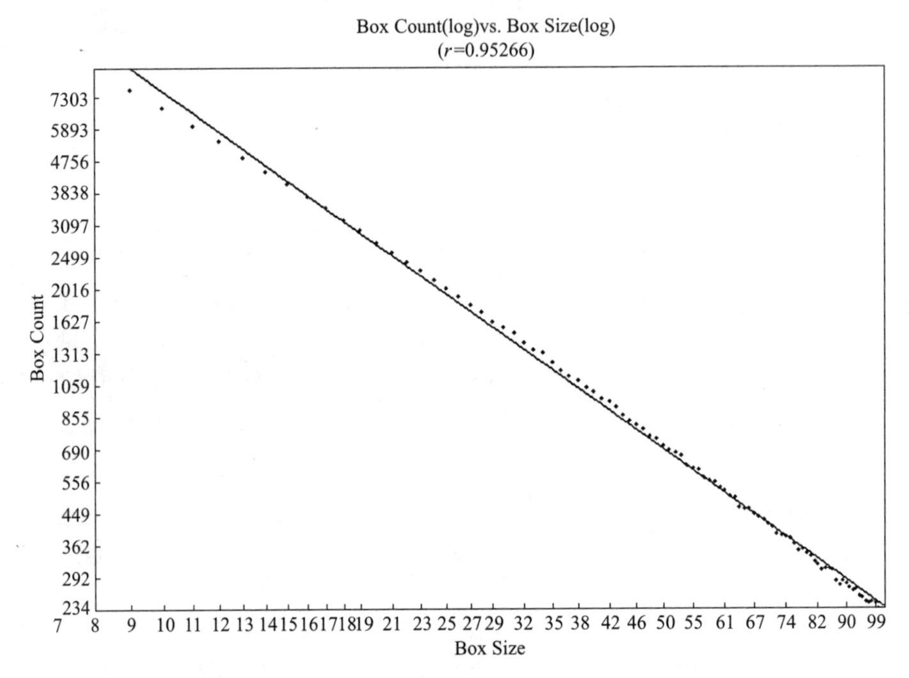

图 3-31　府谷县中心城区城市建设用地边界维数测算

影响府谷城市形态边界的主要是自然边界，即山地与河流。从所处区位来看，府谷处在黄河与孤山川交汇处，属于“T”交叉口型城镇。理论上，城市边界通常沿着河流边界增长，而“T”交叉口处的主干河与次干河在线型上较为顺直，因此在河流影响下的城市用地边界往往呈现齐和直的特征。在靠近地形复杂的山体处，城市多利用地形安置窑洞建筑，主要沿等高线布局，因而城市用地边界受山体变化而呈现较为复杂的形态。

一般来讲，分形维数越大，测算对象的复杂度越高。府谷县城的边界维数为 1.49，介于直线分维 1 和平面分维 2 之间，说明其用地边界的复杂度一般，推测原因在于，府谷县城中心城区主要集中在黄河与孤山川交叉处的上游，城市建设相对集中，团块特征比较明显。

2）绥德县城

以《绥德县城总体规划(2012~2020 年)》为研究基础，对绥德县中心城区现状城市建设用地进行软件处理，获取城市建设用地边界(图 3-32)，并测算其边界维数 $D=1.46$(图 3-33)。

绥德古城处于山地之上，随着 20 世纪 90 年代城市向北滩，向东发展，现在的绥德县城既具有川道城市的特征，也具有山地城市的特征(图 3-34)。相较于府谷县城而言，绥德县城的城市边界维数有所下降，表明绥德的城市形态边界复杂度降低。

图 3-32　绥德县城中心城区用地边界　　图 3-33　绥德县城城址变迁

（来源：上海同济城市规划设计研究院）

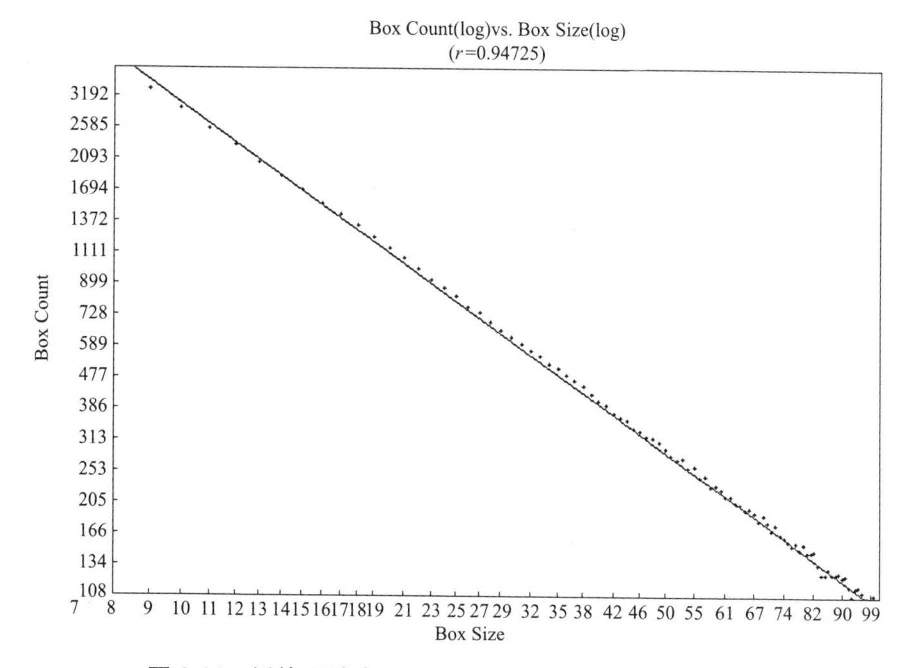

图 3-34　绥德县城中心城区城市建设用地边界维数测算

3）佳县县城

以《佳县县城总体规划（2014～2030 年）》为基础资料，对佳县中心城区现状城市建设用地进行软件处理，获取城市建设用地边界（图 3-35），测算其边界维数 $D=1.56$（图 3-36）。

图 3-35　佳县中心城区现状用地边界

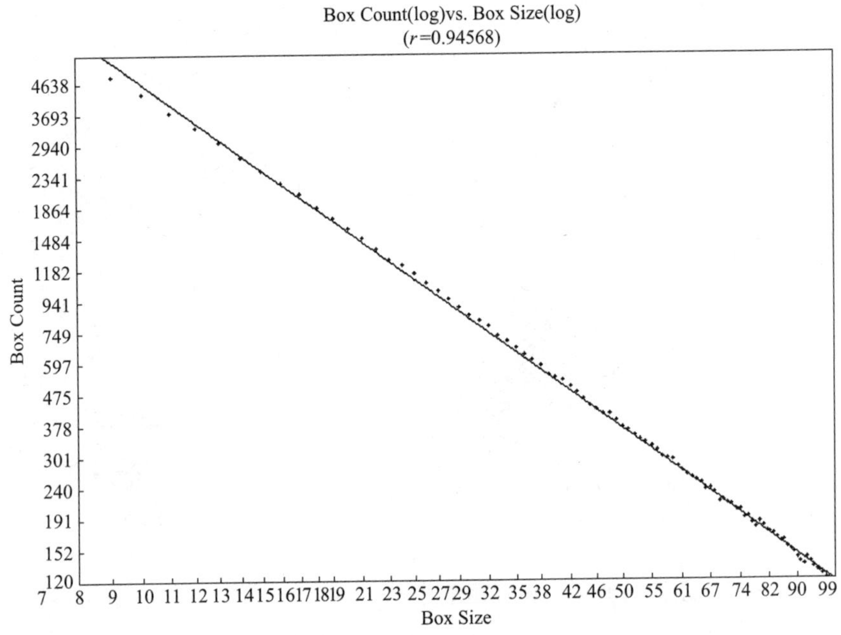

图 3-36　佳县中心城区现状用地边界维数测算

有别于其他河流交叉处城镇，佳县县城中心城区具有典型的山地城市特色，这与佳县的自然环境条件是分不开的。汇聚于此的两条河流中，黄河深切沿岸，佳芦河弯曲复杂，河流沿岸都没有川道适合城市发展建设。相比之下，此处山体地势较为简单，因而很早孕育形成了人居点，在先民们逐步改造自然、适应自然的过程中，独具特色的佳县城市空间形态得以慢慢成形。

佳县的城市边界维数为 1.56，是陕北河流交叉处城镇中边界维数最大的，说明山地城市形态的边界复杂度要明显高于川道型的城市。

4）宝塔区（延安中心城区）

鉴于延安市北部新城正在启动，边界复杂度研究未将其纳入到研究范围，以《延安市城市总体规划（2011~2030 年）》中 2013 年绘制的中心城区用地现状图为依据（图 3-37），获取用地边界（图 3-38），测算边界维数 $D=1.42$（图 3-39）。

宝塔区是典型的川道型城市，城市建设活动限定在川道之中，山地的边界与延河、南川河限定了城镇的空间形态边界。城市沿着川道一直蔓延，造成了城市交通联系薄弱、缺乏凝聚力、开发过度等问题。延安市中心城区的边界维数 $D=1.42<1.5$，说明城市形态边界复杂程度较低，非线性特征不明显。

5）子长县城

将子长县现状城市建设用地进行软件处理（图 3-40），获取城市建设用地边界（图 3-41），测算得出边界维数 $D=1.42$（图 3-42）。

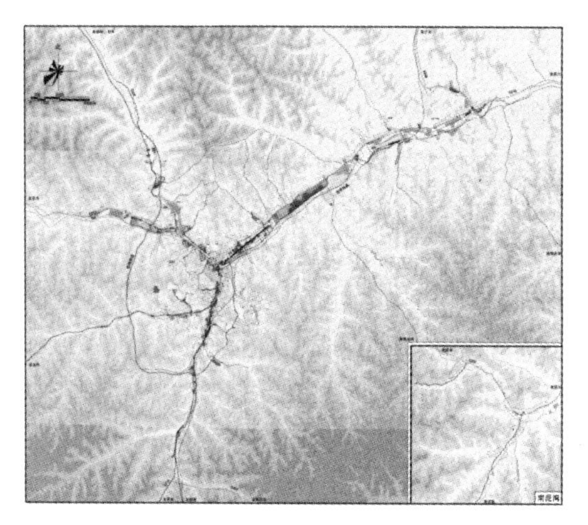

图 3-37　延安市城市总体规划：中心城区用地现状

图 3-38　延安市中心城区现状用地边界

（来源：上海同济城市规划设计研究院；延安市规划设计院）

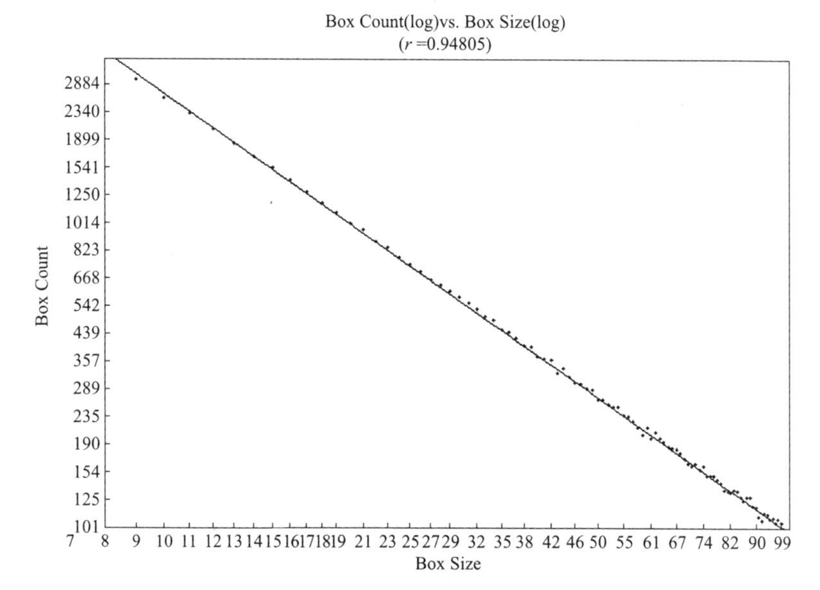

图 3-39　延安市中心城区现状用地边界维数测算

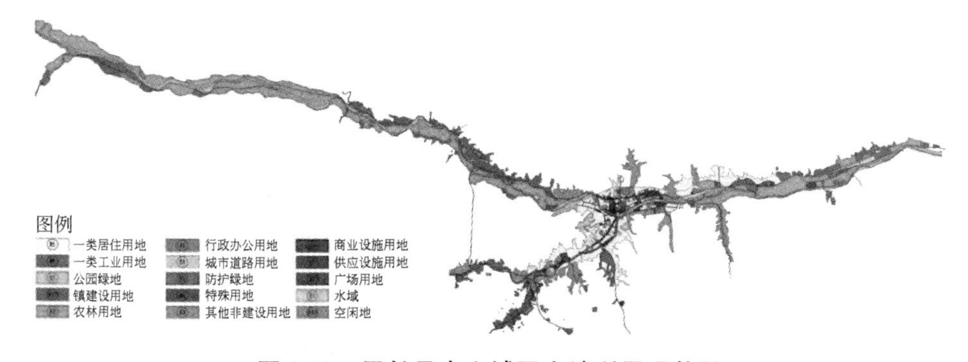

图 3-40　子长县中心城区土地利用现状图

（来源：西安建大城市规划设计研究院）

图 3-41　子长县中心城区建设用地现状边界

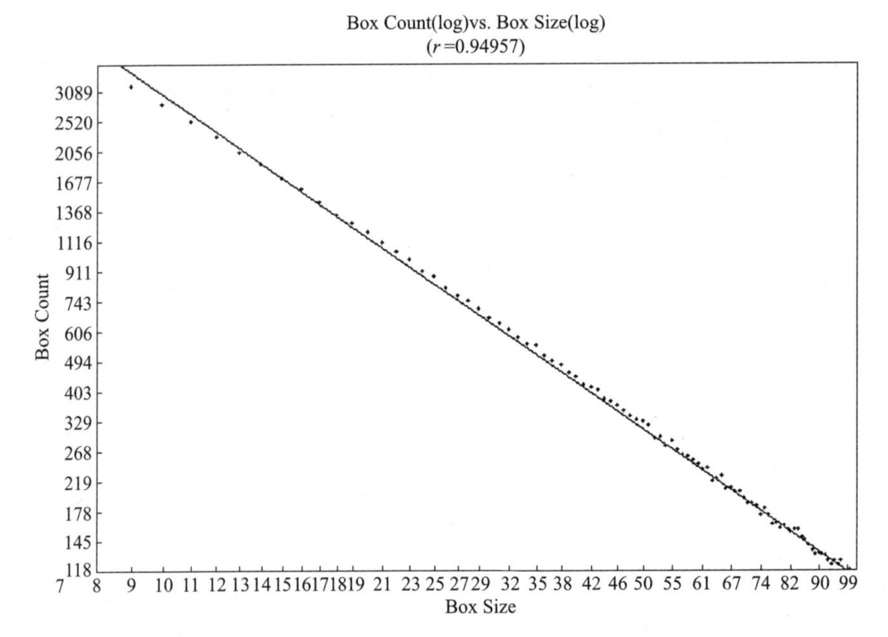

图 3-42　子长县中心城区现状用地边界维数测算

类似于延安城区，子长县的城市形态边界主要由山体边界与河流来限定，城市主要沿川道延展。子长县城空间形态边界维数反映出其边界复杂程度较低，非线性程度不大。同时，子长县城与宝塔区城市边界形态分维在数值上一样，说明“Y”形交叉口类的城市，具有相似的空间边界复杂度。

6）吴起县城

对吴起县中心城区现状城市建设用地进行软件处理，获取城市建设用地边界(图 3-43)，进行边界维数测算，得到边界维数 $D=1.30$(图 3-44)。

图 3-43　吴起县中心城区现状土地边界

与“Y”型城市一样，吴起县城主要在河谷川道里蔓延，但相比之，吴起县的边界分维最低，初步推测与城市

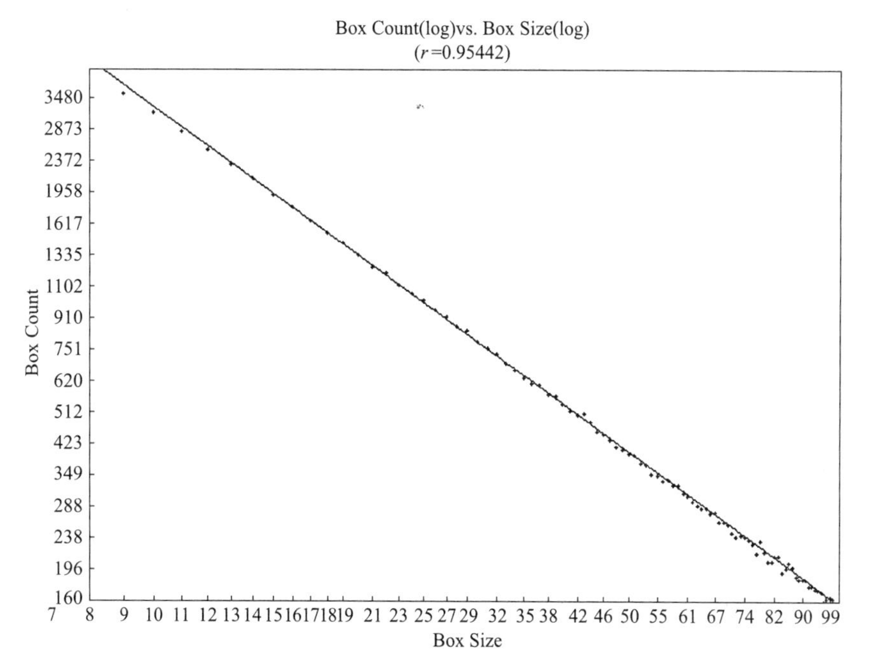

图 3-44　吴起县中心城区现状土地边界维数测算

所在区域的河流交叉口数目有关。吴起县所处流域相当于多种类型河流交叉口的叠加，这无疑降低了城市形态边界的复杂程度，因此边界维数也随之下降。

7）小结

以上分别从维数及形态特征、影响因素等方面对典型城镇的用地边界进行了测算及分析(表 3-15)。总结认为，影响城镇边界形态复杂程度的直接因素是自然边界，包括山体和河流两种。形成这种直接关联的原因在于：①陕北大多数城镇是川道型城镇，该类城镇在空间拓展时依赖于河谷川道良好的建设条件，河流形态与特定山体坡脚线影响城镇空间边界的复杂程度；②由于历史上御敌防灾等军事原因，往往选择在高处设置郡县，形成少量山地型城镇；加之近代城市快速发展，河谷川道已经没有足够开阔的用地，城镇规模发展受限，只能选择在山地上进行建设与空间拓展，故而山体形态成为影响城镇用地边界形态的重要因素。

陕北河流交叉处城镇空间边界维数统计　　表 3-15

河流交叉类型	城镇	边界维数	边界特征	河流交叉口数目
T 型	府谷	1.49	川道型+山地型	1
L 型	绥德	1.46	川道型	1
	佳县	1.56	山地型	1
Y 型	子长	1.42	川道型	1
	延安	1.42	川道型	1
卅字型	吴起	1.30	川道型	3

以上自然边界可细分为三类：河流边界、川道型山地边界和山地型山地边界。从几何学角度来理解三者的线性复杂度：河流往往比较顺滑，尽管弯曲也不会像山地那样复杂，因此边界的复杂度最低；山地边界的复杂度是由等高线的弯曲程度和密度决定的，对于陕北黄土高原而言，地形等高线复杂弯曲程度较河流更大，因此山地的边界维数通常大于河流的边界维数。对于一个闭合的图形而言，如果该闭合图形是由河流边界围合而成，其边界复杂程度就偏低，分维数也低；若该闭合图形是由山地边界围合而成，其边界复杂程度就偏大，分维数也高。同理，一个由河流边界与山地边界共同围合而成的闭合图形，其边界的复杂程度自然介于上述两者之间。再次细分，对于同样是由河流、山地共同围合而成的闭合图形，河流边界所占比例越大，该图形的边界分维数就越小。

因此，结合上述原理和陕北河流交叉处城镇用地边界维数的研究可以总结如下几点规律：①山地型的城镇空间边界比川道型城镇空间边界复杂，兼具山、川两种特性的城镇空间边界复杂度处于二者之间；②城市形态临河越多，边界复杂程度越低；③河流交叉类型不同，边界维数不同。只有一个河流交叉口的城镇，临河面的数目影响其边界复杂程度；④河流交叉点越多的城镇，其用地边界的复杂度越低。河流数目多，自然交叉点多，则城镇用地边界的临河面也多，故而其分维数小、复杂度低。

上述规律反映出陕北城镇空间形态存在以下几点问题：①陕北城镇空间拓展受制于地形，河边用地往往也被划入城市建设用地范畴。在实际的城市规划建设中，习惯将沿河用地规划为几何图形，导致城镇空间形态的边界复杂度偏低，与地貌的复杂度不匹配；②陕北河流交叉处的河流边界受人为干预过强，虽然起到了防洪作用，但人工的非生态处理方式破坏了河流的生态系统，打破了河流与城市系统的有机联系。此外，城镇在沿河地带缺少开敞空间，也导致城市景观性较差；③城镇用地边界的复杂程度是一个从简单到复杂再到稳定的过程，对于城镇用地形态而言（尤其是山地型城镇），规则几何式的边界形态是不吻合于自然地貌的，需要在未来的城镇空间规划中予以调整；④河流交叉处往往是城镇的生发之地，因而既要顺应城镇的发展，又要通过多种方式保护河流的生态环境。

3.3.2 城镇用地构成结构的分形特征

针对陕北 25 个城镇的整体用地和内部结构进行分维测算，对测算结果进行横向和纵向的比较，从而总结整体用地的分维特征；其次，基于六类地貌类型对测算结果分类比较，探索不同地貌对城镇用地结构的影响。

（1）25 个城镇用地的分形总体特征

采用网格法测算 25 个城镇的用地分维（表 3-16），结果表明，陕北城镇的用地分维基本处于［1.3~1.6］之间，少数城镇用地分维在［1.6~1.85］区间内。将 25 个城镇的用地分维按照递增顺序排列，同时将城镇所属形态类型对应标注其下，分析可见：狭长带状城镇的用地分维值<分枝带状城镇的用地分维值<弯曲带状城镇的用地分维值<破碎带状城镇的用地分维值<团块状城镇的用地分维值(图 3-45)。

陕北 25 城镇的用地分维值　　　　**表 3-16**

城镇名称	吴起	榆林	黄龙	横山	宜川	神木	志丹	吴堡	安塞
用地分维	1.3	1.701	1.339	1.398	1.535	1.492	1.425	1.365	1.669
城镇名称	靖边	定边	佳县	府谷	甘泉	延川	黄陵	米脂	——
用地分维	1.614	1.847	1.56	1.49	1.618	1.51	1.603	1.605	——
城镇名称	洛川	清涧	延安	子长	子洲	延长	富县	绥德	——
用地分维	1.489	1.68	1.42	1.471	1.685	1.713	1.449	1.46	——

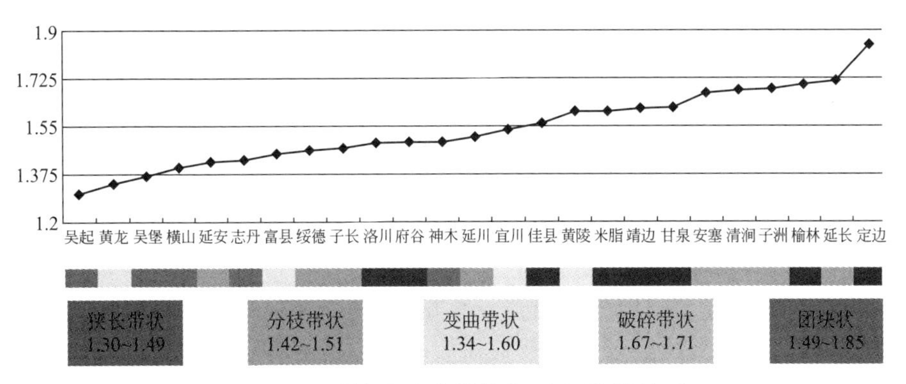

图 3-45　城镇用地分维值与形态类型关系

城镇用地始终与城镇边界密切相关，提取前文对 25 个城镇边界的测算结果，将其与本节用地分维进行比较分析。首先，以分维数值递增为基准，将用地分维与边界分维进行升序排列(图 3-46)。比较可见，城镇边界分维的涨幅 0.39 略小于城镇用地分维的涨幅 0.55，说明城镇用地的分维波动较大，推测其原因，

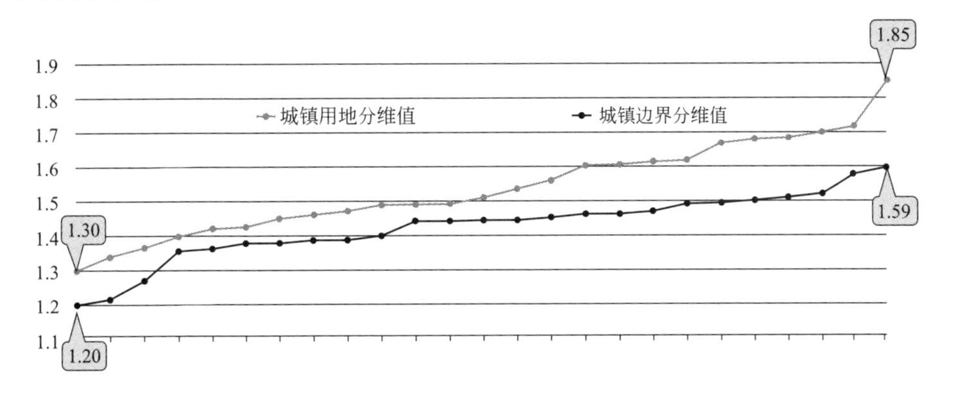

图 3-46　城镇用地分维与城镇边界分维比较图

城市边界分维仅代表城市边界形态本身的复杂程度，而城镇用地分维不仅可以反映边界形态的复杂程度，还可以反映内部用地填充的复杂程度（如内部用地是完整填充还是留有空隙地等情况）。因此，不同城镇的边界分维可能相近，而用地分维差别较大，正是因为各个城镇在用地内部布局上不尽相同。

其次，以边界分维递增为基准，将25个城镇的用地分维和边界分维对应置于表中（图3-47），比较可见：在边界分维持续递增的情况下，用地分维上下浮动，但整体上后者大于前者，其中用地分维大于边界分维的城镇有22个，占比88%，用地分维小于边界分维的城镇仅有3个，占比12%。

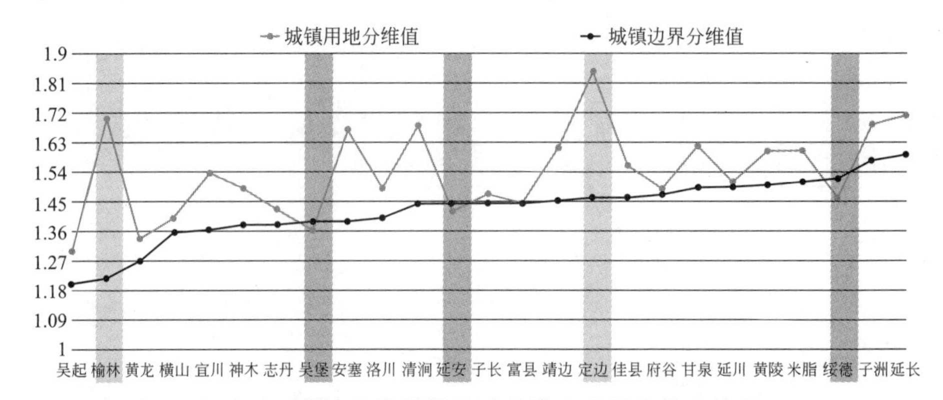

图3-47　城镇为横轴的用地分维和边界分维比较图

在上图中，榆林、定边两个城镇的用地分维远远大于边界分维；吴堡、延安、绥德三个城镇的用地分维则小于边界分维。在此，对以上五个突变城镇进行详细分析。首先是榆林和定边（图3-48），在用地形态上都属于团块状城市，用地相对集中，并在大块集中用地之外散布着岛状用地，这些外围碎片化用地是城镇用地分维偏大的主要原因。

	榆林	定边
用地分维值	1.7007	1.8473
边界分维值	1.2160	1.4620
图形类型	团块状	团块状

图3-48　榆林、定边用地形态及分维数据

其次是吴堡、延安、绥德（图3-49），在用地形态上均属于带状城镇。这类城镇在空间发展过程中主要受河谷影响，因而其用地边界在形态上弯曲破碎，复杂度较高。相较之下，城镇用地狭长而集中，填充度较高，边界内部较少出现空隙地。因此，尽管形态上看似破碎，但在用地布局上比较完整，其用地分维自然小于边界分维。

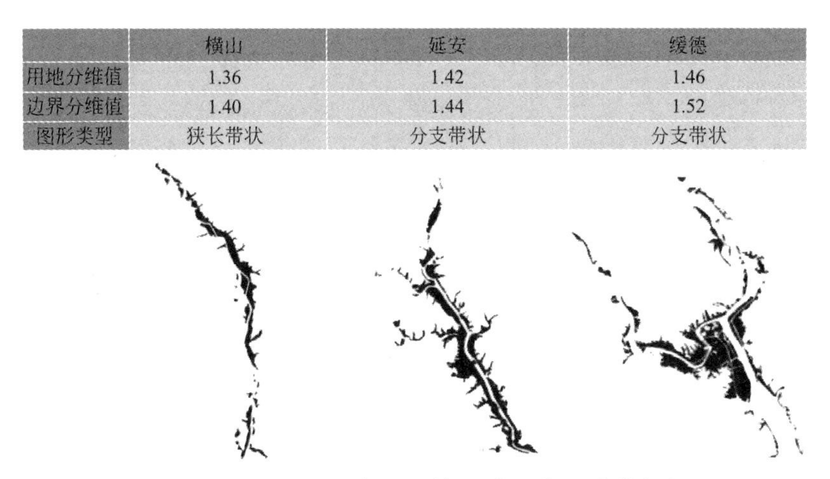

	横山	延安	绥德
用地分维值	1.36	1.42	1.46
边界分维值	1.40	1.44	1.52
图形类型	狭长带状	分支带状	分支带状

图 3-49　吴堡、延安、绥德用地形态及分维数据

（2）基于六类地貌的城镇用地结构的分形特征

以六类地貌类型为依据，分别计算各地貌类型内城镇用地分维、边界分维的平均值，以此表征该类地貌内城镇用地及边界的普遍分维。如图 3-50 所示，当边界的平均分维按照升序排列时，相应的用地分维变化趋势与其基本一致。例外的情况出现在黄土残塬区和风沙—黄土过渡区，城镇用地分维值与边界分维值反差较大。这是因为风沙—黄土过渡区与黄土残垣区内的城镇在形态上偏向团块状（如榆林），用地内部填充度高，接近二维平面。

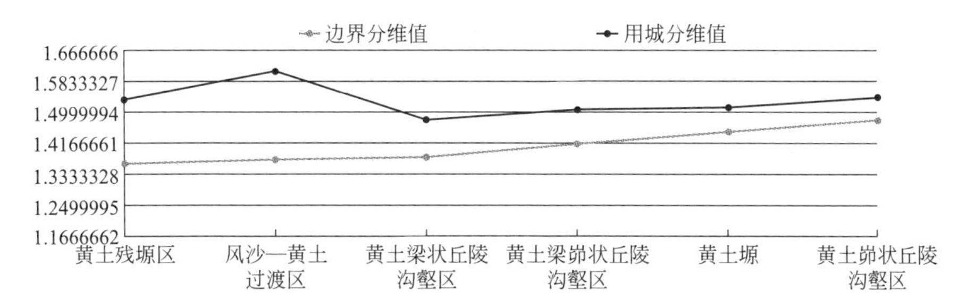

图 3-50　六类地貌内城镇边界平均分维与用地平均分维比较图

3.4　结论

本章主要从历史与现状两个时空维度展开，以分维测算和分形图式两种视角切入，对陕北城镇体系、个体城镇进行了分形特征的研究与总结，初步得出陕北城镇空间形态在数理和图形方面的分形特征如下：

（1）城镇体系分形特征

在城镇体系层面，可以认为，小流域内水系分维值 1.22 是陕北黄土高原沟壑地区县城出现的一个门槛值。相对来说，在水系分维数值越高的区域，生态地质条件越稳定，侵蚀作用相对较弱。安全性与稳定性越高，越适宜高等级居民点的衍生与发展。流域中有县、市的出现，那么其村、镇出现的概率会降低，二者呈负相关。由于县城的基础设施较为齐备，抵御自然能力强，其分布不遵从这一原则，但是 100%的县城分布于 500m 河流临近区内，可见县城对于水源的依赖程度更高。根据前述研究分析，不对称羽状分枝图形是陕北人居分布的基本分形元。

（2）个体城镇分形特征

城镇用地边界维数的研究可以总结如下几点规律：山地型的城镇空间边界比川道型城镇空间边界复杂，兼具山、川两种特性的城镇空间边界复杂度处于二者之间。表现在分维数上即山地型城镇边界分维大于川道型城镇，兼具川道与山地型的城镇边界分维介于前两者之间，如山地型城镇佳县的边界分维为 1.56，川道型城镇子长、延安、吴起的边界分维分别为 1.42、1.42、1.30，均小于佳县。河流交叉类型不同，边界维数不同。只有一个河流交叉口的城镇，临河面的数目影响其边界复杂程度；河流交叉点越多的城镇，其用地边界的复杂度越低。如吴起县所在地貌的河流交叉口有三个，其边界分维为 1.30，远小于仅有一个河流交叉口的佳县边界分维。

第4章

陕北自然地貌与城镇空间形态的分形耦合关系

基于前面章节对陕北地貌、城镇空间形态的分形特征研究，本章将从城镇体系、城镇边界、城镇用地等方面展开，对分形地貌与城镇空间形态的耦合关系进行图形比较和分维量化分析。

4.1 分形耦合释义

耦合是一个物理学概念，指两个或两个以上的系统或运动方式之间通过各种相互作用而彼此影响以至联合起来的现象，是在各子系统间的良性互动下，相互依赖、相互协调、相互促进的动态关联关系。[46] 概括来说，耦合就是指两个或两个以上的实体相互依赖于对方的一个量度。

在各学科的研究中，耦合概念所指的系统之间相互作用和彼此影响的现象普遍存在于交通、经济、地理等学科中，各学科研究领域分别根据研究对象和特点进行了定义。本研究中引用了耦合这一概念，并在不同的研究视角下分别定义。从城镇体系的宏观概念上来看，耦合可定义为陕北黄土高原分形地貌特征与区域城镇体系空间结构之间，存在着高度的关联性以至相互依赖的现象；从城镇主城区的中观概念上来看，耦合是指城镇分形地貌与城镇形态相互关联的现象；从小流域的微观概念上来看，耦合则可被看作是居民点分布与小流域河流分形特征之间的关联现象。无论是何种视角，都是指两者相互影响、相互联系所产生的地理空间分布特征上的一致性，地貌对城镇和居民点的发展起着至关重要的作用，而城镇和居民点发展反过来又会对周边地貌产生一定的影响，前者的影响是两者之间耦合关系的主要方面，本研究则着重从地貌对城镇的影响方面进行分析解读。

观察自然地貌与城镇空间形态的关系，二者耦合程度往往反映了城市发展应对自然地貌变化的能力。将城镇地形地貌的生态特性看作是敏感性，耦合度的大小则反映了应对自然生态敏感性的一种变化能力。

根据“城镇—地貌”耦合度与应对能力的正比关系，及与地貌敏感性的反比关系，可以反映出：不同城市形态在相同地貌下具有不同的城市适应性和耦合度。自然生态因素对城市空间的作用多表现为约束和引导，在城市向外拓展的过程中，城市新增空间不断占用周边土地并受其自然生态属性的制约。在此过程中，城镇在自然生态阻力最小的方向往往发展较快，在阻力大的方向则发展较慢，甚至难以发展。

城市生活中的各种因素均对城镇发展与地貌环境的关联关系产生一定影响，“城镇—地貌”的耦合度越高，越有益于城镇的可持续发展。简单来说，耦合的本质是城镇与地貌图形的相似性以及分维数值的关联性，这两个方面也是本章节探讨陕北城镇与地貌耦合关系的切入点。

受自然地貌与气候环境的影响，陕北城市发展的土地资源十分有限，很多地区存在人多地少、城市建设用地不足的现实困境，导致开发建设与生态保持相互制约。通过分形耦合关系的识别，有助于总结陕北城镇与地貌在多个方面的耦合机制，为城镇未来发展寻找综合效益最大的适宜空间模式。

4.2　地貌形态与城镇体系空间结构耦合关系

结合城镇体系的具体内涵，本节从城镇结构体系、等级规模、交通体系、居民点样区等方面展开与地貌的具体耦合分析。

4.2.1　地貌与城镇体系空间的耦合关系

地貌是自然生态环境的重要组成部分，也是人居环境生成的重要基础。历史演进表明，平坦的河谷川道和阶地等适宜的地貌条件是陕北黄土高原城镇发育的首要物质基础，与地貌紧密相关的坡度、日照、水源等因素共同影响着陕北黄土高原地区城镇的分布位置、发展规模、等级结构、空间形态等。

陕北黄土高原地貌主要分为三种丘陵沟壑区(黄土峁状丘陵沟壑区、黄土梁状丘陵沟壑区、黄土梁峁状丘陵沟壑区)，陕北地区城镇主要分布于这一类型地貌内。北部长城沿线风沙—黄土过渡区受到水量等各方面因素限制，现状城镇整体呈现不规则团块状分布，发育的城镇数量较少(图 4-1)。因此，课题研究的重点放在丘陵沟壑区地貌类型与城镇发育的耦合关系上(表 4-1)。

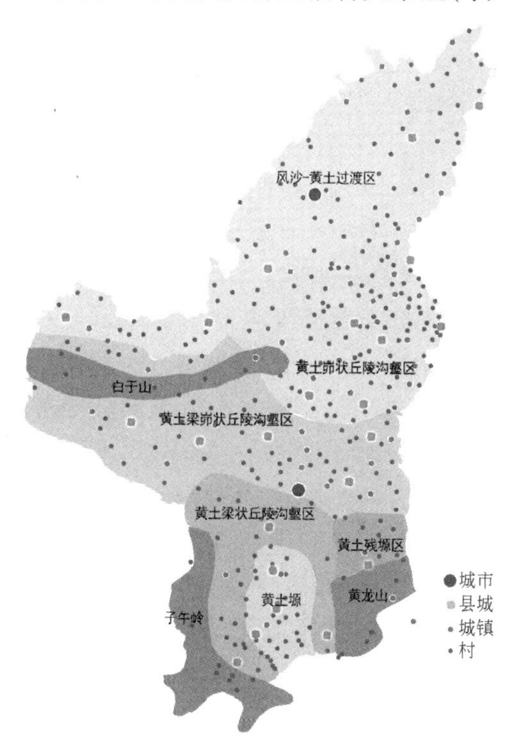

图 4-1　地貌与城镇关系分布图

区域河流与城镇分布关系　　表 4-1

<table>
<tr><th>流域类型</th><th>河流名称</th><th colspan="2">城镇数量</th><th>比例</th></tr>
<tr><td rowspan="6">黄河及一级支流</td><td>黄河</td><td>3 县(府谷、吴堡、佳县)、12 镇、3 乡</td><td rowspan="6">1 市、
15 县、
57 镇、
16 乡</td><td rowspan="6">29. 5%</td></tr>
<tr><td>无定河</td><td>2 县(绥德、米脂)、13 镇、3 乡</td></tr>
<tr><td>清涧河</td><td>3 县(延川、清涧、子长)、6 镇、2 乡</td></tr>
<tr><td>延河</td><td>1 区 2 县(宝塔区、延长、安塞)、11 镇、5 乡</td></tr>
<tr><td>洛河</td><td>4 县(洛川、富县、甘泉、吴起)、10 镇、3 乡</td></tr>
<tr><td>窟野河</td><td>1 县(神木)、5 镇</td></tr>
<tr><td rowspan="15">二级支流</td><td>黄甫川</td><td>3 镇</td><td rowspan="15">1 市、
5 县、
42 镇、
10 乡</td><td rowspan="15">19. 5%</td></tr>
<tr><td>秃尾河</td><td>2 镇</td></tr>
<tr><td>佳芦河</td><td>4 镇</td></tr>
<tr><td>芦河</td><td>2 县(靖边、横山)、4 镇、1 乡</td></tr>
<tr><td>榆溪河</td><td>1 市(榆阳区)、2 镇、2 乡</td></tr>
<tr><td>大理河</td><td>1 县(子洲)、7 镇、3 乡</td></tr>
<tr><td>县川河</td><td>1 县(宜川)、1 镇、1 乡</td></tr>
<tr><td>沮河</td><td>1 县(黄陵)、2 镇、1 乡</td></tr>
<tr><td>葫芦河</td><td>5 镇、1 乡</td></tr>
<tr><td>水坪川</td><td>3 镇</td></tr>
<tr><td>蟠龙川</td><td>2 镇</td></tr>
<tr><td>杏子河</td><td>2 镇</td></tr>
<tr><td>乱石川</td><td>1 镇、1 乡</td></tr>
<tr><td>头道川</td><td>2 镇</td></tr>
<tr><td>云岩河</td><td>2 镇</td></tr>
<tr><td>三级支流</td><td>——</td><td>3 县(黄龙、志丹、定边)、101 镇、48 乡</td><td>3 县、
101 镇、
48 乡</td><td>51%</td></tr>
</table>

资料来源:《陕西省延安市城乡总体规划(2007-2020 年)》。

研究表明，流水是形成黄土高原地貌的主要原因之一，严重的水土流失将黄土高原分割成支离破碎的形态。该区域水系分为黄河一、二、三级支流，在黄河各级支流河谷中分布着陕北城镇体系中的大部分城镇。陕北城乡体系在等级上大致包括地级市—县—镇乡—村四个层次。从等级角度出发，初步得到分形枝状河流与城镇体系之间的耦合关系如下(图 4-2)：

(1) 城镇主要沿黄河三个层级支流发育，城镇等级与对应的河流层级相耦合。延安位于黄河一级支流延河中段；榆林位于榆溪河靠近无定河的区段，地域条件接近一级支流。一级支流河谷是人居环境发育条件较好的区域，也是陕北较高等级城市分布的主要区域。

(2) 县城主要位于黄河二级支流河谷，一般此二级支流长于其他二级支流，具有较为充沛的水量及开阔的河谷空间，能够容纳县城级别的人口规模和用地规模，但各方面条件与一级支流河谷空间相比仍有一定差距。

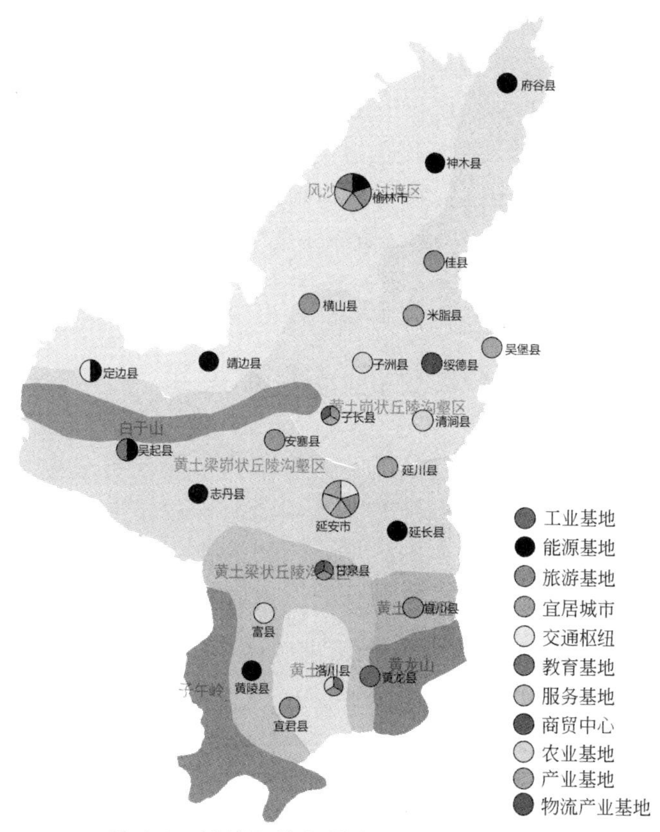

图 4-2　城镇职能规模与地貌类型关系图

(3) 乡镇主要分布于较为短小的二级、三级支流上，因受水量、土地承载力、地貌及河谷空间等自然生态条件限制，发展较为狭促，乡镇规模一般较小。

(4) 对应于黄河三级枝状河流，陕北黄土高原城镇体系也呈现枝状、串珠状分形布局特征。现状为整个陕北黄土高原区域城镇的空间分布(数量)与河谷地貌之间具有较高的耦合度，只是城镇等级结构分布的差异不是很大。

4.2.2 地貌与城镇职能及等级规模的耦合关系

陕北黄土丘陵沟壑区生态环境脆弱，是我国贫困落后的地区之一，城镇职能的区域组合单一，属于农业型地域组合类型。由于境内的自然和矿产资源具有组合优势，近几年的发展中，城镇职能逐渐走向多元化。陕北地区黄土深厚、光照充足，有利于林果业的发展；煤、油、气等矿产资源的地域组合良好；高速公路的全面贯通使得区域间联系加强，带动了农业产业结构的调整，为煤炭、石油、天然气等资源的开发利用提供了有利条件，大大加快了该区域的城镇化进程。因此，黄土高原丘陵区的城镇体系逐渐形成了以农业种植为基本职能，以煤炭、石油和天然气资源开发为特色职能，以红色旅游为亮点职能的复合型城镇职能结构。

按照行政归属关系将黄土丘陵沟壑区的城、镇、乡进行等级层次分析，并与地貌分类特征比较，该区域城镇职能分布与地形地貌的内在关联如图 4-2 所示：以农业生产职能为主导的城镇与地貌耦合度较好，以资源开发利用为主导的城镇与地貌耦合度较低。此外，城市规模等级越高，城镇与地貌的耦合度越低；相反，城市规模等级越低，城镇与地貌的耦合度越高。这一分析表明，随着行政控制力自上而下减弱，体系末端的基层城镇存在更为明显的自组织特征，与同为自组织演变的分形地貌具有更高的耦合度。

4.2.3 地貌与城镇体系交通的耦合关系

陕北黄土高原的交通网络包括航空、铁路和公路三类，其中公路为该区域城镇间交通联系的主要方式，也是本文的主要分析对象。因受沟壑纵横的地貌影响，区域城镇之间的公路交通网络形态与地貌耦合度相当高，并且能够直接反映出城镇与地貌耦合关系的内在驱动力。由图 4-3~图 4-5 可以看出，区域交通与地貌、交通与水系、交通与城镇点之间都有明显的耦合关系。

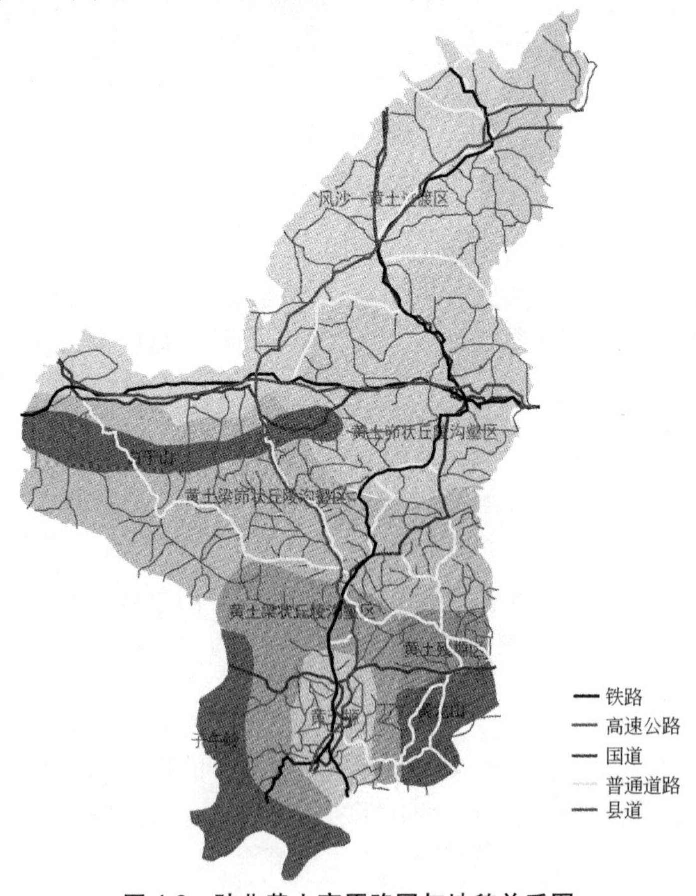

图 4-3　陕北黄土高原路网与地貌关系图

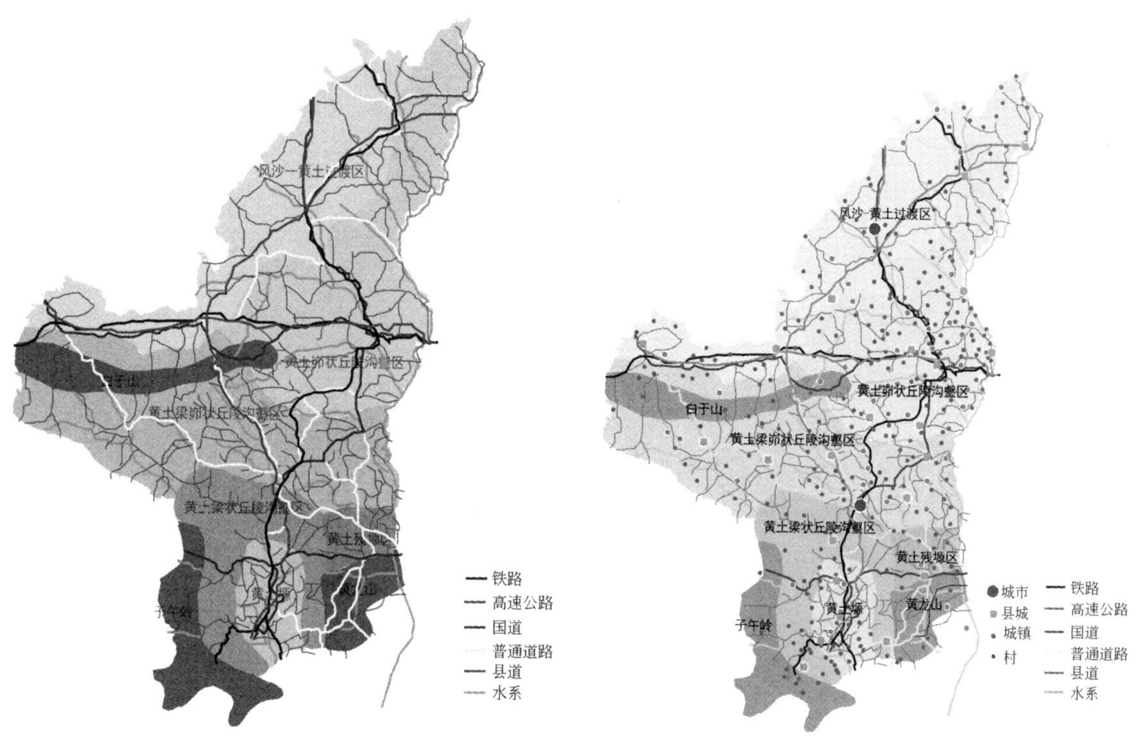

图 4-4　陕北黄土高原路网与水系关系图

图 4-5　陕北黄土高原路网、城镇点与地貌关系图

由上图可以看到，国道 210、307、省道、铁路、高速公路均集中分布于建设条件良好的黄河一级支流河谷川道中，部分省级公路分布于黄河二级支流河谷川道中，黄河三级支流(小流域)主要以县道、乡道为主。以子洲为例(图 4-6)，其道路交通分布完全依附于分形特征鲜明的河谷川道体系，不同等级的公路分布与相应等级的川道系统呈现高度一致性。

总结城镇公路交通网络与分形地貌的主要关联如下：①城镇空间交通网络的分布和各级河谷川道的等级以及各城镇等级具有明确的对应关系。②公路网络的等级与河谷川道的耦合度成反比，即公路等级越低，其与河谷川道的耦合度越高，反之亦然。③跨越地貌单元的公路主要为等级较高的国道，因宏观调控等背景因素，此类交通网络与地貌的关联度较弱。受制于路线选择以及高速公路的便捷性等因素，高速公路与地貌的关联性相对最弱。总体来看，陕北黄土高原地区的交通网络基本耦合于河谷网络系统，二者在大部分地区具有高度一致性。

综合分析上述地貌、城镇分布以及交通因素，可以得到区域城镇空间结构体系分布特征：因受到水系和主要交通线路的影响，形成了沿洛河、延河、无定河和210 国道呈带状分布的一级核心轴以及沿相关主要支流河谷分布的二级核心轴(表 4-2)。

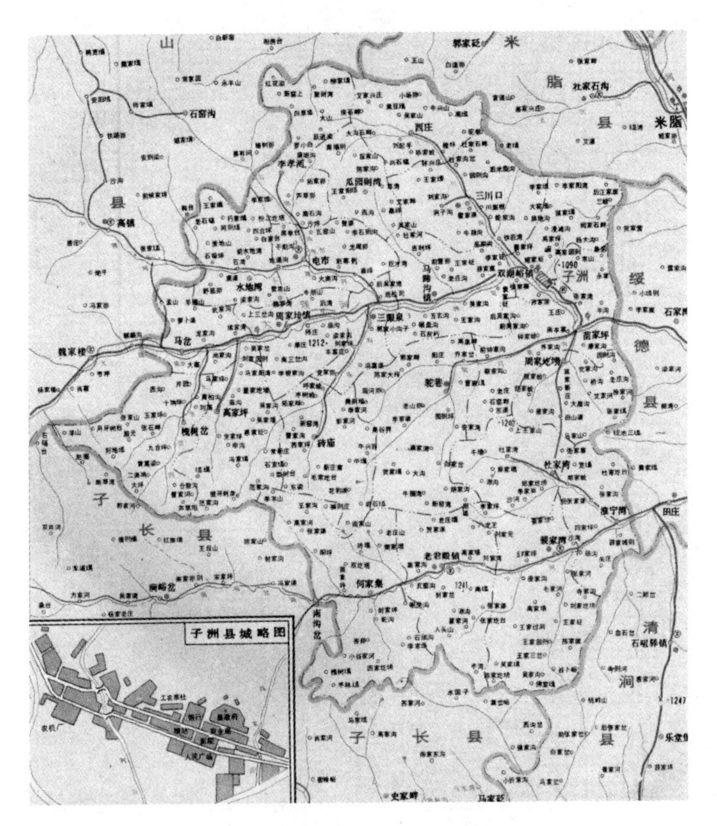

图 4-6　子洲县地貌与交通关系图

（资料来源：《陕西省地图册》，西安地图出版社编制，1987）

城镇沿河谷分布情况　　**表 4-2**

发展轴线	县区名称	县区数量(个)
无定河河谷	横山、米脂、子洲、绥德	4
延河河谷	宝塔区、延长、安塞	3
清涧河谷	延川、清涧、子长	3
洛河河谷	黄陵、洛川、富县、甘泉、吴起	5
G210	榆阳区、宝塔区、米脂、子洲、绥德、清涧、延川、甘泉、富县、洛川、黄陵	11

陕北地区城镇空间结构是人居环境与地貌因子交互耦合作用的结果。由于河谷川道地貌具有连续性的空间特征，区域内交通轴线往往分布在河谷区域，因此城镇空间结构呈现明显的沿河谷轴向发展的特征。根据相关研究，在经过长期的历史演化后，陕北地区城镇在宏观上形成了枝状的空间结构。黄河和它的一级支流、二级支流、三级支流共同构成了陕北地区一个完整的树形枝状地貌空间体系，在这一空间体系的作用下，形成了区域内以洛河—延河—无定河河谷为主构成的“Y”形城镇空间结构(图 4-7)。

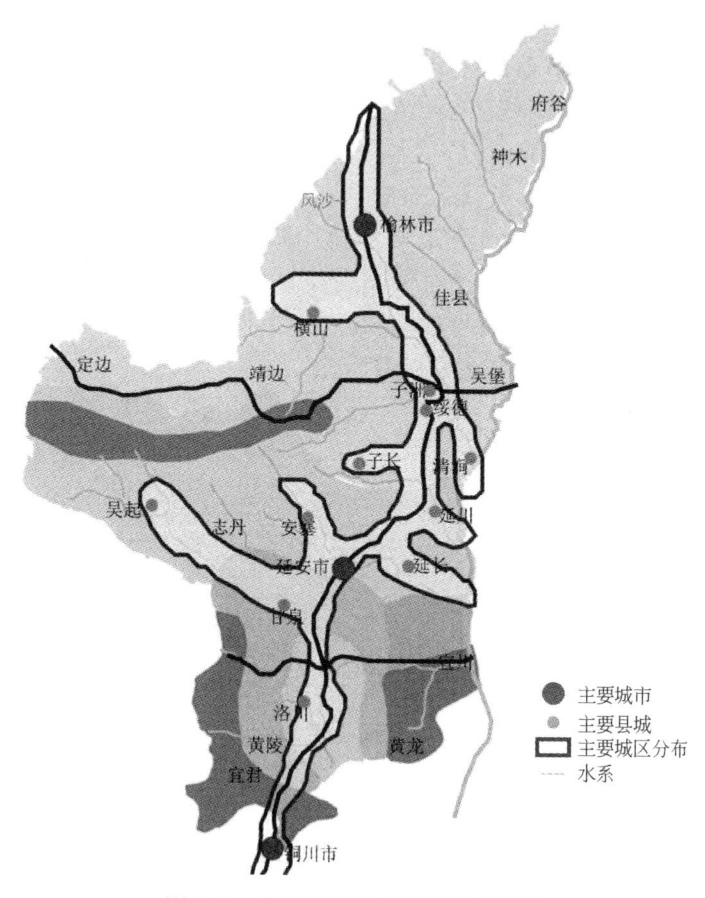

图 4-7　陕北城镇体系空间结构图

4.2.4　地貌与城镇居民点的耦合关系

在陕北范围内选取不同地貌类型下的居民点样区，分别从数理分维和图形比较角度，对样区居民点和对应类型的地貌进行耦合分析。

（1）不同类型地貌与聚落的分维耦合关系

1）研究方法

本节主要采用最小二乘法与斯皮尔曼等级相关系数法进行研究。

最小二乘法是提供“观测组合”的主要工具之一，它依据对某事件的大量观测而获得“最佳”结果或“最可能”表现形式。如已知两变量为线性关系 $y=a+bx$，对其进行 n（$n>2$）次观测而获得 n 对数据。若将这 n 对数据代入方程求解，a、b 之值则无确定解。最小二乘法提供了一个求解方法，其基本思想就是寻找“最接近”这 n 个观测点的直线。[47]然而，值得注意的问题是，自变量和因变量的选择不同，所得拟合直线是不同的。理论上讲，无论自变量如何选取，最佳的拟合结果只能有一个。[48]最小二乘法的使用方法简单，简单来说就是将两组数据按照对应的对象做点(X_i，Y_i)（$i=1$，2…，n)排列并进行线性拟合。

斯皮尔曼等级相关系数是统计学中用于评估两组成对变量关联程度的计算方法，其适用范围较广，对数据的分布形态和样本容量等要求较低，因而常常用于一般性的相关分析研究，如工人考核成绩与其工作产量的相关度分析等。该测算方法要求两组具有一定容量的变量(本研究中即为地貌与聚落的分维数列)，按照各列数据大小对变量进行等级大小的排序，记为集合［X，Y］，通过计算对应元素的差值 Di(i 表示两种要素在各自变量序列中的排序，如 X_1，Y_1)，借助公式测算得出两组变量之间的关联度，其数值一般介于-1 到+1 之间，且结果越趋近于+1，表明两种变量的相关度越高。[49]

$$Rs=1-\frac{6\sum_{i=1}^{n}D_i^2}{n\ (n^2-1)} \tag{4-1}$$

（上述公式中，R 为相关系数，Di 为变量差值，n 为被测数据组的容量[50]）

$Rs>0$ 为正相关，$Rs=1$ 为完全正相关，说明一个物理量随另一个物理量的增大而增大。$Rs<0$ 为负相关，$Rs=-1$ 为完全负相关，说明一个物理量随另一个物理量的增大而减小。$Rs=0$ 说明两个物理量相互独立。

2）样区居民点与地貌关联性分析

为了寻找地貌类型与居民点之间的关联，分别在六类地貌中截取一条完整支流，提取流域内部所有村镇点，分别用网格法计算村镇点和沟谷线的分维值，并统计数据进行对比。需要说明的是，为了规避交通干线、高等级城镇点等因素的影响，取样区主要由行政村点及沟谷线等自然状态下的要素组成，不包含国道、高速等交通干线所在区域。以此条件筛选出的样区居民点的形成主要受地貌影响，这样更有利于得出居民点与地貌的关系。

将沟谷线分维值与居民点分维值进行对比(图 4-8)，六类地貌的变化趋势基

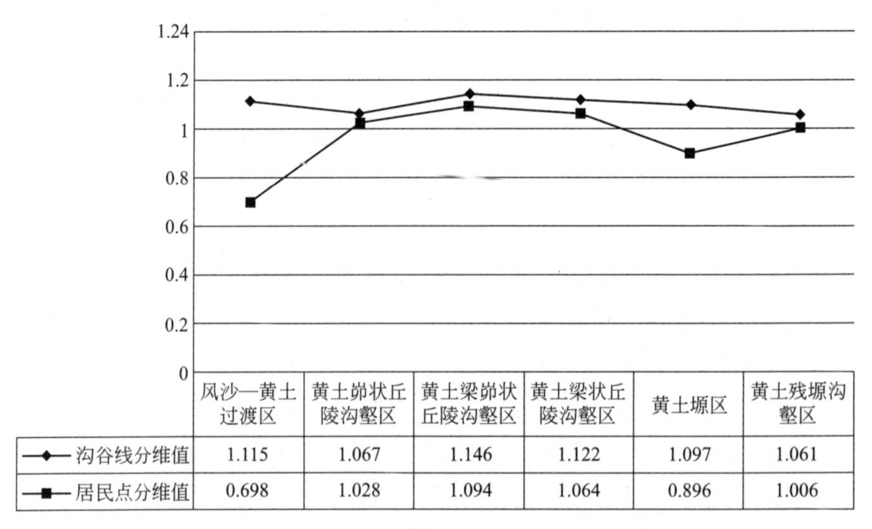

	风沙—黄土过渡区	黄土峁状丘陵沟壑区	黄土梁峁状丘陵沟壑区	黄土梁状丘陵沟壑区	黄土塬区	黄土残塬沟壑区
沟谷线分维值	1.115	1.067	1.146	1.122	1.097	1.061
居民点分维值	0.698	1.028	1.094	1.064	0.896	1.006

图 4-8　沟谷线与居民点分维值对比图

本一致，且黄土梁峁状丘陵沟壑区、黄土梁状丘陵沟壑区、黄土峁状丘陵沟壑区及黄土残塬沟壑区的沟谷线分维值与居民点分维值差异较小，并随着沟谷线分维值的变化而变化，说明居民点的分布状况与地貌状况有一定关联。在风沙区二者差异最大，此处由于地貌的特殊性，地表的沟谷线以及等高线分布较少，地貌对于村镇点的分布影响作用较小，反而是重要交通线及能源分布等因素对居民点分布的影响更大。此外，黄土塬区的居民点分维值也较低，说明现状居民点分布并不完全遵循地貌规律。

根据最小二乘法的基本原理，以每种地貌的沟谷线分维值为 X 轴坐标，居民点分维值为 Y 轴坐标，取六个点进行线性分析，得出二者之间的关联性。由于取样数值较少，六组数据的关联性较弱，并存在一定特殊性，必然有个别点会偏离拟合线较远。从图表分析到，黄土塬区和风沙—黄土过渡区的数据点明显偏离拟合线，尝试去掉这两个点后，所得图表拟合的线性明显与数据点较为接近，说明在六类地貌中，风沙—黄土过渡区和黄土塬区的居民点分布，不只受地貌因素影响，还存在其他主要影响因素，其余四类地貌中的居民点分布皆与地貌具有较高的关联度。

根据斯皮尔曼等级相关系数公式的原理，利用地貌沟谷线的分维值和居民点的分维值计算其数值相关性，并将数值按照从小到大的顺序(1、2、3…)排列，利用两组等级数据计算其等级相关性。计算得到数值相关系数为 0.026，等级相关系数为 0.485。比较可得，地貌沟谷线分维值与居民点分维值的等级相关性更强，说明在某一地貌类型区内，一定的等级排序关联性下，居民点分布可以有多种形式，因而会得到不同的分维值，我们所选的样区具有相对的特殊性，若增加样区数据，极有可能进一步提高数值关联度。

(2) 不同类型地貌与聚落的图形耦合关系

从六类地貌区内随机选取不同等级、不同小流域的沟谷线若干，将其简化，测量分枝与主干的角度、分枝长度、分枝间距离，剔除一些过大、过小的偶然数据，处理得到下表中的数值。根据这些数值画出最简图形，即地貌沟谷线分形元，与第三章总结的居民点分形元进行对比(表 4-3~表 4-8)。

风沙—黄土过渡区分形元对比　　**表 4-3**

风沙—黄土过渡区		
图形名称	居民点描摹图形	地貌沟谷线描摹图形
图形图示		
图形名称	居民点分形元	地貌沟谷线分形元
形状描述	对称羽状	对称羽状

续表

图形参数	分枝角度	60°	34°
	分枝长度间距比	2.1	2
分形基本图式			

风沙—黄土过渡区的居民点分形元较地貌沟谷线分形元更为简单，分枝角度差距较大。这是由于此地貌区内地形较为简单，沟谷线稀少。同时，该地区内还有能源等因素影响居民点分布，使得居民点图形较沟谷线更为复杂，可以推测，该地貌区内的居民点分形元是地貌分形元图形叠加的结果。

黄土峁状丘陵沟壑区分形元对比 **表 4-4**

黄土峁状丘陵沟壑区			
图形名称		居民点描摹图形	地貌沟谷线描摹图形
图形图示			
图形名称		居民点分形元	地貌沟谷线分形元
形状描述		对称羽状	对称羽状
图形参数	分枝角度	75°	69°
	分枝长度间距比	1.9	1.9
分形基本图式			

黄土峁状丘陵沟壑区的居民点分形元与地貌沟谷线分形元图形相似度较高，分枝角度与分枝长度间距比皆十分接近，说明该类地貌区内的居民点与地貌耦合度较高。在相同尺度内，居民点是随着地貌沟谷线的分布而分布的，不管是完全吻合还是始终保持一定距离，两种图形基本上是高度一致的。

黄土梁峁状丘陵沟壑区分形元对比　　　　表 4-5

黄土梁峁状丘陵沟壑区			
图形名称		居民点描摹图形	地貌沟谷线描摹图形
图形图示		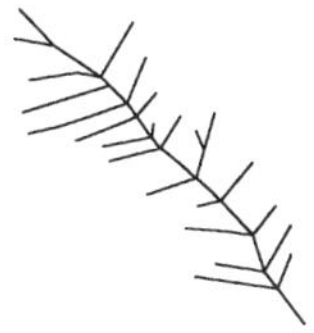	
图形名称		居民点分形元	地貌沟谷线分形元
形状描述		对称羽状	对称羽状
图形参数	分枝角度	60°	63°
	分枝长度间距比	1.1/1.6	1.9
分形基本图式			

黄土梁峁状丘陵沟壑区的居民点分形元和地貌沟谷线图形大致相同，分枝角度和分枝长度间距比也十分接近，但是居民点的分形元带有很多短小分枝，与长分枝平均穿插分布于主干两侧。在较大尺度下观察居民点分形元时，两侧的短小枝杈则因尺度变化而隐去，此时的图形与沟谷线分形元基本一致。由此推测，居民点分形元图形是地貌分形元再次迭代的结果，居民点不仅仅依附于河流主干与较大支流，距离主干较近的短支流同样具有生成居民点的发育条件。

黄土塬区分形元对比　　　　表 4-6

黄土塬区		
图形名称	居民点描摹图形	地貌沟谷线描摹图形
图形图示		
图形名称	居民点分形元	地貌沟谷线分形元
形状描述	对称叶状	对称羽状

续表

图形参数	分枝角度	60°	43°
	分枝长度间距比	2.2	1.8
分形基本图式			

黄土塬区的居民点分形元与地貌沟谷线分形元差别较大，居民点分形元呈向末梢逐渐变窄的叶形分布，地貌分形元则是简单的对称羽状。说明该类地貌区内的居民点主要依附于交叉口发展，并且分布数量与距离交叉口的长度呈负相关，即距离交叉口越远的地方分布的居民点越少。虽然分形元差别较大，但不能简单地认为二者完全不耦合；相反，居民点分布与河流交叉口的分布及距离有关，恰恰说明其与地貌具有较强的关联性。

黄土梁状丘陵沟壑区分形元对比 **表 4-7**

黄土梁状丘陵沟壑区			
图形名称		居民点描摹图形	地貌沟谷线描摹图形
图形图示		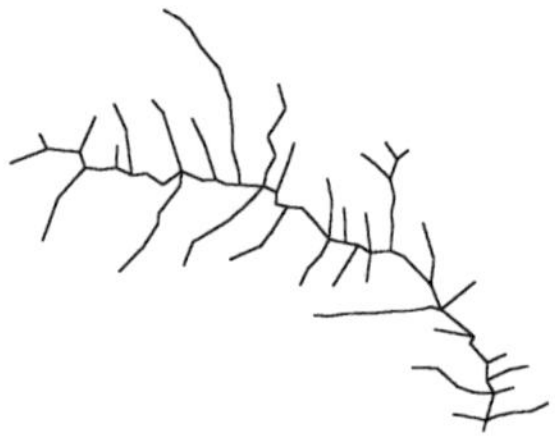	
图形名称		居民点分形元	地貌沟谷线分形元
形状描述		非对称羽状	对称叶状
图形参数	分枝角度	75°	58°
	分枝长度间距比	0.6/1	2.6
分形基本图式			

黄土梁状丘陵沟壑区的居民点分形元与地貌沟谷线的分形元图形差别较大，居民点分形元的枝杈分布较稀疏且主干两侧长短不对称，地貌分形元的分枝较密集且向末梢逐渐减少。该类地貌区的居民点与地貌的关系同黄土塬区在图形上的表现完全相反，但结合实际来看，两种地貌类型中的“居民点—地貌”图

形关系实则受相同的因素影响——河流交叉口。黄土梁状沟壑区内的居民点沿同一支流分布较均质，并不受与河流交叉口距离的影响，而主干两侧分布数量不均的现象，很有可能受风向、日照等自然因素影响。

黄土残塬沟壑区分形元对比　　表 4-8

黄土残塬沟壑区			
图形名称		居民点描摹图形	地貌沟谷线描摹图形
图形图示			
图形名称		居民点分形元	地貌沟谷线分形元
形状描述		非对称羽状	对称羽状
图形参数	分枝角度	75°	51°
	分枝长度间距比	1. 8/3. 1	1. 5
分形基本图式			

黄土残塬沟壑区的居民点分形元与地貌沟谷线分形元图形相似度相比其他地貌区而言并不是最高的，并且居民点分形元是非对称图形，与地貌分形元的对称图形有微小差别，说明在枝杈发达的一侧有重要的影响因素促使其快速发展，与实际资料进行对比，发现此处交通线密度较高，对居民点分布产生了较大的影响。

4. 2. 5　小结

本章节在讨论陕北城镇体系居民点分布与分形地貌关联程度的过程中，对水系沟谷线运用了两种分类方式，即河流等级与地貌地质特征的分区，从这两种地貌视角分别讨论了居民点相关要素与地貌的关系。

首先，陕北城镇体系居民点分布与分形水系的等级具有较高的关联度，并且具有较明显的关联特征：

（1）城镇规模与所在河流等级有关，随着河流等级的降低，呈现明显的城镇规模变小的状况，这说明城镇的用地受河流的水文条件、河谷空间等限制；

（2）地貌对以农业生产为主导的城镇分布影响明显，在城——镇——村组成的行政网络中，级别越低者与地貌耦合度越高；

（3）除去高速公路外，道路交通的等级与河谷川道呈现一定的耦合关系——道路网的等级与河谷等级对应，道路等级越低，与河谷川道的耦合度就越高。

在规避了重要交通干线、能源分布等影响因素之外，不同地貌区内的居民点与水系沟谷线的关联特征各异：

（1）从分维值与图形两种对比方式来看，以分维值比较的方法受采样区特殊性的影响较大，以图形比较的方法则适用于大部分的样区。因此，图形比较结果更接近地貌与居民点分布关系的实际情况。观察地貌与居民点的分形图形，无论是分维值、分枝角度、分枝长度间距比，还是图形本身，二者皆存在较为明显的关联特征，局部存在的差异则主要受交通、风向等其他因素影响。

（2）总结六类地貌区的“居民点—地貌”关联特征，黄土塬区和风沙—黄土过渡区内的居民点分布与地貌分形关联不甚明显，其余四类地貌区内的居民分布与地貌均不同程度地呈现正相关的关系。

总而言之，无论是图形还是分维值，无论是地貌地质特征的分区还是水系河流的等级，都对城镇体系的构成造成了一定的影响，这种宏观尺度的观察方法在一定层面也预示着微观城镇形态与地形地貌的关系。为此，后面的章节将从微观视角分析自然地貌与城镇形态的分形耦合关系。

4.3 地貌形态与城镇边界形态的分形耦合关系

用地边界是城镇空间形态的重要表征要素之一，是城镇与自然地貌产生关联的重要界面。不同类型地貌约束下的城镇边界形态不同；同一类型地貌内，不同规模、不同功能、不同空间格局的城镇边界形态与地貌的具体耦合关系也不同。提取陕北 25 个城镇的边界形态，分别从地貌类型和城镇形态类型两方面展开二者的耦合分析。

4.3.1 陕北分形地貌对城镇用地边界构建的影响

城市所在的区域地貌往往直接影响和作用于城市的用地边界形态。正是山川湖泊、河流大海等自然要素的影响，才形成了多种多样的城市边界形态与城市空间意象，才使得每一个城市拥有独一无二的景观特色。同样，陕北黄土高原特殊的分形地貌也影响和制约着城镇用地边界形态，城镇边界的形态发展也在一定程度上反映着陕北地貌的分形特征。

分维数作为陕北分形地貌的量化指标，用以表征地貌形态的复杂程度。已有对于城市边界形态的分形研究认为，城市二维用地边界的分维数不会高出所在空间的维数($D=2$)。从城市的动态演变趋势看,发展趋于稳定的城市用地形态在分维数上来回波动后逐渐趋近于1.70,[51]该结论由巴迪(Batty)、隆利(Longley)、弗兰克豪斯(Frankhouser)等人在对比研究全球多个城市分维值后得出,并且巴迪和隆利等借助受限扩散凝聚模型和电介质击穿模型深度模拟城市空间演化,进一步得出1.71的城市平均维数。[51]因此,尽管陕北河谷地貌城市与平原城市在形态和分维上有所不同,但1.70作为城市理想分维仍将对本研究有重要的参考价值。

众所周知,城市形态的演化始终是在地理环境与人类建设的相互影响与制约中形成的。陈彦光与黄昆认为,现实中的城市生长扩展总是受到自然环境的限制,因而理想城市形态的分维一般不大于地形与水系的分维数;城市形态与其发育的地表形态息息相关,二者的分维也应具有一定的数理关系。从统计学的角度看,城市形态的分维与水系的分维在平均意义上大致接近。城市形态的分维不可能存在严格意义的常数,所以人类的活动和社会的演化才具有足够的自由空间,丰富多彩[52]。

研究者们认为城市形态的分形特征无法用确定的常数来表示,但也承认城市边界的分形特征与分形地貌之间存在关联性,认为城市边界的分维不应大于地貌的分形维数,而应在长期的动态发展中趋向一致。这种分形包容原理实则体现了人工环境与自然环境的相处关系,即作为人工环境的城市建设容量应该在自然环境的可承载范围之内,以保证二者之间的平衡与秩序。对于用地边界而言,地貌的分形特征对其具体形态、功能、格局等都有较大影响。

(1)用地增长边界的形态规模

不同于平原地区的城市,山地城市的发展总是受限于外部空间环境,如山势的起伏、山地的地质构造等。陕北黄土高原地貌的典型枝状分形特征决定了其地貌形态的狭长特性,河谷与山体无疑对城镇用地增长边界形态具有明显的约束力与引导性。在陕北黄土高原典型沟壑区,河谷川道常常十分狭窄,发育于其中的城镇往往呈现带状形态,或随河道弯曲生长,或沿河谷支沟延伸,与地貌特征高度吻合(图4-9)。陕北城镇空间形态整体上延续了河谷川道的形态特征,因而也形成了具有规模等级的枝状体系,并在不同尺度上具有耦合相似性。

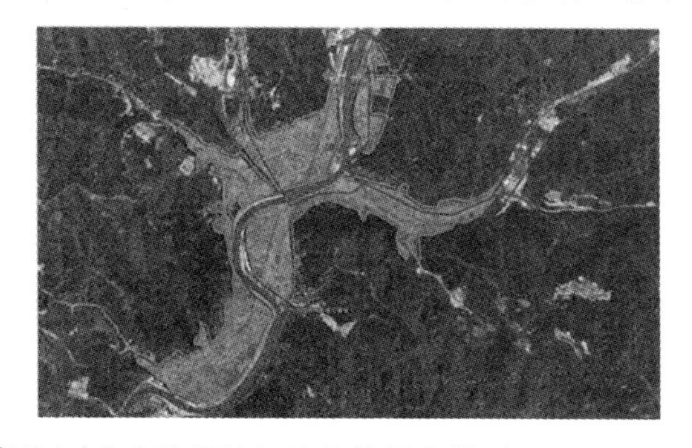

图4-9 甘泉(左)、富县(右)建设用地与地貌的契合关系

因此，城镇用地增长边界也同分形地貌形态融合生长，形成适应于分形地貌、与生态条件相适应、反映出一定分形美学的形态特征。

（2）用地增长边界的功能布局

用地布局是增长边界研究的重要内容之一，基于城市的功能划分与经济社会发展过程，从城市发展的微观角度判断城镇边界形态的发展趋势。不同地貌的建设条件不同，因此城市功能用地的布局也应选择适宜的地貌环境。例如，大型公共服务中心要求选址交通方便、场地开阔，因此不能将其设置在地理位置过于复杂的地段。用地布局直接反映边界的发展特征与边界的稳定性。黄土高原分形地貌特征决定了城镇用地增长边界形态的复杂与多变。尽管无法用具体的分维数值去寻找用地的功能布局与地貌之间的关联，但仍可依据地貌特征去选择适宜的用地功能，使用地边界的形态发展与分形地貌相和谐，避免对临界处的自然地貌进行过度改造与破坏。同样，用地布局的地块尺度也应与地貌的复杂度相近或同构，避免大尺度单一类型用地对自然地貌单元的阻隔或割裂。

（3）用地增长边界的空间格局

由于沟壑地带狭长的河谷川地以及季节性河道的泄洪作用，以农业经济为主的城市建设大多从山地起始，将河谷平原留作耕种用地，这是长久以来陕北黄土高原城镇建设的一般模式。同时也表明，陕北黄土高原地貌的分形特征不仅体现在二维平面的沟谷网络，在三维空间形态上也具有典型的分形特征。相应地，受地貌影响的陕北城镇用地边界在三维立体空间上也具有分形复杂特征。因此，在城镇空间的立体发展上，应延续和加强这种特征，构建城镇在河谷阶地、山体坡地等多层次用地中的立体复合空间形态。此外，丘陵山地在垂直梯度上也存在显著的分形特征，对城市的空间边界形态起着决定性的作用。

从分形美学的角度来看，复合型的城镇建设在空间边界上同样可以寻求与自然地貌的对应关系，如在地形复杂的山地城市中，在最大限度地保留原有地形的基础上，城镇建设用地总是按照等高线呈台阶式逐层分布。在城市设计中，往往要将城市轮廓与周围的山体轮廓进行统一考虑，从而形成多层次的景观。这种分形地貌中山体、水系与城市空间、建筑之间的多层次嵌套关系，暗含着一种分形美学意蕴。

总之，陕北黄土高原分形地貌一方面制约着城市的发展方向，另一方面又为城市用地增长边界的发展提供了丰富多样的形态选择。

4.3.2 陕北25个城镇边界形态与分形地貌的关联性分析

俯瞰整个陕北黄土高原，城乡聚落的分布及规模大小同河流等级息息相关。聚焦到个体城镇，城镇用地增长边界也与周边分形地貌呈现特定关联性。这里将分布在陕北黄土高原上的25个县级以上城镇空间边界形态与周边地貌进行分形关联性分析，探寻城镇边界与分形地貌之间的耦合关系与发展趋势。

从截取的谷歌地图上观察分析陕北两个地级市（榆林、延安）与 23 个县级市的城镇用地形态，初步判断影响因素及边界发展状态，再分别从六个地貌分区对陕北黄土高原 25 个城镇空间进行归纳总结，分析同一地貌环境下的不同城镇边界发展规律，判断不同地貌下城镇边界与地貌的耦合特征，可以明显看出，陕北黄土高原城镇空间形态发展与地貌之间的关联性主要体现在以下几点：①城镇初始建设空间多沿河流交叉处为生发点，并沿河谷支沟发散延伸，与地貌分形体系的枝状发展特征相协调；②城镇空间多于平坦河谷川地集聚发展，并呈现沿主要河谷蔓延的趋势；③黄土丘陵沟壑区城镇空间多沿河谷谷地分布，边界形态与地貌契合度较高，整体呈枝状生长，部分区域依附于山体建设；④黄土塬区城镇建设沿塬面生长，边界形态与塬面形态统一，局部沿塬边生长；⑤风沙—黄土过渡区城镇用地增长边界受地貌限制较小，呈连片面状扩张。

从陕北黄土高原整个地貌区来看，除北部风沙—黄土过渡区外，黄土沟壑区与黄土塬区的城市发展形态都与地貌形态有着不同程度的契合，不论城市沿河谷生长或沿塬面发展，其空间形态都没有摆脱地貌的限制。

（1）按地貌分区分析关联性

通过地形图描绘城镇发展边界线，利用网格法计算陕北 25 个城镇的建设用地边界分维，并与地貌分维进行对比。统计各城镇数据并汇总图表如下（图 4-10）：

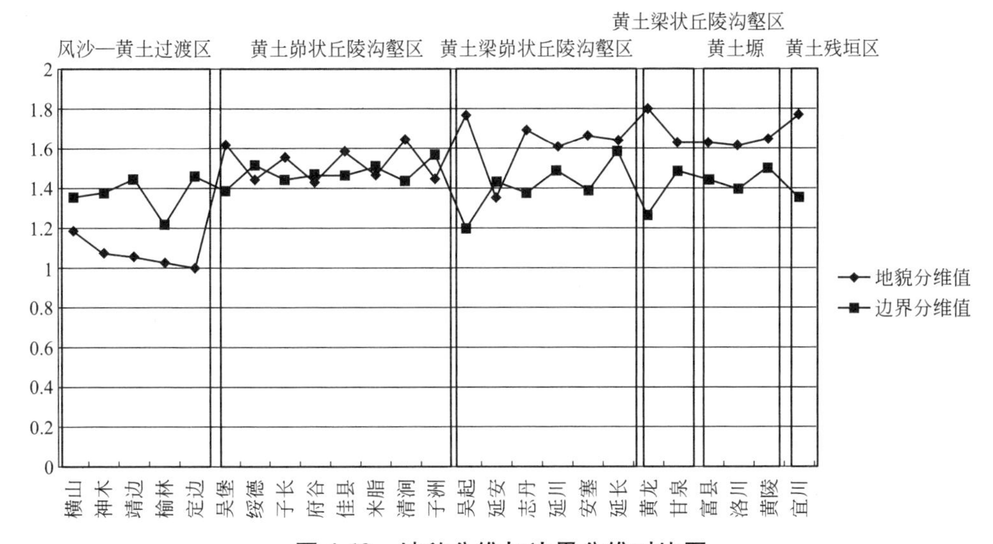

图 4-10　地貌分维与边界分维对比图

从上图可以看出，每类地貌区内的关系特征明显：风沙—黄土区内的城镇边界分维与地貌分维基本呈负相关趋势（榆林除外）；三种丘陵沟壑区内的城镇边界分维与地貌分维则呈跳跃式发展，总体呈前者围绕后者上下浮动；黄土塬区内，两种分维则基本呈正比关系。

分别以城镇边界分维值和地貌分维值为基准进行递增排序，得到如上图表（图 4-11、图 4-12）。观察可得，当城镇边界分维值变大时，地貌分维值呈跳跃式分布，并无明显规律；当地貌分维值变大时，城镇边界分维值呈微弱的此消彼长的趋势，由此判断：城镇分维值受地貌分维值影响，前者随后者的变化而变化。

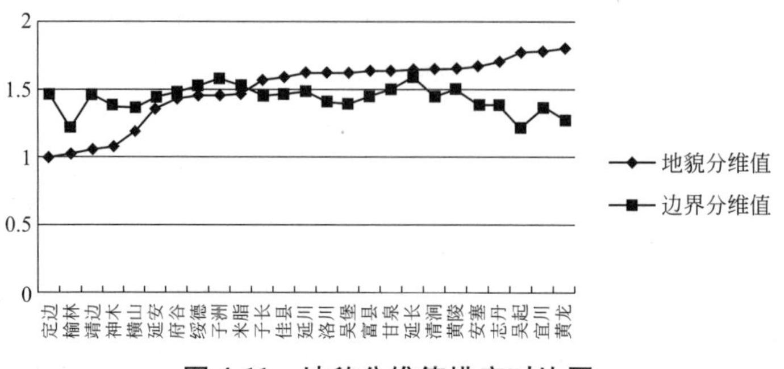

图 4-11　地貌分维值排序对比图

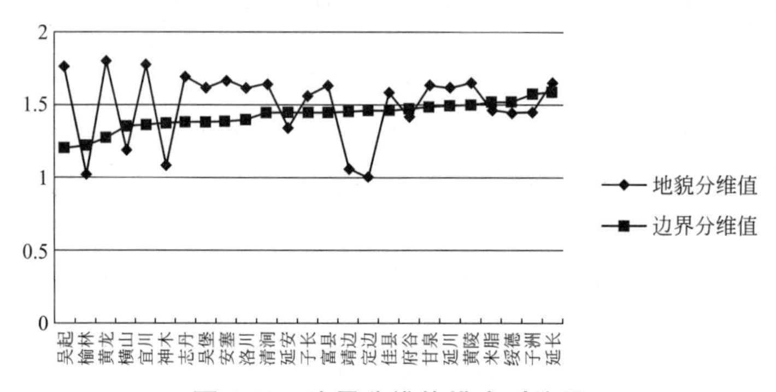

图 4-12　边界分维值排序对比图

利用最小二乘法，选取数据点较多的三个地貌分区，以地貌分维值为 X 坐标、城镇边界分维值为 Y 坐标进行布点，并将数据点进行线性拟合。可以观察图表得出，每种地貌区内，地貌分维值与城镇边界分维值并无明显的线性关系，尝试去掉明显偏离拟合线的若干点，可以得出新的拟合线，且拟合状况良好。以上表明，榆林、延安这样的高等级城镇的用地边界受诸多因素的复合影响(如重要的交通线、能源分布等)，地貌作为影响因素之一，在其中的占比相对较小。相比之下，等级较低的城镇用地边界形态受地貌因素的限制较为明显。

将地貌分维值和城镇边界分维值按所在城镇分别进行排列，并利用斯皮尔曼等级相关系数公式计算两组数据的数值相关性和等级相关性，得出数值相关系数为 0.002，等级相关系数为-0.223。数值关联系数接近于 0，说明两组数值之间几乎没有关联性；等级相关系数为负值，说明城市边界与地貌分维值的等级为负相关。这样的结果与很多河谷型城镇的地貌环境有关，河谷内的地貌高差较大，采用等高线表征微观地貌时，难以将高差数值纳入测算，无法精确表征微观地貌的三维特征。同时，城镇在发展过程中，用地边界受河谷地形限制而趋于三维形态。因此，二维数据在表征一些特殊地貌与城市边界关系时有失精确。

（2）按城镇形态类型分析关联性

根据城镇形态将 25 个城镇分为五类：狭长带状、分枝带状、弯曲带状、破碎带状与团块状，比较其等高线与城镇边界的分维值(图 4-13、表 4-9~表 4-13)。

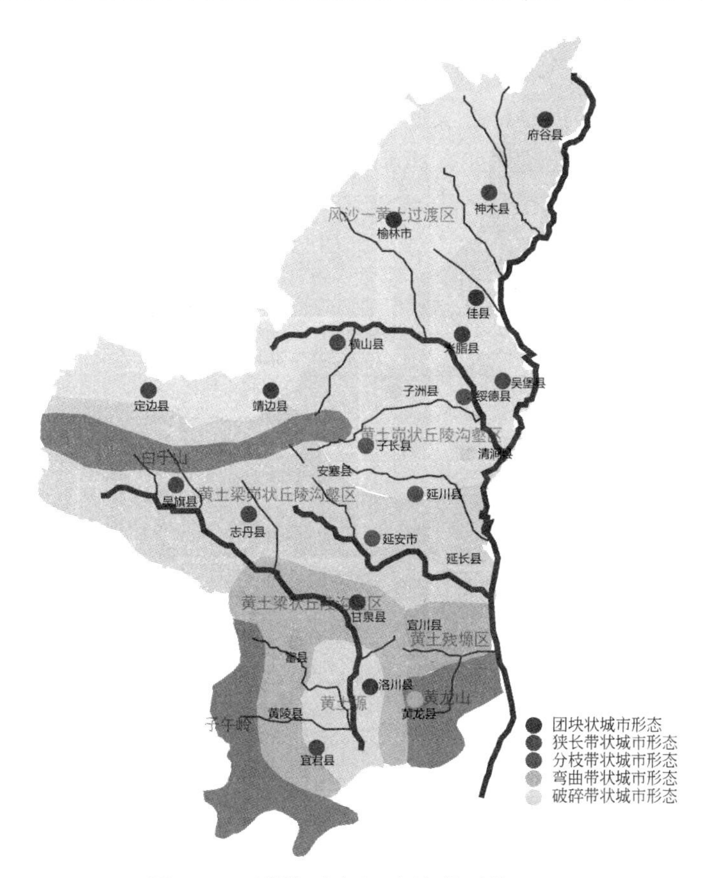

图 4-13　城镇形态与地貌类型关系图

狭长带状城镇地貌边界对比　　表 4-9

城镇形态类型	狭长带状			
城镇名称	吴起	横山	志丹	神木
城镇形态图形				
等高线分维值	1.7687	1.1847	1.6977	1.0803
城镇边界分维值	1.2	1.355	1.379	1.378

狭长带状城镇主要沿河谷分布，其边界受复杂地形影响，呈现破碎而不连贯的特征。统计四个城镇的等高线分维值和边界分维值，此类城镇的边界分维值皆在 1.2~1.4 范围内浮动，属于边界分维值比较小的一类城镇，其等高线分维值也呈现出严重的两极分化。吴起、志丹较横山、神木的地貌分维高出很多，这是由于前两者属于黄土梁峁状丘陵沟壑区，后两者属于风沙—黄土过渡区内。值得注意的是，这四个城镇地貌分维值皆是各自所属地貌区内较高的，说明此类形态的城镇用地沿线性集中，边界分维值与等高线分维值呈反比关系。

分枝带状城镇地貌边界对比 **表 4-10**

城镇形态类型	分枝带状			
城镇名称	延安	延川	子长	绥德
城镇形态图形				
等高线分维值	1.3553	1.6153	1.5634	1.4458
城镇边界分维值	1.441	1.494	1.445	1.52

分枝带状城镇多处于河流交叉口处，基本呈“Y”字形分布，边界破碎度较高，边界分维值在 1.4~1.5 左右浮动。此类形态的四个城镇皆处于丘陵沟壑区内，城镇所在地貌特征相近，地貌分维值在相应类型地貌区内属于较低范围。可以说，是丘陵沟壑区内的河流造就了此类城镇的基本形态，河流交叉口则影响了城镇边界分维的大致取值范围。

弯曲带状城镇地貌边界对比 **表 4-11**

城镇形态类型	弯曲带状				
城镇名称	吴堡	黄陵	宜川	黄龙	富县
城镇形态图形					
等高线分维值	1.6184	1.6519	1.7787	1.8012	1.6335
城镇边界分维值	1.387	1.501	1.362	1.268	1.445

弯曲带状城镇形态相对规整，中心部分呈弯曲团块状，周围延伸的破碎用地较少。此类形态的五个城镇属于黄土峁状丘陵沟壑区、黄土梁状丘陵沟壑区、黄土塬区和黄土残塬沟壑区，这四类地貌区的等高线分维值都较高，城镇边界分维值在 1.25~1.5 范围内浮动，并无明显数值特征。除黄龙外，其他四个城镇皆有重要的过境交通线，使得地貌与城镇边界的分维差值不大。黄龙因受地貌影响较多，导致边界形态分维值较低。总体来看，弯曲带状城镇一般出现在地貌分维值较高的区域，该区域河谷较宽，使得城镇形态不至于太过狭长，这是区别于其他带状城镇的重要特征。

破碎带状城镇地貌边界对比　　　　表 4-12

城镇形态类型	破碎带状			
城镇名称	清涧	子洲	安塞	延长
城镇形态图形				
等高线分维值	1.6475	1.451	1.6694	1.6435
城镇边界分维值	1.441	1.576	1.387	1.59

破碎带状城镇的边界形态与狭长带状相似，但破碎度更高，原因是四个城镇所在地的河谷两侧延伸出很多峪道，用地向内延伸，形成了这种枝杈较多的带状形态，这与前文描述的城镇用地尺度应与分形地貌的复杂度相对应的结论吻合。四个城镇皆处于丘陵沟壑区内，除子洲外，城镇所在地貌的分维值均比较高，而城镇边界分维值则在 1.35~1.6 范围内浮动，数值跨度大，无明显规律。安塞、子洲和清涧有重要的过境交通线，造成三个城镇分维数值呈跳跃式波动，子洲的地貌分维值小于边界分维值，安塞和清涧的边界分维值则过小。

团块状城镇地貌边界对比　　　　表 4-13

城镇形态类型	团块状							
城镇名称	定边	榆林	靖边	米脂	佳县	甘泉	府谷	洛川
城镇形态图形								
等高线分维值	1.0019	1.0241	1.0571	1.4694	1.5831	1.6341	1.4301	1.616
城镇边界分维值	1.462	1.216	1.452	1.511	1.463	1.491	1.471	1.399

团块状城镇的边界形态接近于矩形，长宽比低，形状比较规则。此种形态的城镇分布于风沙—黄土过渡区、黄土峁状丘陵沟壑区、黄土梁状丘陵沟壑区以及黄土塬区内，在地貌特征上并无明显共性。八个城镇的边界分维值处于1.2~1.55区间内，数值跨度大，无明显特征。推测原因在于：除府谷沿黄河发展外，其余七个城镇皆有重要的过境交通线，对城镇边界形态的发展具有一定的影响；此外，平坦的地理环境同样是团块状城镇形成的重要条件。

从城镇形态类型比较中可以看出，除狭长带状城镇外，其余四种类型的城镇受交通等社会因素影响较多。交通因素的影响使边界分维与地貌分维之间的数值关系不明显。对比狭长带状城镇数据可以看出，当交通等社会因素变弱时，城镇边界耦合于地貌，并与地貌分维呈反比关系，这种数值现象也正好验证了直观图形分析所得出的结论。

为进一步揭示分形地貌与城镇边界形态的关系，对25个城镇边界与地貌分维的绝对差进行统计，并汇总如下(表4-14)：

地貌与边界分维值差值统计表 **表4-14**

地貌类型	城镇名称	地貌分维值	边界分维值	边界与地貌分维绝对差
风沙—黄土过渡区	横山	1.1847	1.355	0.1703
	神木	1.0803	1.378	0.2977
	靖边	1.0571	1.452	0.3949
	榆林	1.0241	1.216	0.1919
	定边	1.0019	1.462	0.4601
黄土峁状丘陵沟壑区	吴堡	1.6184	1.387	0.2314
	绥德	1.4458	1.52	0.0742
	子长	1.5634	1.445	0.1184
	府谷	1.4301	1.471	0.0409
	佳县	1.5831	1.463	0.1201
	米脂	1.4694	1.511	0.0416
	清涧	1.6475	1.441	0.2065
	子洲	1.451	1.576	0.125

续表

地貌类型	城镇名称	地貌分维值	边界分维值	边界与地貌分维绝对差
黄土梁峁状丘陵沟壑区	吴起	1.7687	1.2	0.5687
	延安	1.3553	1.441	0.0857
	志丹	1.6977	1.379	0.3187
	延川	1.6153	1.494	0.1213
	安塞	1.6694	1.387	0.2824
	延长	1.6435	1.59	0.0535
黄土梁状丘陵沟壑区	黄龙	1.8012	1.268	0.5332
	甘泉	1.6341	1.491	0.1431
黄土塬	富县	1.6335	1.445	0.1885
	洛川	1.616	1.399	0.217
	黄陵	1.6519	1.501	0.1509
黄土残塬区	宜川	1.7787	1.362	0.4167

根据“边界—地貌”分维数据差值范围，将以上城镇大致分为四类：①“边界—地貌”分维差绝对值≥0.4的城镇，包含定边、吴起、黄龙、宜川；②0.4>“边界—地貌”分维差绝对值≥0.2的城镇，包含神木、靖边、吴堡、清涧、志丹、安塞、洛川；③0.2>“边界—地貌”分维差绝对值≥0.1的城镇，包含横山、榆林、子长、佳县、子洲、延川、甘泉、富县、黄陵；④0.1>“边界—地貌”分维差绝对值≥0的城镇，包含绥德、府谷、米脂、延安、延长。

从上述分类中选取分维绝对差较大的一类(即第一类)分析发现，除定边的地貌分维值小于边界分维值外，其余三个城镇的地貌分维值均大于边界分维值，并且地貌和边界分维分别为该地貌分类内的极值。如风沙—黄土过渡区内的城镇地貌分维值偏小，其中定边的地貌分维值最小，这与四个城镇的数据显示相一致。从城镇形态来看，无论是定边的团块状还是其他三者的带状形态，都属于集聚型，形态分枝较少。这一结果表明，当地貌特征十分明显时，城镇边界发展往往会充分利用地貌特征(或平坦，或狭长)，在此区域内集聚发展形成一个密集发展核心，并长期保持这种形态，很难再往周围支沟或者其他流域内延伸。

4.3.3 小结

(1) 按照城镇所处地貌区以及城镇形态两种划分依据，采用线性拟合、相关系数、数据图形对比等方法，分析城镇边界与地貌等高线之间的关联性；

(2) 城镇建设用地多选用水系发达的平坦河谷地，呈现出水系对城镇边界的限制作用；

(3) 城镇的原始建设往往与地貌关系最为紧密，在一定流域范围内，城镇边界沿沟谷线呈现出分形的枝状生长特征；

(4) 当交通等社会因素变弱时，城镇边界与地貌耦合度较高；

(5) 延安、榆林两个大城市与地貌的关系相对微弱，这也与实际情况相符。大城市受经济、社会、交通等多种因素复合影响，城镇边界在城市发展过程中逐渐偏离地貌等自然因素所决定的原始形态。

影响城镇边界形态的因素是多种多样的，如高速路的开通往往会形成新的城市交通门户片区，矿产资源的开采可以培育新兴城镇等等。但对陕北黄土高原城镇来说，城镇发展原始边界总是更多反映出地貌环境的影响，并且在后续的发展之中常常持续显示出这种影响。因此，以下章节将重点讨论陕北自然地貌对城镇用地边界的影响作用，探讨其分形耦合关系。

4.4 地貌形态与城镇用地形态的分形耦合关系

本节仍然从图形分析和分维数理计算两个角度出发，对城镇用地形态与地貌形态进行分形耦合关联分析。

4.4.1 陕北 25 个城镇用地形态与分形地貌的关联性分析

在城镇总体用地形态与地貌的关联分析中，分别以地貌类型、城镇形态类型为参照，比较研究不同参照下二者的分形耦合关系。

(1) 按地貌分区分析关联性

描绘城镇用地边界线并进行填充，所得图形即城镇用地形态。运用网格法计算 25 个城镇的总体用地分维值，并与城镇所在地貌的等高线分维进行对比（图 4-14），所得图表如下：

从以上图表可以看出，25 个城镇的地貌与用地整体上并无明显线性关系，但每类地貌区内关系明显：风沙—黄土过渡区内二者呈此消彼长的趋势；三种丘陵沟壑区内两种分维值呈跳跃式发展，总体上城镇用地分维值围绕地貌分维值上下浮动；黄土塬区内的城镇用地分维值与地貌分维则基本呈正比关系。

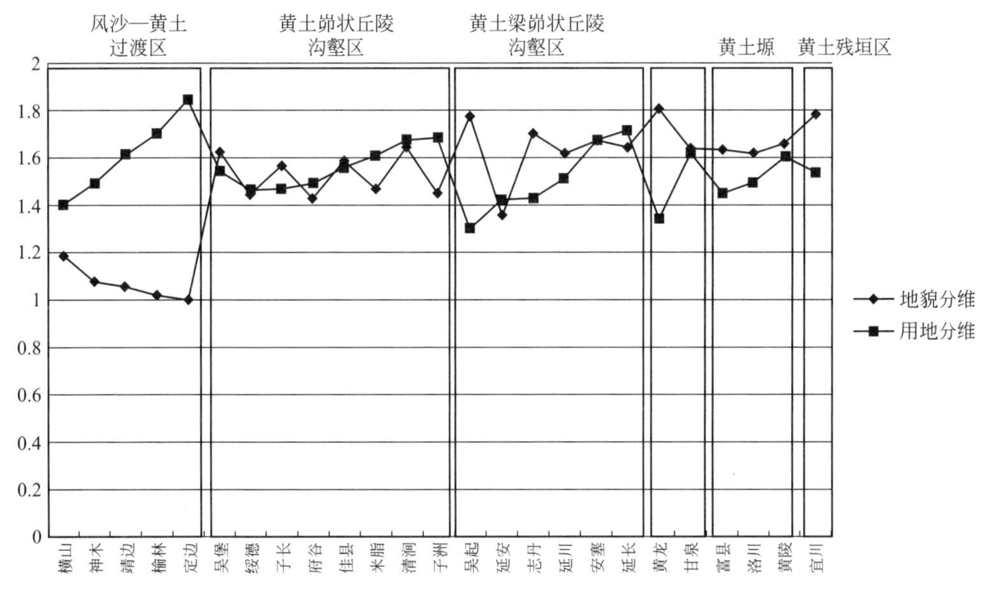

图 4-14　地貌分维与用地分维对比图

分别以城镇用地分维值和地貌分维值为基准进行递增排序，另一分维值序列按照所属城镇一一对应，得到如下两个图表(图 4-15、图 4-16)。观察图表，当城镇用地分维值变大时，地貌分维值呈跳跃式分布，无明显规律；当地貌分维值变大时，城镇用地分维值呈微弱的此消彼长的趋势。由此得出：城镇用地分维值受地貌分维值影响，并随着地貌分维值的变化而变化。

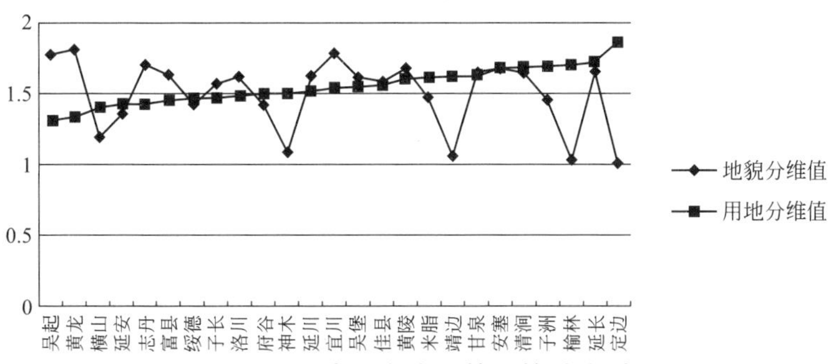

图 4-15　以用地分维值为基准的排序对比图

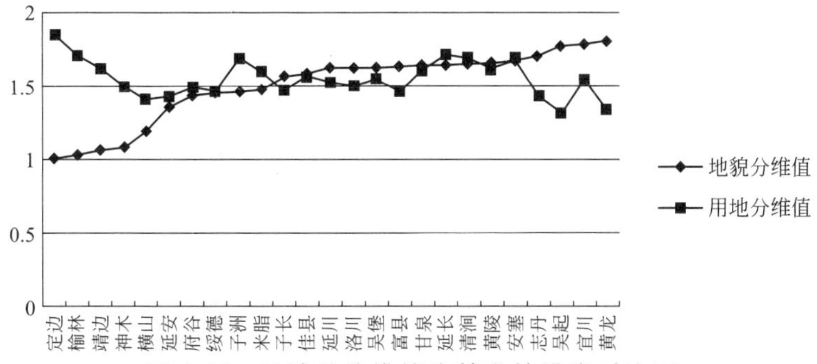

图 4-16　以地貌分维值为基准的排序对比图

选取样区点较多的三个地貌区，每类地貌区内以地貌分维值为 X 坐标，以城镇用地分维值为 Y 坐标进行布点，并将每组数据进行线性拟合。可观察得出，有些点偏离拟合线较远，影响了整组数据的拟合效果，尝试删除这些点，重新进行拟合，大大提高了拟合线的准确度。分析可知，这些被删除的点所代表的城镇用地受多种因素影响，导致其与地貌的耦合度较弱。这些被删除的点中，除延安是大城市外，绥德、府谷、清涧都有重要的过境交通线，城镇受交通等社会因素影响较大，地形影响较小。

将数值按城镇分别进行排列，运用斯皮尔曼等级相关系数法进行等级以及数值的相关性计算，得到数值相关系数为－0.351 12，等级相关系数为－0.232 92。比较两种方法所得结果，二者数值十分接近，相比较于按地貌类型计算人居点的相关性，这一结果所体现的数值相关度更高。分析认为，此处的城镇取样区较为丰富多样，规避了个别样区的特殊性。从比较结果来看，城镇用地与地貌分维值总体呈负相关趋势，关联性较弱，可能是受到诸多社会因素影响所致。

（2）按城镇形态类型分析关联性

按城镇形态将城镇分为五类，统计所在地貌与用地分维值并进行比较分析（表 4-15~表 4－19）。

狭长带状城镇地貌用地对比　　表 4-15

城镇形态类型	狭长带状			
城镇名称	吴起	横山	志丹	神木
城镇形态图形				
等高线分维值	1.7687	1.1847	1.6977	1.0803
城镇用地分维值	1.3	1.398	1.425	1.492

狭长带状的城镇用地分维值主要在 1.3~1.5 范围内浮动，属于数值较低的一类，但地貌分维值比较高，这与此类形态城镇的边界分维值特征类似，说明该城镇所处地貌复杂，等高线密集，大大限制了城镇用地发展的可

能性。沿河城镇用地发展受河谷状地貌的影响，最终形成顺应于地貌的狭长带状形态。

分枝带状城镇地貌用地对比 **表4-16**

城镇形态类型	分枝带状			
城镇名称	延安	延川	子长	绥德
城镇形态图形				
等高线分维值	1.3553	1.6153	1.5634	1.4458
城镇用地分维值	1.42	1.51	1.471	1.46

分枝带状城镇用地分维值在1.4~1.5左右浮动，跨度范围较小，数值也是同类地貌区内除狭长带状城镇外用地分维值最小的。四个城镇所在地貌区特征类似，都处于河流交叉口处，这类地理位置为城镇用地沿着多个方向的河谷发展提供了可能性，城镇用地布局分散并有间断，说明特定的地貌环境决定了城镇用地分布的特征以及分维值的取值范围。

弯曲带状城镇地貌用地对比 **表4-17**

形态类型	弯曲带状				
城镇名称	吴堡	黄陵	宜川	黄龙	富县
城镇形态图形					
等高线分维值	1.6184	1.6519	1.7787	1.8012	1.6335
城镇用地分维值	1.543	1.603	1.535	1.339	1.449

弯曲带状城镇用地分维值在1.3~1.6左右浮动，跨度范围较大，在每类地貌区内并无明显数值特征，与同形态类型的城镇边界分维值特征类似。黄陵、宜川、富县、吴堡的过境交通线对城镇用地布局影响较大，使得用地分维值波动明显。对该类城镇而言，交通干线提高了城镇用地的分维值，改变了地貌分维与用地分维之间此消彼长的规律。

破碎带状城镇地貌用地对比　　表 4-18

形态类型	破碎带状			
城镇名称	清涧	子洲	安塞	延长
城镇形态图形				
等高线分维值	1.6475	1.451	1.6694	1.6435
城镇用地分维值	1.68	1.685	1.669	1.713

破碎带状城镇的用地分维值在 1.65~1.7 左右浮动，跨度区间小，在数值上均高于其他组，这一结果与城镇边界分维值的无规律性有很大差别。地貌分维值远小于用地分维值的子洲县城，看似突破了分形包容原理，实则表明城镇在发展过程中充分结合地形展开用地布局，使得用地内部形态的破碎度更高，从而导致分维值的大幅度提高。

团块状城镇地貌用地对比　　表 4-19

城镇形态类型	团块状							
城镇名称	定边	榆林	靖边	米脂	佳县	甘泉	府谷	洛川
城镇形态图形								
等高线分维值	1.0019	1.0241	1.0571	1.4694	1.5831	1.6341	1.4301	1.616
城镇用地分维值	1.847	1.701	1.614	1.605	1.56	1.618	1.49	1.489

团块状城镇用地分维值在 1.45~1.85 范围内浮动，同样属于用地分维值较高的一类。值得注意的是，此类城镇中有三个城镇的用地分维值远高于地貌分维值。除府谷外，其余七个城镇皆有重要的过境交通线，大都符合地貌与用地在分维上此消彼长的趋势。

总体而言，除个别城镇外，大部分城镇的用地与边界分维值特征类似，并与地貌分维值呈此消彼长的趋势。初步分析认为，地貌是限制城镇发展的基本因素，交通干线则是提高城镇形态分维值的重要影响因子。

4.4.2　城镇内部用地构成与地貌关联性分析

为了分析城镇内部用地与地貌的关系，从各类地貌中共选取八个样区，采用网格法计算其居住用地、绿地及工业用地的均衡性，将所得分维值与地貌分维值进行对比。为了观察城镇用地分布与周围地貌的关系，截取城镇周边相对完整的沟谷线区域进行分维测算。将城镇与地貌的各类数据汇总如下(表 4-20、图 4-17)：

样区城镇内部用地及地貌分维统计表　　表 4-20

城镇名称	等高线分维	城镇周边沟谷线分维值	总用地分维值	各类用地分维值			地貌类型
				R	G	M	
定边	1.0019	1.146	1.847	1.994	2.01	1.976	风沙—黄土过渡区
神木	1.0803	1.361	1.492	2.0065	1.9956	1.9912	
子长	1.5634	1.354	1.471	1.6107	1.2882	1.122	黄土峁状丘陵沟壑区
米脂	1.4694	1.534	1.605	1.978	1.974	1.89	
延安	1.3553	1.387	1.42	1.2604	1.6035	1.4666	黄土梁峁状丘陵沟壑区
甘泉	1.6341	1.331	1.618	1.6477	1.9745	2.126	黄土梁状丘陵沟壑区
洛川	1.616	1.413	1.489	2.0228	1.9151	2.1015	黄土塬
宜川	1.7787	1.291	1.535	2.0338	1.8517	1.6787	黄土残塬区

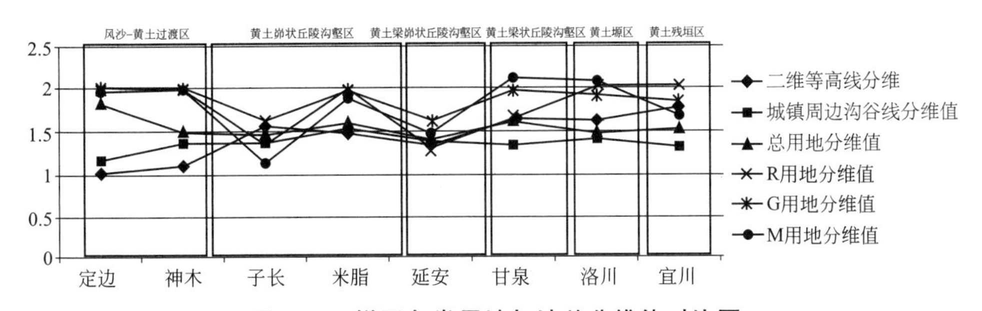

图 4-17　样区各类用地与地貌分维值对比图

观察可得，城镇中的居住用地、绿地以及工业用地的分维值走势基本一致，说明这几个城镇的三类分项用地之间关系紧密，城镇现状用地发展较为均衡。以六类地貌为依据进行比较，仅风沙—黄土过渡区的用地分维与地貌分维相差较大，其他五类的走势相近，其中黄土峁状丘陵沟壑区和黄土梁峁状丘陵沟壑区的地貌分维与用地分维十分接近，说明此类地貌对城镇用地分布的影响最为显著。

将数值按等高线分维值从小到大和城镇周边沟谷线分维值从小到大重新排列布点，可得出以下两个图表(图 4-18、图 4-19)。从图表观察可得，当城镇等高线分维值和城镇周边沟谷线分维值变大时，城镇内部各分项用地的分维呈跳跃式分布，并无明显规律。若去除风沙—黄土过渡区中的神木和定边，则可得到较为微弱的上升趋势。由此推测：城镇内部用地分维值受地貌分维值和较多的外部因素影响时，此二者并无十分明显的耦合特征。

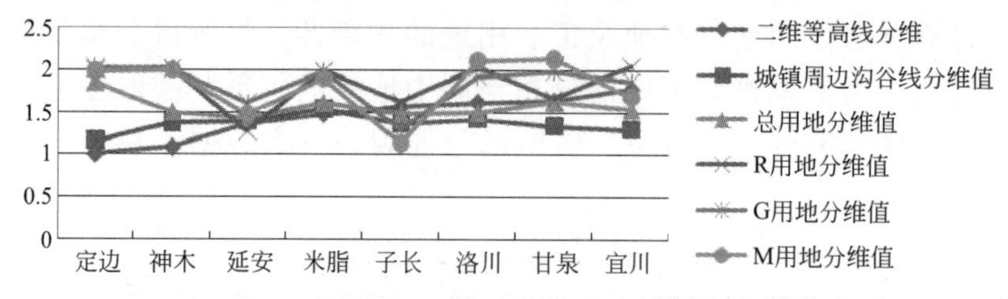

图 4-18　按等高线表征的地貌分维排序对比图

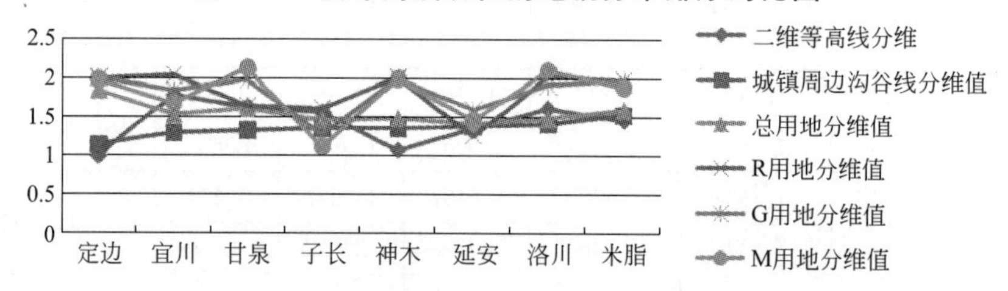

图 4-19　按沟谷线表征的地貌分维值排序对比图

样区各类用地与地貌分维值拟合状况统计表　　表 4-21

城镇名称	是否删除该数据与等高线拟合点			是否删除该数据与沟谷线拟合点		
	R	G	M	R	G	M
定边	是	—	—	是	是	是
神木	是	—	—	—	—	—
子长	—	是	—	—	—	—
米脂	—	—	—	—	—	—
延安	—	是	—	是	—	—
甘泉	—	—	是	—	—	是
洛川	—	—	是	—	—	—
宜川	—	—	—	—	—	—

运用最小二乘法将样区内的三类用地分维值分别与城镇周边沟谷线分维值、等高线分维值进行拟合，以提高拟合度为原则，剔除一些偏离拟合线严重的点重新进行拟合。根据各类用地拟合状况进行统计，得到表 4-21，其中详细统计了各个城镇被删除的用地分维值数据点，即与地貌拟合差距较大的点。可以看出：定边城镇用地与地貌的耦合关联性最低，米脂和宜川的用地与地貌耦合关联性最高，甘泉的工业用地与地貌关联性较低，说明此处有重要交通线与工业用地衔接。

样区各类用地与地貌分维值相关系数统计表　　表 4-22

	R 用地	G 用地	M 用地
与等高线分维值相关	-0. 08	-0. 27	-0. 18
与等高线等级相关	0. 26	-0. 45	0. 10
与沟谷线分维值相关	-0. 58	-0. 79	-0. 67
与沟谷线等级相关	-0. 55	-0. 74	-0. 45

对比现状资料可得，定边有 G20 穿城而过，此交通线连接宁夏与山西，是陕北重要的东西向交通轴线。甘泉有 G210 在附近通过，且甘泉地处于陕西省南北最重要的交通轴线上，未来交通区位优势的增强还将对城镇用地布局产生重要的影响。从以上几个城镇的现实情况对比可知，高等级交通线对用地布局的影响很大，尤其对工业用地的布局影响更甚。

将八个城镇用地分维值按用地类型分别进行排列，并根据斯皮尔曼相关系数公式计算其与等高线、沟谷线分维值的相关性，将计算所得数据统计汇总（表 4-22）。比较等级相关系数以及数值相关系数发现，城镇用地与地貌分维值基本呈负相关；相比等高线分维，城镇用地与沟谷线分维的关联度更高，说明城镇内部用地受河谷水系的影响更大。同时，在空间尺度上，城镇内部用地布局不仅受建成区范围内的地貌状况影响，还与更大地域范围内的地形地貌密切相关。

为了进一步揭示分形地貌与城镇用地布局的关系，统计 25 个城镇用地分维与地貌分维的绝对差，并汇总如下（表 4-23）：

地貌与用地分维值差值统计表　　　**表 4-23**

地貌类型	城镇名称	地貌分维值	用地分维值	用地与地貌分维值绝对差
风沙—黄土过渡区	横山	1.1847	1.398	0.2133
	神木	1.0803	1.492	0.4117
	靖边	1.0571	1.614	0.5569
	榆林	1.0241	1.701	0.6769
	定边	1.0019	1.847	0.8451
黄土峁状丘陵沟壑区	吴堡	1.6184	1.543	0.0754
	绥德	1.4458	1.46	0.0142
	子长	1.5634	1.471	0.0924
	府谷	1.4301	1.49	0.0599
	佳县	1.5831	1.56	0.0231
	米脂	1.4694	1.605	0.1356
	清涧	1.6475	1.68	0.0325
	子洲	1.451	1.685	0.234
黄土梁峁状丘陵沟壑区	吴起	1.7687	1.3	0.4687
	延安	1.3553	1.42	0.0647
	志丹	1.6977	1.425	0.2727
	延川	1.6153	1.51	0.1053
	安塞	1.6694	1.669	0.0004
	延长	1.6435	1.713	0.0695
黄土梁状丘陵沟壑区	黄龙	1.8012	1.339	0.4622
	甘泉	1.6341	1.618	0.0161

续表

地貌类型	城镇名称	地貌分维值	用地分维值	用地与地貌分维值绝对差
黄土塬	富县	1.6335	1.449	0.1845
	洛川	1.616	1.489	0.127
	黄陵	1.6519	1.603	0.0489
黄土残塬区	宜川	1.7787	1.535	0.2437

根据“用地—地貌”分维值数据的差值范围，将以上城镇大致分为五类：①“用地—地貌”分维差的绝对值≥0.5的城镇，包含靖边、榆林、定边；②0.5>“用地—地貌”分维差的绝对值≥0.4的城镇，包含神木、吴起、黄龙；③0.4>“用地—地貌”分维差的绝对值≥0.2的城镇，包含横山、子洲、志丹、宜川；④0.2>“用地—地貌”分维差的绝对值≥0.1的城镇，包含米脂、延川、富县、洛川；⑤0.1>“用地—地貌”分维差的绝对值≥0的城镇，包含吴堡、绥德、子长、府谷、佳县、清涧、延安、安塞、延长、甘泉、黄陵。

从上述分类中选取分维绝对差较大的一类(即第一类)进行分析，三个城镇皆属于风沙—黄土过渡区，地貌分维值都小于用地分维值。从所属地貌类型区来看，三个城镇是典型的平原城镇，所处地貌的等高线稀疏且较为简单，表明地貌受水流切割作用较小，趋于平面化，从地貌分维值趋近于1即可看出。从用地形态来看，三个城镇皆属于较集中的团块状形态，用地布局不仅受地貌影响，交通、能源等的吸引也是决定城镇形态的重要因素。

4.4.3 小结

运用线性拟合、相关系数、图表对比等方法分析对比陕北城镇地貌与用地的关联性，可以得出：

(1) 城镇地貌与用地存在微弱的反比关系，说明地貌对城镇用地具有一定的约束作用；

(2) 将城镇用地形态的尺度与地貌复杂度进行对比，二者存在一定的对应关系，即地貌越复杂破碎，城镇用地的尺度越小，反之则越大，这在风沙—黄土过渡区与其他丘陵沟壑区之间表现得十分明显；

(3) 过境交通会提高城镇用地的分维值，改变其与自然地貌分维值此消彼长的趋势；

(4) 城镇内部居住用地、绿地、工业用地三类分项用地，主要受较大地域范围内的地形地貌影响，与样区所在地貌具有高度的分形相关性。

无论是平原城镇，抑或是山地城镇，其用地与边界受地貌因素影响始终较多。在城镇发展过程中，地貌因素对城镇空间布局的影响可能会有所减弱，交通、能源等影响因子的影响作用将会显著加强。

4.5　结论

本章运用数理模型和图形对比两种方法，从城镇体系、城镇个体形态两个层次对陕北城镇与分形地貌的耦合关系进行了对比分析，可以得出以下几个方面：

首先，陕北城镇体系与城镇个体皆耦合于地貌，且二者呈现一些相似的规律：

（1）城镇分布受限于河流等级，且河流等级越高，城镇等级、规模越大；

（2）当城镇发展至一定规模时，河流网密度限制城镇发展；

（3）城镇的原始选址及建设与地貌关系最为紧密，且随着城镇体系和个体的发展扩张，这种关系随之减弱。

其次，较城镇个体而言，陕北城镇体系居民点分布与分形地貌的耦合相关度更高：

（1）依托于自然而发展的农业主导型居民点与地貌耦合度最高，且行政网络级别越低越耦合于地貌；

（2）道路网等级与河流等级正相关，且等级越低与地貌耦合度越高；

（3）城镇体系与地貌耦合度受地质特征影响，表现为黄土塬区和风沙—黄土过渡区内居民点分布与分形地貌的关联度较低。

再次，城镇个体与分形地貌的耦合关系受很多因素影响：

（1）城镇个体与分形地貌的耦合关系受交通、能源等因子影响较大，而城镇体系则相对受影响较弱；

（2）城镇个体受交通因素影响其分维值会增大；

（3）城镇规模越大、等级越高，受地貌以外的因素影响越高。

最后，城镇个体内部用地呈现出与城镇体系相似度极高的耦合特征：

（1）区别于城镇形态，城镇内部用地与城镇内部地貌等高线相关度不高，但却耦合于周边地貌；

（2）当地貌越破碎复杂，城镇等级越低，城镇用地越破碎，这说明分形地貌的尺度影响着城镇尺度。

以上几个方面分别总结了陕北城镇体系和城镇个体与分形地貌耦合关系的异同，这些结论对将来城市的发展方式以及最终将达到的目标可起到一定的预判作用，并指导城镇体系、用地构成、边界形态向和谐于城市所在自然地貌的方向发展。

第5章

城镇空间形态发展适宜模式

耦合于分形地貌的陕北

基于前文有关分形地貌与城镇空间形态的耦合研究结论，本章将从现状分形特征及其所反映的问题与趋势出发，结合分形数理模型，分别探讨陕北城镇体系空间结构和典型城镇空间形态的适宜模式。

5.1 总体原则

因地形地貌以及自然资源的特殊性，陕北城镇空间发展一直以河谷用地为主，加之近年来陕北能源的开发利用、产业扩张和城市扩张的双重压力，令河谷川地的生态环境屡遭破坏。面对生态环境修复与城镇空间发展的矛盾，探讨与自然地貌和谐的城镇空间发展模式十分必要，并应遵循以下原则。

5.1.1 顺应分形地貌

陕北地形起伏、沟壑密布，具有明显的枝状分形特征，也成为人居环境发展的重要制约条件，适宜的人居环境在空间形态和分维数据上应该与分形特征保持一致或相近，从而减少人居环境与地貌形态的冲突，减少城乡建设对自然环境的扰动。

5.1.2 合理利用河谷川地

黄河一级支流河谷川道是陕北自然生态条件相对优越的地区，拥有水体、湿地、山体等多种景观类型，也是优良耕地的汇集之地。因此，城镇发展应当尽量少占用河谷川地。必要的川道建设利用应该紧凑集约，并有必要的生态隔离带，从而减少城镇发展对川道的生态压力。

5.1.3 张弛有度的空间形态

在尽量减少城镇用地在川道扩张的情况下，城镇用地应该向周边小流域沟道发展，并且坚持尽量向坡地发展的原则。总体用地形态与枝状分形地貌相一致，改变城镇空间仅仅在主川道内单一带状发展的状态，形成主川道城镇用地紧凑发展，用地向周边沟道如同树枝向外伸展的拓张格局，总体形态张弛有度，疏密相间。同时，对枝状延伸的周边城镇空间进行必要的交通与功能空间联通，强化整体枝状空间结构的网络特征。

5.1.4　层级明确的空间等级

分形的城镇空间规模及其分布在等级上应该具有一定连续性，从而保证区域内城镇间的协同发展和对资源的合理利用。陕北分形地貌中的河谷等级为城镇的等级分布提供了先天的资源条件，不同等级的河谷代表着不同位序的资源。主河谷、次河谷及小流域内发育的城乡聚落受其所在地貌的综合资源约束，自然成长为与资源、河谷等级相对应的规模等级，这是人工系统与自然系统自组织相互和谐的结果。主河谷地区城镇空间的聚集效应和小流域内聚落空间的疏解作用，为整个陕北地区提供了必要的人居聚集和疏散途径。这样的城乡聚落分布使得人居环境呈现多样化的发展趋势，有利于形成主次分明、等级明确的城镇体系，也有利于维护城镇聚落所在地域内的不同生境类型，从而更好地适应生态环境。

5.1.5　分形连通的交通网络

强化具有分形特征的城镇交通网络。在陕北城镇体系发展中，应遵循分形地貌的尺度层级特征，在现有交通体系基础上，进一步强化区域性大尺度、城镇内中尺度、小流域微尺度的整体枝状交通体系，同时进行不同等级道路的必要连通，从而使交通体系具有网络效应。依据分形结构体的形态特征，规划较少的大尺度道路、较多的中尺度道路、最多的小尺度道路，增加主河谷和小流域的路网密度，形成类似人体血管组织的网络形态，从而提高城镇及流域内聚落的高效连通性。

5.2　分形耦合模型构建

陕北城镇空间与分形地貌相耦合的适宜模式从数理模型和形态模式两个方面进行构建和相互校验。数理模型的详细构建过程见本书的补充篇《河谷聚落之分形——理论模型与现实途径》，这里仅作简单介绍。

5.2.1　适应于分形地貌的城镇空间形态指标构建

目前国内外研究中，用以描述城镇空间形态分形的指标主要有土地分布维数、用地边界维数、道路交通网维数、人口与经济分布的豪斯道夫维数等，且多以单变量为主，系统构建城镇空间形态分形指标的研究尚未全面展开。借鉴国际生态城市指标体系构建[53~55]，以分形城市理论和城乡规划理论为主要依据，本课题尝试提出适应于地貌的分形城市指标体系，主要包含5类指标体系和20个具体指标(表5-1)，通过城镇的不同类别指标与地貌的不同要素分维进行对比耦合，从而判断城镇空间形态的分形耦合度及形态调试方向或维数调试区间。

城镇空间形态分形指标体系 表5-1

指标类型	具体指标	备注
城镇体系分形指标	城镇体系空间结构集聚分维	该类指标宜与城镇体系所处区域地貌的分维进行耦合比较
	城镇体系空间结构关联分维	
城镇用地形态分形指标	用地边界形态分维	该类指标宜与城镇所处地貌各类表征要素的分维及分形图式进行耦合比较，包括地貌(地表)维数、等高线维数、沟网维数、水系分布维数等
	用地边界分形图式	
	用地斑块网格分维	
	用地斑块半径分维	
	用地斑块分形图式	
城镇用地构成分形指标	居住用地分维	该类指标除了与城镇所处地貌的各类分维进行比较，还应与城镇总体用地分维比较，且理论上应满足“整体分维大于局部分维”的包容原理
	工业用地分维	
	城市绿地分维	
	道路用地分维	
	商业用地分维	
	公共服务公共管理用地分维	
	城市空隙地分维	
城镇三维空间分形指标	城镇整体天际线分维	该类指标宜与对应的山水地貌分维进行耦合比较，如山脊线分维等
	重要街区天际线分维	
社会文化分形指标	人口分维	该类指标除了与地貌分维比较，还应根据城镇规模、主导功能、发展方向及目标等进行经验判断并提出适宜的指标区间
	经济分维	
	文化分维	
	产业分维	

限于研究的广度和深度，以上指标体系对于构建适应分形地貌的理想城镇空间形态尚不全面，有待后续研究继续细化和完善。同时，由于不同地貌类型下的城镇空间形态，其适宜的分形维数也随之不同，因此该指标体系难以简单地对各类指标提出量化标准，在具体类型城镇研究和实践中，可根据实际情况对该指标体系进行增补或删减，并为对应指标提出具体量化区间。

5.2.2 城镇分形耦合数理模型

基于多角度、多因子的模型构建原则，本节推导城镇分形耦合数理模型将从复合维数合成与适宜形态推导两方面展开。复合维数合成主要考虑外部地貌因素和内部人口因素，借鉴物理及数学相关理论，采用分维数合成的方法，得到适宜的城市分维。适宜形态模式则是从现有城市规划理论出发，分析地形地貌、自然水文等条件，在适宜建设区根据规划预判城镇未来发展形态，并利用分形维数测算验证城镇适宜形态的合理性。因此，城镇分形模型的建立实则是以上两种路径的相互验证和相互补充，据此可以得到城镇适宜形态的分维值选项或区间以及相应的形态模式，作为具体规划工作中的参考。

（1）“地貌—人口”的复合维数合成模型

对于陕北地区城镇体系，先考虑地貌形态和人口分布的耦合。按照维数合成方法[56~58]，对陕北地区地貌形态的等高线分维数和人口分布的位序——规模分维数进行二维合成。为了简化合成模型，假设地貌分布分量和人口分布分量垂直，则维数合成公式可简化为：

$$D=\sqrt{d_{FDC}^2+d_f^2} \tag{5-1}$$

上述公式中 d_{FDC} 为地貌分维，d_f 为人口规模分维。根据上式可算出合成维数 D，即城镇体系空间结构分维数。而城镇形态分维数和城镇体系空间结构分维数在理论上趋于相等[58]，因此合成维数也可以表征城镇形态分维。

（2）形态分维推导

如果将上述维数合成模型得出的分维结果作为城镇理想分形的目标路径 A，则从形态角度出发确定城镇理想分形可被看作目标路径 B。形态分维推导的基本思想是从传统规划角度出发，以地形地貌的适应性或自然生态基质的敏感性作为依据，结合城镇空间形态的发展方向、发展模式（如延河带状模式、组团模式、跳跃式串珠模式、枝状模式等）等预判，对城镇空间未来发展的理想形态或底线形态进行初步勾勒。借助 GIS 平台，对该目标形态进行用地分维及边界分维的测算，作为数理指导。

结合上述维数合成模型与形态推导模型，对一个城镇的未来空间形态分形维数测算将得到两个不完全相同的值（如分维数 a、b），这些分维数代表不同角度、不同考量因素下的城镇适宜形态。因此，规划可以将分维数集合 $\{a, b\}$ 共同作为城镇未来形态的目标，也可以根据数值确定合适的分维区间 $[a, b]$（假设 $a<b$）作为城镇未来形态的参考范围。

5.2.3 城镇分形耦合形态模式

以米脂县城为例。首先，通过数理模型计算复合维数方法下的米脂城市理想分维，需要地貌、人口两类分维数据。需要说明的是，本节借助米脂县域各乡镇人口规模数据计算所得米脂县城镇体系理想分维数，该分维数在理论上与米脂县城市形态的分维相近，因此用作形态理想分维。其次，结合城镇现状问题及主要制约条件等，主要依据现有城市规划理论和方法得出适应分形地貌的形态模式。最后，根据数理和形态两种路径推导下的城镇分维模式，调试和选择出城镇形态理想分维及其对应的分形形态。

在数理模型应用中，地貌分维数据可从第二章直接提取，对于人口的分维测算，拟采用以下方法进行：

参考城镇体系采用的“位序—人口”以及“位序—经济”的分维计算方法。以人口分维计算为例：设定乡镇位序为因子 r，人口规模为因子 P，将最大规模人口的乡镇位序列为 1，第二大规模人口的乡镇位序列为 2，以此类推成列置于表中，同时，将对应于位序的乡镇人口规模也成列置于表中，分别对两列因子取对数并进行线性拟合，即得到米脂人口分维数(表 5-2、图 5-1)。将上述两个分维数值代入“地貌—人口”复合维数合成公式，即得到米脂适宜分形维数(表 5-3)。

米脂乡镇人口规模位序统计表　　表 5-2

乡镇位序(r)	人口规模(P)	Ln(r)	Ln(P)
1	5. 47	0	1. 69927862
2	2. 47	0. 6931472	0. 90421815
3	1. 80	1. 0986123	0. 58778666
4	1. 70	1. 3862944	0. 53062825
5	1. 56	1. 6094379	0. 44468582
6	1. 55	1. 7917595	0. 43502391
7	1. 38	1. 9459101	0. 31932608
8	1. 37	2. 0794415	0. 31217954
9	1. 15	2. 1972246	0. 13706265
10	1. 13	2. 3025851	0. 12097793

数据来源：《米脂年鉴 2013》。

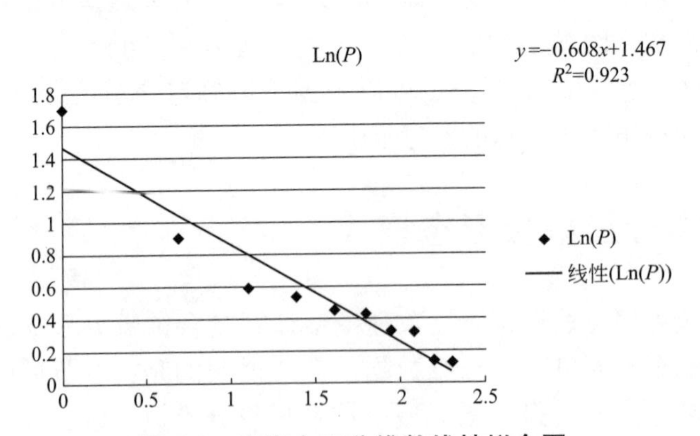

图 5-1　米脂人口分维数线性拟合图

米脂分维合成　　表 5-3

项目	地貌分维($D1$)	人口分维($D2$)	合成分维值
数值	1. 47	0. 61	1. 59

米脂县城分形形态模式通过以下步骤获得：第一步：依据米脂县城所在地貌的地形数据进行地貌空间分析，对不同类型的沟谷用地及水系绿地等生态空间进行划分，包括开敞沟谷空间（沟谷底部较平缓，河道两侧较宽）、一般沟谷空间（沟谷底部相对狭窄）、狭窄沟谷空间（沟谷底部狭窄，两侧坡度大）、河川生态空间（河流两侧宽阔，形成宽敞川道空间）、河流水系以及背景生态绿地。第二步：结合第三章对米脂县城镇现状问题及制约条件的分析，不同类型的沟谷空间所能承载的人居建设量不同，因此城镇建设用地主要选择在开敞沟谷空间与一般沟谷空间两侧的坡地。川道农田等生态空间、河流水系以及重要山体绿地作为生态修复空间，尽量避免人居建设干扰。总体形态应该保持与分形地貌相适应的枝状网络。第三步：提取上述条件初步筛选得出的米脂县城建设用地形态（图 5-2），进而借助 GIS 技术，采用网格法计算得出分维值作为校验的依据（表 5-4、图 5-3）。

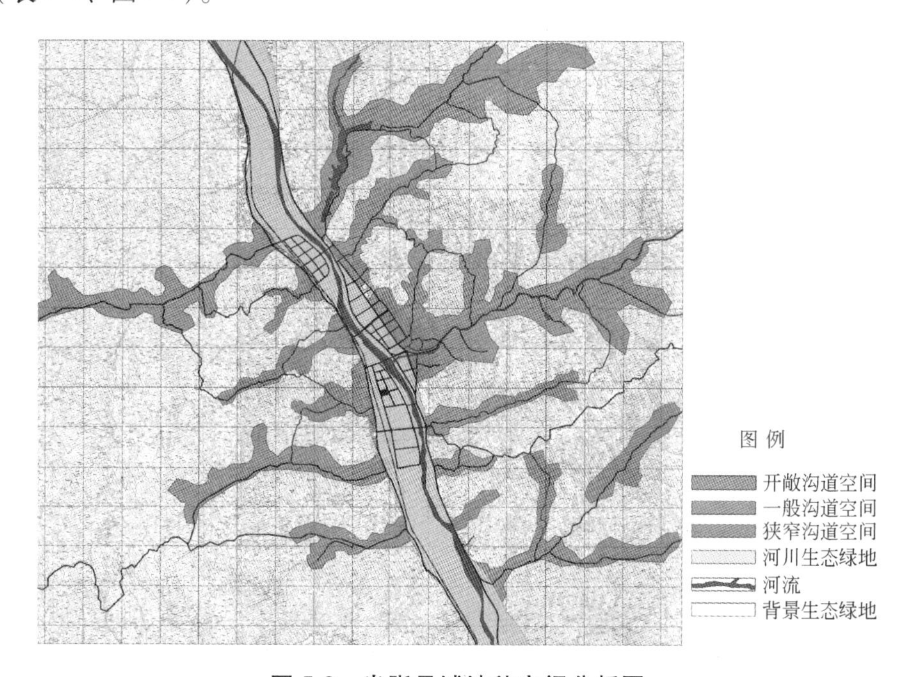

图 5-2　米脂县城地貌空间分析图

（来源：周庆华．黄土高原·河谷中的聚落［M］．北京：中国建筑工业出版社，2009）

不同网格尺度下米脂县城市建设用地所占网格统计表　　表 5-4

网格尺度 r	非空网格 $N(r)$	$\mathrm{Ln}(r)$	$\mathrm{Ln}(N(r))$
2	6028	0.693147	8.704171
4	1898	1.386294	7.548556
8	676	2.079442	6.516193
16	243	2.772589	5.493061
32	90	3.465736	4.49981

续表

网格尺度 r	非空网格 $N(r)$	$\mathrm{Ln}(r)$	$\mathrm{Ln}(N(r))$
64	36	4.158883	3.583519
128	11	4.85203	2.397895
256	4	5.545177	1.386294
512	1	6.238325	0

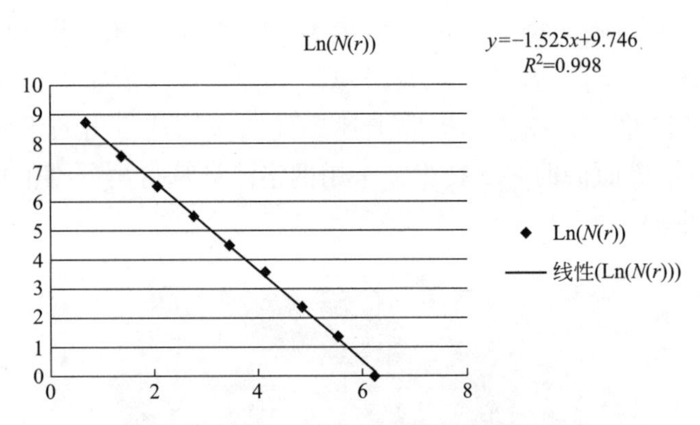

图 5-3　米脂县城用地分维数线性拟合图

比较结果可知，两种路径所得分维值差距不大，在某种程度上验证了模型的可行性。通过以上方法，遵循前文总体原则，得出了适应分形地貌的米脂县城适宜空间形态，这一形态不仅考虑了现有城市规划理论方法体系内城镇空间形态的相关要素，同时得到了分形理论参与下相关数值的基本支持。因此，这一形态模式更加适应陕北地貌条件下城镇空间发展的多方面要求。需要说明的是，此处以米脂为例的探讨，旨在应用和验证理论模型的方法，对城镇适宜形态的提出较为粗略，深入研究和论证将在后续章节具体展开。

5.3　目标导向下的城镇形态与地貌的分形耦合调控

上述“城镇空间形态分形指标构建”与“分形耦合模型构建”两部分主要是基于现状数据对城镇未来空间形态预测理想分形目标。在具体规划应用中，还应该在该目标导向下，结合现状等要素进行多方面深入分析与展开，从而得出具体规划方案所需要的相关条件。首先，判定现状城镇形态与地貌是否耦合，即“耦合关系识别”；其次，根据耦合度高低对二者耦合关系进行分类，得到不同类型的“耦合象限区”；最后，针对不同的耦合象限区分别提出指导性的调控建议，从而保证城镇空间形态发展与分形地貌之间的耦合关系得到提升。

5.3.1 耦合关系识别

不同城镇与所在区域地貌的现状耦合程度及特征不尽相同，需要根据对现状耦合状态的判断决定调控的目标、力度以及适宜方式。因此，对于城镇与地貌的现状耦合关系进行识别是较为关键的一环。

如果将地形地貌的生态特性看作是敏感性，城市形态的发展看作是应对能力，那么就可以划分出高敏感—高应对、高敏感—低应对、低敏感—低应对、低敏感—高应对四种组合方式。相应地，根据两者之间的结果，按照坐标系可以划分为第一象限是耦合协调区、第二和第三象限是一般协调区、第四象限是冲突区（图 5-4）。

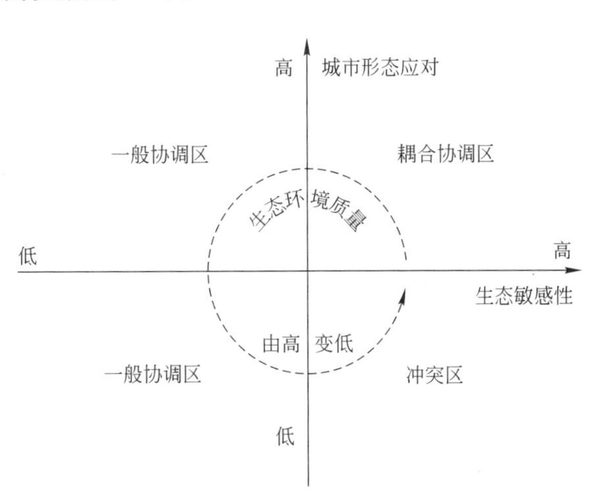

图 5-4　城市形态与地貌耦合关系识别

耦合状态作为城市形态与生态敏感性相互作用的结果，针对其作用关系应重点关注生态敏感性较高情况下的城市形态应对，这直接影响生态环境的质量。同时，应对能力既包括城市边界的形态，也包括城市用地分布和集聚形态。因此，城市形态的应对能力也密切影响着城市社会效益和经济效益。

5.3.2 耦合关系调控

根据上述耦合关系识别的方法，可以得到处于不同象限区的城市对象，针对不同对象制定针对性的调控原则及建议。

（1）强化耦合协调区

耦合协调区主要指，针对生态敏感性高的地貌，城市形态应对能力较强，与地貌相互适应。对于城市边缘区的处理，其增长边界往往顺应生态环境边界，不对自然生态造成破坏，同时又耦合于地形地貌。这样的发展方式下，弯曲的边界比平直边界的生态效益更高[59]。

应对于河流边界，预留一定距离的缓冲区，在缓冲区内进行绿化种植，对河流堤岸采用生态型做法，沿岸边组织低等级道路、市民活动休闲场所，形成集生态保护、景观展示、娱乐休闲为一体的多功能游憩带。

应对于山体边界，城市形态边界复杂度宜符合自然边界。现代城镇的欧氏几何边界往往远离山地地形，造成城镇边界与山体之间的建设空白，导致建设用地与地貌形态冲突，利用低效。除了在平面形态上相互适应之外，建设用地的功能和建设方式也应该符合山地特征。山地条件下的生态敏感性和脆弱性要求城市建设应该以绿色方式进行，尽量减少高层建设，控制建筑体量，借鉴传统聚落经验，通过低层高密度的台地建筑形式，可以获取多方面控制要素的平衡[60]。对于少数上塬建城的城镇，其台塬边界对城镇用地边界更为重要，不仅要从建筑体量控制、顺应山势布置等方面引导建设方式，还应结合河流边界的经验，预留缓冲区进行绿化种植，以期形成与台塬边界融合的城镇空间边界形态。

山地城镇空间形态结构受制于地形地貌，高耦合度要求城镇中心克服地形束缚，与内部各个片区有良好的交通联系。陕北大部分山地城镇都属于单中心结构，因此，合理的蔓延、良好的交通就成为耦合度判断的重要指标。

除此之外，耦合协调的城市形态还应在城市设计控制与引导方面做到三维空间形态与山水格局的吻合。在建筑高度、天际轮廓线等方面与山势协调，建筑形式与色彩则应反映出黄土高原的景观特色，建筑材料的选择也应该借鉴国内外先进的生土建造技术，结合黄土高原传统窑洞建造经验，积极开展新型生土建筑材料研究，探索黄土高原地域城镇建筑景观的新途径。

（2）维护一般协调区

一般协调区包括应对生态敏感性能力较低的城市形态。城市形态应对能力高者的耦合性必然大于应对能力较低者，但两者的耦合度相差并不大。对于一般协调区的城镇，无论是地形、山体、河流还是农田边界，城镇边界在发展过程中都应与之协调，避免城镇边界与自然环境形态的冲突。城镇用地以枝状形态与地貌形态相互叠加渗透，形成相互融合的和谐状态。这样的边界既适应自然环境条件，又形成了富有地域特征的城镇空间景观形象。

（3）控制调整冲突区

冲突区是指针对高生态敏感性地段的低应对能力的城市形态，此类城市形态与地形地貌的矛盾最为突出，是城乡规划最应关注和干预的地段。对于生态环境脆弱的陕北黄土高原而言，许多片面追求短期利益的城市建设行为往往给生态环境带来难以修复的破坏，引发较高的生态安全隐患。因此，与生态红线、地质安全、自然景观等相冲突的建设行为，在当下及未来城镇发展中应该着力避免。

依据上述研究，对适应于分形地貌的陕北城镇空间具体形态模式从宏观、中观、微观层面分别进行讨论。

5.4　宏观——陕北城镇体系空间发展适宜模式

根据前述章节对陕北城镇体系的现状分形特征总结，应用分形耦合模型及相关规划理论，从分形维数和分形形态两方面构建陕北城镇体系空间发展适宜模式。

5.4.1　城镇体系分形特征及发展趋势

根据前述章节分析，陕北城镇体系由历史演化至今，呈现出以下几个明显的分形特征：①城镇规模结构由首位城镇垄断走向城镇体系发育、成熟。由两汉至隋唐，陕北地区中间位序的城镇得以发展，规模结构分维数达到 0.56；至 2012 年，榆林、延安两市的等级规模分维值均大于 1，表明中间位序城镇较多，城镇体系分布较为均衡。②城镇空间集聚特征在分维上表现为中心向四周密度递减，在空间上表现为从单核到点轴集聚。从西汉至东汉，漩涡离心式的集聚空间结构逐渐转向北重南轻的结构；及至唐宋，形成了以延安、榆林为核心，整体“T”字形，核心“Y”字形的发展格局。③城镇空间关联度逐渐加强。西汉至明清时期，陕北城镇空间关联维数从 0.5 增长至 1.0；及至 2012 年，陕北城镇空间关联维数保持在 0.9 左右，可见其空间关联性持续增强。同时，影响其关联分布的主要要素从直道、长城等军事政治因素，逐渐转向河谷等自然要素。

以上分形特征反映出陕北城镇体系在未来发展中可能具有如下趋势：①现状城镇主要分布于河谷川道沿线，因此，以河谷为轴带的城镇体系空间格局，具有进一步发展的趋势。同时，延安和榆林已初步形成较好的交通网络，各城镇之间区域经济协作的基础设施条件逐步完善。②现状城镇体系空间分布从中心向四周密度递减，城镇体系呈现集聚分布状态。历史上的陕北通过自组织演化形成的大区域城镇中心（榆林、延安），从集聚维数上看具备成为区域经济增长极的条件。③在榆林、延安发育为增长极的同时，位于城镇体系内中间序列的小城镇，在一定条件下可能发展为新的、等级再分化的城市组团，在空间上进入跳跃式发展阶段。④继跳跃式发展之后，新的城市组团与两大城市增长极（榆林、延安），以及新的城市组团之间，可能出现嵌缀式的用地填充，从而将各个城镇组团拉结联通。

5.4.2　城镇体系空间结构适宜分形维数探讨

针对城镇空间发展结构，采用分形耦合模型测算陕北城镇空间结构的理想分维，根据理想分维值所代表的城镇空间结构内涵，尝试提出城镇体系分形模式示意图。

根据 2000 ~2011 年的人口及经济数据，采用位序—规模法计算得出陕北城镇体系历年来人口和经济的 Hausdorff 维数。提取第二章对于陕北整体地貌的分维计算结果，将地貌、人口进行二维合成，取历年平均数值，得到陕北城镇体系空间结构的理想分维：1.63(表 5-5)。根据分形包容原理(人居聚落空间形态分维理论上不应大于所处地貌分维)，合成维数 1.63 作为理想值略偏大，因此选择地貌分维与合成分维所在区间［1.58-1.63］作为陕北城镇体系空间结构的适宜分维区间。

2000~2011 年陕北城镇体系合成分维统计 **表 5-5**

年份	人口分维	地貌分维	合成分维
2000	1.56	1.58	1.57
2001	1.72	1.58	1.65
2002	1.55	1.58	1.57
2003	1.93	1.58	1.76
2004	1.63	1.58	1.6
2005	1.65	1.58	1.62
2006	1.64	1.58	1.61
2007	1.7	1.58	1.64
2008	1.72	1.58	1.65
2009	1.76	1.58	1.67
2010	1.64	1.58	1.61
2011	1.65	1.58	1.62
平均值	1.68	1.58	1.63

借鉴城乡聚落体系结构的随机 Sierpinski 模型[61]，在上述理想分维区间分别选取上限值 1.63、下限值 1.58 以及中间值 1.60 作为城镇体系的适宜分维，则有：①当 $D=1.63$ 时，近似于生成数为 6、相似比为 1/3 的城镇体系模型；②当 $D=1.58$ 时，近似于生成数为 3、相似比为 1/2 的城镇体系模型；③当 $D=1.60$ 时，则城镇体系模型的生成数和相似比介于前两者之间。以上分维理论模型均可作为陕北城镇体系的适宜分维进行深入讨论，此处选择 $D=1.58$ 为例进行陕北城镇体系空间结构的模式探讨。该模型所反映的城镇结构序列为｛3^1，3^2，3^4，3^8……｝，结合陕北城镇体系已形成第一等级城市(榆林、延安)的现状，将上述序列等比缩放后调整为｛2，6，18，162，13122……｝，即陕北城镇体系中第一等级的城镇为 2 个(榆林、延安)，第二等级的城镇为 6 个，第三层级的城镇为 18 个，第四等级的乡镇为 162 个，以此类推至小流域内的村落等级序列(图 5-5)。

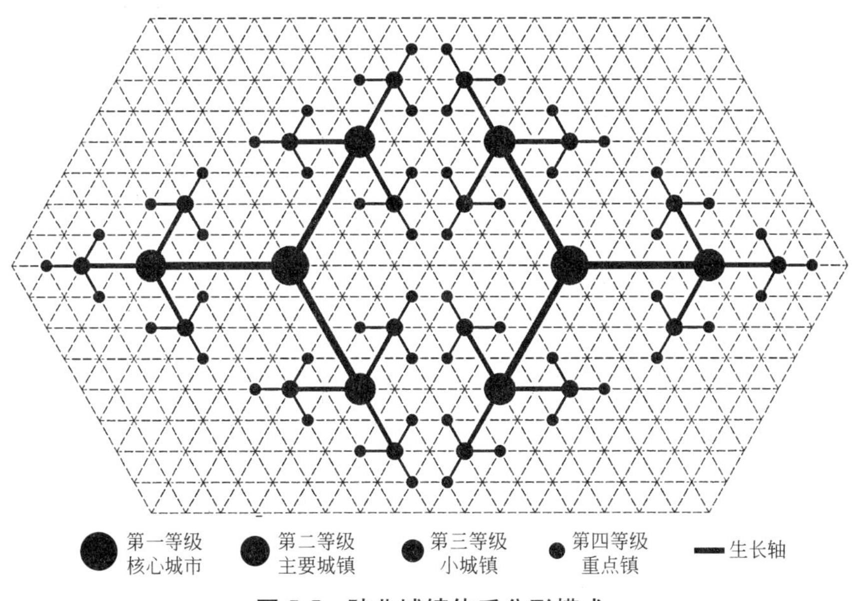

图 5-5　陕北城镇体系分形模式

5.4.3　城镇体系空间结构适宜分形形态探讨

这里所说的宏观城镇体系空间结构是指陕北人居环境以城镇、乡村、工矿、交通、耕地、草场、自然生态环境等为主要构成要素，在整个陕北地区空间层面上形成的主体布局方式和形态格局。陕北城镇体系的空间结构演变从历程上可以分为：①以延安、榆林两地为核心呈增长极的点状极化阶段(城市间经济联系较弱，核心城市对周边地区产生较大的集聚效应)；②沿交通走廊的轴向扩展阶段(沿主要河谷、交通走廊，形成“Y”形经济带、城镇带)；③网络化的区域一体化阶段。陕北人居空间结构正处于中级阶段向高级阶段演进中，地域整体经济实力不断增强，区域产业一体化、市场一体化、设施一体化进程加快，人居空间逐渐向枝状网络化发展，依据现有分形河谷空间、城市经济联系主要方向、交通轴线建设、城镇空间布局特征，从集中化角度优化资源配置，构建南北向城镇主要聚合“Y”形脉络，并在“Y”轴上不断向支沟发展，形成次聚合脉络、支沟进一步不断向支毛沟发展、末端连接的网络化发展态势。

(1) 以“Y”为分形元的分形等级结构

陕北河谷沟壑体系是人居环境的主要分布区域，也是城镇体系空间结构主要依附的载体。从宏观层面，陕北城镇空间结构也相应构成了枝状发散结构，伴随着枝状水系，如同树木一般生长，总体呈现“Y”形特征。“Y”形结构主要由无定河体系、延河体系、洛河体系三大一级支流空间体系构成，这三大体系由南向北贯通陕北黄土高原的交通主干道串联体系，并与关中连接；而次一级中观枝状结构则由生长于“Y”形主干上的二级、三级支流空间构成。陕北的各级城镇和乡村则如同枝干上的大、中、小果实，分布于这一完整树枝系统的干、次干和千百条细枝上，组成了陕北人居环境结构清晰、秩序井然的空间结构形态系统，也相应地产生了突出的枝状特征。

“Y”形的主干是由南向北的人居环境空间轴，集中有延安、黄陵、富县、甘泉、延川、清涧、绥德、米脂、榆林等9个县市，这条主干既是陕北南北向交通的主轴，又是串联陕北洛河、延河、清涧河、无定河等几大主要河流干流河谷的空间主轴，其核心原因是河流交汇处易于促使城镇聚落生成。“Y”形枝干由延安北行有两个方向分枝：西北方向经延河、周河、西川河、杏子河等河谷串接志丹、吴起两县，东北方向经无定河谷通道从横山的东端绕过横山，串联定边、靖边、横山三县。在上述宏观“Y”形骨架的基础上，衍生出次级分枝结构，即洛河、延河流域上游的城镇分布格局也呈“Y”字形态，该格局内的城镇包括子长、子洲、佳县、吴堡、安塞、神木、府谷、定边、宜川、黄龙等10个县。陕北主要的市县镇均集中分布于上述两个层级迭代下的“Y”形人居空间格局内，再下一层级的居民点依旧呈“Y”形枝状依附于上两级，依此类推，逐渐丰富了陕北人居空间的树形结构体系（图5-6）。

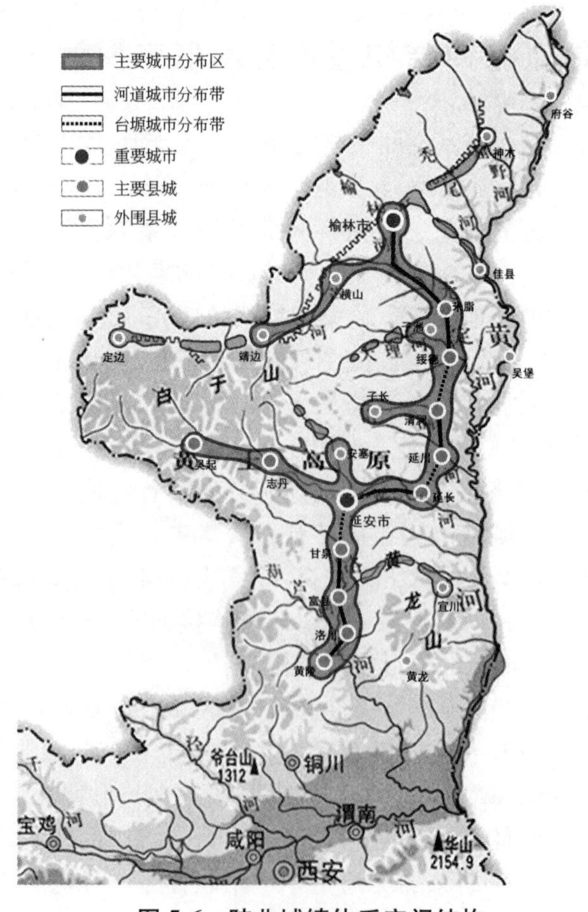

图5-6　陕北城镇体系空间结构

（2）空间递阶的点轴扩张

在陕北黄土高原，无论是模式的使用条件，还是自然生态环境的制约，由带有增长极作用的榆林、延安中心城市作为发展点，进而带动发展轴，应该是现实的必然选择，这将对陕北城镇空间分布结构产生直接的影响。各个等级河谷空间上的点都具有带动其所在轴发展的功能特性，如某一县城正是其所在河谷及所属小流域的能量汇聚中心，也是带动该地区发展轴的中心。因此，点轴结构的作用可以体现在整个陕北黄土高原人居环境枝状空间结构体系中。

宏观城镇体系空间内每一个中心极核的规模决定了其所控制的开敞地域范围的大小；当中心极核自身规模扩大时，首先把外围组团合并，同时回填早已被控制的两个城市团块间的开敞区域，形成更高一级的中心极核；并且，将其控制区域扩展到更大的开敞空间范围中。这一过程在一定范围内不断循环，直至城镇发展受到自然地形等生态条件的限制或发展到其空间极限规模。考虑到生态安全与稳定，应该对城市扩展过程进行有效合理的控制和引导。例如，在中心极核不断扩展的过程中，应该保持永久开敞空间及生态廊道；在城市空间扩展达到一定规模之后，外围组团应保持独立，使城市整体发展过程处于生态承载力范围内。

在这样一个前提下，陕北区域层面上的“Y”形河谷体系中，延安、绥德、洛川等城市均有可能在自身动力推动下，在一级河谷干流川道空间中呈现递阶扩张发展状态，一般以合适距离外的某一人居斑块为基础，作为跳跃式扩张中新的城市组团，从而在一级河谷“Y”形整体层面上形成城镇之间的串珠状连接和呼应，进而形成一级河谷宏观城镇分布带。同时注重生态廊道的建设，使城市人工版块与自然环境、农田、林地等形成交错关系，利于不同递阶发展状态下的城市生态获得新的稳态平衡，这些绿色开敞空间设置在流域交汇点、景观边缘等各类生态敏感点和其他需要保护的自然生态区域内，从而使生态结构中的关键部位得到整体保护。

（3）注重小流域腹地建设

在陕北地区，城镇地貌一个突出的特征是城镇建成区内外垂直于主河道的小流域沟道众多，这些小流域与城镇所在的干流河谷紧密相邻，成为河谷城镇富有特色的空间构成，作为城镇体系空间的腹地而存在。目前这些邻近或远离城镇空间的小流域多为乡村形态，且与城市整体结构关系松散。于是，一方面是城市建设用地紧张，城镇化的趋势使得城镇用地难以控制地向河谷川地侵占；另一方面却是小流域乡村与城市环境几乎没有联系，缺少有机的整合与有效的利用，造成了空间的浪费。

在陕北城镇功能主体只能沿主要河谷发展的这一客观现实基础上，我们可以引导城镇向周边不同等级的小流域发展，从而导出新的发展方向和发展路径，为这种具有线性生长特征的结构探寻更为合理、适宜于生态的空间生长轨迹。这一引导过程如同在一个方向上生长的树干被修剪为向四周较为均匀的生长枝干，即在微观层面上把带形枝状结构引导为团块枝状结构，从而形成枝状结构中的网络特征。这一途径的核心就是使城镇周边小流域与城镇主体构成紧密的结构关系，并且使小流域空间职能更加多样化，如具有新意义的乡村职能、具有生态意义的城镇住区职能、具有疏解与疏通意义的交通职能等。

(4) 末梢连通的“Y”形衍生网状模式

区域空间走向网状形态是陕北区域空间结构演化的必然趋势，网络化是空间演化的必经之路。城市和乡村共同构建一个相互融合、相互包含的动态弹性空间。

基于陕北特殊的分形地貌，人居体系内城市与乡村、城市与区域是一种相互融合、相互包含的动态弹性空间。城镇空间末梢连接成网，实质上是一种多极化的功能分布模式，强调城镇与外部空间环境的互动，注重城镇、乡村之间的功能流通，末梢连通的“Y”形网状模式，不仅使重要的自然环境得到很好的保护，同时也避免了城镇建设在河谷川道地区无限制蔓延的状态。因此，建构空间发展网状体系是当前陕北区域城乡空间结构演化、整合、重构及优化发展的主要脉络。

5.5 中观——重点城镇空间形态适宜模式

5.5.1 城镇空间形态分形特征及现状问题

陕北城镇多在河谷交汇处及川道内发育并生长，因此，城镇用地形态随地貌逐渐显现出较为明确的枝状及带状形态。据第四章分析来看，陕北城镇空间形态在分形图形上与自然地貌具有一定的形态相似性，在分形维数上与地貌分维基本呈负相关特征，总体表明：现状陕北城镇空间形态与自然地貌具有一定分形耦合关系，但少数受能源、交通等因素影响较大的城镇与地貌的分形耦合度较弱。原因在于，随着城镇空间不断向外延展，枝状河谷生态用地越来越受到威胁，填充式的城镇空间发展模式对自然地貌及河谷生态平衡产生了负面影响，而受到破坏的自然地貌又反作用于城镇，导致城镇在发展过程中面临诸多障碍和现实困境。

(1) 城镇空间扩张与生态环境保护的矛盾性

城镇规模的大肆扩张使陕北黄土高原生态环境面临着前所未有的压力。陕北黄土高原生态本底脆弱，环境承载力低，抗人为干扰能力较差，一旦被破坏则很难恢复。陕北城镇经济的发展促使小流域剩余劳动力大量涌向城镇，使得大的城镇越来越膨胀，小的村镇聚落则慢慢收缩、减少甚至消亡。城乡空间格局的这一变化暗示着人居环境与自然环境在规模、范围和空间形态上的巨大冲突与矛盾。

以榆林市米脂县为例，其因“地有流金河，沃壤宜粟，米汁如脂”而得名，农业生产条件好，2000 年以前，经济一直以农业为主，是典型的农业县。2000 年以后，随着陕北能源基地的建设及岩盐资源的开发利用，米脂县经济发展迅速，但化工产业的迅速崛起、资源的过度开发以及人口的高度聚集，导致水源污染、植被破坏、水土流失等一系列问题，区域生态建设和环境保护愈发困难。

（2）地貌约束下沟壑区城镇空间发展的有限性

陕北地区日益壮大的经济规模与人口流动需要与之相匹配的更大规模、更高质量的城镇空间来承载。但黄土高原丘陵沟壑区脆弱的生态环境与紧缺的土地资源使城镇建设面临巨大挑战。陕北黄土高原丘陵沟壑地貌是陕北地区人口、产业和城镇发展布局的地理基础。黄土高原丘陵沟壑区大量河谷沟道之间的地表结构称为沟间地，其包括梁、峁等特殊地形地貌，属于人居环境不适宜且难以利用的区域。沟壑地貌这一特征在客观上限定了城镇发展的空间格局与建设规模，对城镇人口的聚集、产业的分布以及城镇形态的扩展都产生了极大的制约性。

米脂全县大部分为黄土丘陵沟壑地貌，县城中心位于无定河河谷中，但无定河谷地面积仅有 $24km^2$，占全县总面积的 1.94%，土地资源极为有限。即使将县域内所有较平坦的河谷、沟道等适宜建设的区域都作为城镇建设用地来开发，可开发建设用地总量也难以超过 $40km^2$。况且，建设用地的有限增长是以占用大量良田为代价的，这进一步加剧了城镇建设和农业争地的矛盾。

（3）河谷带状无限蔓延的危害性

用地拓展与空间不足的矛盾进一步导致了沟壑区内城镇空间形态呈现出沿河谷川道带状填充式发展的态势：一方面，在河谷横断面方向，曾经在河流二级阶地以上地段选址、分布的传统聚落，开始向河滩地、缓坡地蔓延，使河道被“挤压”得越来越窄[20]；另一方面，在河谷纵断面方向，受两侧山体的限制，城镇发展大多沿沟谷河流与交通主干线向两端纵向蔓延，原本分散在沟口的大量小城镇被沿河道蔓延的城镇带“吞并”。

这种带状无限延伸的发展态势已经产生了诸多问题。首先，对于生态条件脆弱的黄土高原而言，河谷川道是其重要的生态通廊，其中的农田、水系等是十分宝贵但也极度脆弱的环境要素。而目前河谷川地被侵占、堵塞，优良的耕地资源被侵吞，生态环境受到的干扰不断加大，甚至造成了难以修复的后果。其次，单向的带形城镇发展模式容易加剧城乡间的差距与不均衡性。例如，位于川道内的米脂县城的道路、水、电、暖等市政基础设施配套较为完善，文化教育、医疗卫生等公共服务设施配套也达到了较高标准。但县域内，尤其是川道两翼沿支沟深入腹地内的其他乡镇、村落则发展落后，基础设施和公共服务设施配置严重匮乏，数量与质量均不能达到基本要求。最后，带形城镇容易引致如交通拥堵、社会联系散远、居民出行不便等其他问题。

总之，上述问题与矛盾已成为陕北黄土高原丘陵沟壑区城镇可持续健康发展的主要障碍，也是该区域城镇形态研究的焦点之一。

（4）沟道过度分散与封闭模式的低效性

陕北黄土高原缓慢而稳定的原生发展规律被快速增长的社会经济打破，深藏于沟壑之中的人居环境“基因”也在发生根本变化。

陕北黄土高原丘陵沟壑地貌的破碎化造成水土资源的分散化和低承载力，使陕北黄土高原传统城镇在上千年的演化过程中形成“大分散、小集聚”的空间分布模式，尤其是次沟与支毛沟内在农业社会条件下发展起来的乡镇、村庄更为明显。这种分散化、小规模的人居空间形态在一定程度上与自然条件和传统的农业生产方式相适应[61]。

但随着陕北社会经济的发展、产业结构的调整等，这一空间模式逐渐显得不合时宜。首先，分水岭对沟道之间居民点的分割使得城乡聚落空间形态封闭、内聚，加之交通运输、生产协作、信息传输等网络的不发达，强化了沟道城镇自给自足的经济结构。这种内向性限制了城镇的开放机制与活力，极大地阻碍了城镇之间人流、物流、信息流的传递，使第二、三产业难以提升。其次，小规模的土地利用方式不但使人口聚集程度极低，难以集约利用土地资源，而且极大地增加了基础设施和公共服务设施的建设难度和成本。再次，过于分散的居民点分布方式对黄土高原脆弱的生态环境也有不利影响，并难以展开生态环境、地质灾害、水土流失的综合治理，人居环境质量与安全无法得到保障。

5.5.2 耦合于分形地貌的城镇空间形态基本模式

黄土高原千沟万壑，尽管并非所有沟道都填充着城乡聚落，但是具有自然分形特征且适宜人居建设的沟壑空间体系（包括川道、次沟、支毛沟）可被视为调和人居环境与自然环境关系的最具主导作用的要素。因此，陕北城镇空间形态的分形优化与其对河谷川道及次沟、支毛沟的利用方式紧密相关。结合第四章有关现状城镇空间形态与分形地貌耦合的研究结论，以带形叶脉状、枝（羽）状和组团分散状三组分形特征较优的空间构型为蓝本，通过将川道、次沟、支毛沟等重要影响因素叠加后综合分析，可推导出以丘陵沟壑地貌为主的陕北城镇空间形态基本模式。

（1）“干—枝—梢”的分形等级结构

具有“干、枝、梢”三级结构层次是城乡用地构型呈现较优分形特征的前提。陕北当前以主河道内集中构型或小流域内分散构型为主的无等级化的城镇空间发展模式都不是最佳的分形构型。因此，陕北地区的城乡发展合理构型应首先建构从川道至次沟并延伸到支毛沟的三级沟道体系，这种等级差异应体现在不同等级沟道中建设用地比例的高低分配以及城乡用地形态集聚的程度上（图5-7）。

首先，尽管需要在川道中腾让出生态廊道，但河谷川道中的建设用地难以避免，作为陕北黄土高原丘陵沟壑区城乡空间发展的主轴与核心版块，在等级结构中具有主体性和集聚性。应该强调的是对其空间发展的紧凑引导。

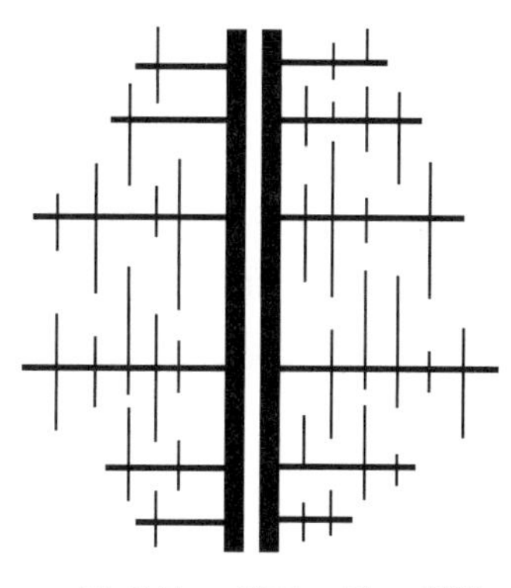

图 5-7 “干—枝—梢”的分形等级结构示意

其次，重视小流域次沟与支毛沟内空间的有效利用。黄土高原沟壑区河谷两侧的密集沟道由于交通联系困难、空间狭长，长期以来很少得到关注，也很少被列入城镇建设用地，往往成为功能定位不明、空间形态杂乱无序、土地利用缺乏统一规划的城乡交错地带。反之，如果能合理开发利用次沟、支毛沟内用地，适度扩展城镇空间骨架，引导建设多元化的居住社区等功能单元，就能极大疏解川道核心区的空间压力，缓解用地矛盾，并对构建整体高效、适宜的城镇格局具有不可替代的作用。

总之，主河谷川道内的城镇空间和小流域内的村镇空间应整合、统一组成主次分明、等级明确的城乡空间结构形态。这种空间等级性促进了主河谷地区城镇空间聚集职能与小流域村镇空间疏解职能之间的分工协作，为陕北黄土高原人居环境的合理分布奠定了基础。

(2)“有机分散、紧凑聚集”的城乡用地填充

川道、次沟、支毛沟等多级枝状空间结构，形成了川道骨架紧凑、周边次沟道分散延伸的城镇总体空间格局，从而形成了区别于现有沿主川道带状伸展的新的枝状网络化均衡布局，成为城镇用地结构分形优化的关键。这种“均衡”体现在城镇用地形态上，既非高度集中，亦非完全的分散。因此，陕北地区城乡用地扩展应该是“有限集聚和有限分散相结合”，即城乡总体格局应该通过川道内的适度集聚和次沟内有限度的延伸和拓展，形成总体尺度上的分散和疏解；但同时应在分散的结构框架内进一步加密和填充组团区域，形成中、小尺度上的集中和密集，最终组织出相对稳定、疏密有致的均衡形态(图 5-8)。这是人居环境适应自然分形地貌的结果，体现在河谷川道和支沟沟道两个方面的“有机分散、紧凑聚集”空间均衡模式，蕴含着与自然环境有机融合的生态思想。

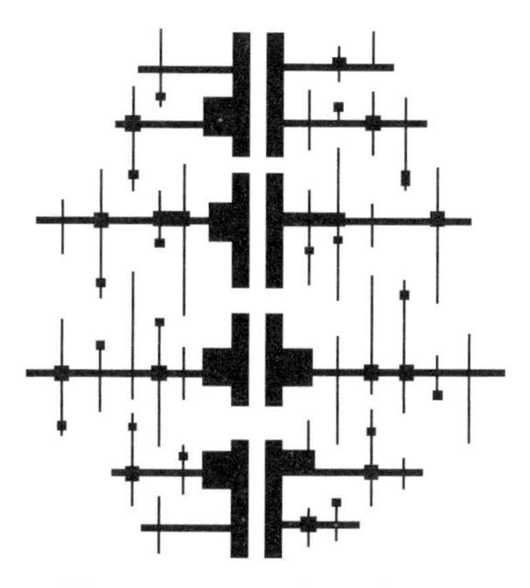

图 5-8 组团分段式布局示意

1）河谷中的组团分段式分布

陕北黄土高原地区的城镇主体多分布于河谷中，但河谷又是该地区主要的生态环境廊道，如何协调二者之间的平衡关系就成为关键。对于河谷川道而言，

有序集聚和合理分散正是对这一问题的回应。川道内应控制沿川道两端的延伸长度并防止连续占据河谷空间，防止城镇形态呈狭长的带状而无序蔓延发展。这就需要在总体结构上采用组团段落构型。

首先，必须在河谷内控制预留出大型开敞空间生态段。川道内的开敞空间应包括两个方面的绿化体系：一方面，在河流两侧通过构建具有一定宽度且连续不间断的绿化隔离带以形成纵向生态廊道，避免渠化河道，从而维持良好的河流生态环境，减少城市生活对河流及周边生境的影响。另一方面，在主、次沟道交汇口或河流交汇处控制城市开发建设，构建联系河谷两侧腹地的横向生态廊道，为区域内的物种提供网状的生境。横向的生态隔离带使川道内的城镇呈分段组团化，形成城镇与自然环境、农田、林地等的交错分布，这一结构形态对于协调川道内城镇的功能、空间组织以及对当地的生态稳定性具有重要作用。生态段内必须保留河道的自然属性，保护河曲形态，修筑生态河堤；另外应适当控制缓坡地带的城市建设，仅允许少量人居环境在阶地上发展。

其次，应加强对河谷内各组团的建设控制与引导。其一，川道内的城市组团就是密集的建设段，应严格控制带状组团的发展规模和纵向长度，以及其与邻近城镇带状组团尽端之间的距离，从而在集聚效应与生态效益之间取得平衡。其二，由于每个组团规模受到限制，其内部空间利用宜采用适度集约化的方式。组团的内涵集约式发展既需要充分利用组团内空间，例如适当利用坡地进行开发建设，从而横向争取更大面积的城市建设用地；也需要使组团内有限的绿色空间的生态效益最大化以节约用地，例如，在紧凑密集的城镇建设区中设置小规模的生态斑块与廊道，并使之与外围周边的生态背景相连接，从而改善城镇内的生态环境。其三，各自组团应形成相对独立且完整的功能配置。在优化空间形态的基础上，应进一步构建完善的功能区块与合理的人口规模，从而实现各组团的均好性，使居民拥有同等的工作、学习、享受服务设施和开敞空间的便利。

总之，适度合理地利用河谷川地，对于缓解川道生态压力和保障区域自然生态系统的完整性起着重要的作用，对于地形条件复杂的陕北黄土高原丘陵沟壑区而言具有极大的生态安全意义。利用组团构建多中心、有限分散式的城市格局，并以绿色生态要素作为组团间的分隔，有助于协调土地利用、生态资源保护与主城区发展之间的矛盾：一方面，对城市组团规模的限制利于建设区优先选址于最佳和最安全区域，而将潜在的不安全区作为组团间的开阔隔离带，以减少自然灾害的威胁。城市组团间留出大量绿色开敞空间，则降低了城市整体密度、提升了城市生态容量。另一方面，城镇分段式发展不但有利于分期实施开发，也较容易实现城市发展重心的转移，缓解旧城中心的发展矛盾。

2）支沟中的自由式分布

支沟沟道的发展同样应呈现出集聚与分散的结合。一方面，由于陕北黄土高原丘陵沟壑区的河谷枝状体系以及丘陵、沟谷、山地等地形限制，城镇用地形态多以灵活分散的形式为主。在宏观层面，其分散性体现在城镇脱离主河谷空间向周边小流域发展，呈现沿两翼纵深方向扩展的态势，以协助川道核心区的发展；在微观层面，次沟末梢和支沟沟道地形复杂，城镇或乡村建设需充分顺应坡地地形变化，与自然环境紧密结合，因此人居环境形态更趋于破碎化，呈现点、线状布局的分散态势。

另一方面，尽管自由分散的形态能够灵活适应地形变化、保护自然生态环境，但也存在市政设施投资过高、施工建设困难、生产生活联系不便等诸多问题。因此，支沟内的城镇空间分散必须有一定限度，在局部片区采取相对集中的方式，做到分而不散。尤其是支沟内功能相似的功能区应尽量集聚成团：例如，以居住功能为主的支毛沟的开发将使相邻次沟城镇用地之间的区域进一步被填充和利用，形成相对集中的居住组团，从而缓解川道核心区住宅用地紧张的局面。在此基础上，城市公共服务功能则可结合相对集中的次沟、支毛沟组团分片集中配置，从而提高公共服务设施、公共空间和基础设施等的覆盖范围与可达性，在满足供需平衡的前提下提升了使用效率、节约了建设成本。特别注意的是，次沟内的整体建筑形态应该借鉴传统人居智慧，采用低层、群落、沿坡、生土等原则进行规划控制。

3）整体均衡式扩展

综合而言，“有机分散、紧凑聚集”的空间模式是陕北黄土高原丘陵沟壑区城镇空间形态组织的基本特征。当然，整体空间的均衡需要有效地调整或控制集中与分散的度。首先，城镇沿川道和支沟的扩展长度不宜过深，组团之间的距离不能太远，使河谷与沟道内的所有组团之间在空间上联系便捷、在功能上相互协调。否则，过于分散的功能区之间的联系就会降低，影响城镇整体的空间效益。其次，整体空间的均衡需要有针对性和差异化地进行集中与分散的配置。例如，陕北黄土高原丘陵沟壑区城镇沿河谷川道连绵发展的态势严重，需利用组团化布局的空间手段将城镇形态加以主动分散，防止城市连续蔓延而产生城市病；而支沟内的城镇形态因受到自然环境等客观条件限制而容易出现过度分散与低效等现象，需要通过组团内聚化的空间手段加强沟道内城镇空间的集聚性和有机联系性，提高空间运行效率。总之，整体均衡式的空间扩展模式使城镇空间具有动态协调性和灵活适变性：一方面，该模式可以保证城镇在不同发展阶段都具有相对完整的空间与功能结构；另一方面，该模式可以在任何阶段根据需求实现空间形态模式的转型，例如通过组合和变形，带状组团城市骨架能演变成枝状或网状结构，为城镇空间的适应性预留弹性[62]。

（3）“叶脉连通成网”的理想空间模式

末梢单元空间的不断重复和聚集，并在整体层面上形成经络成网的空间格局，如同叶脉肌理一样，是分形构型的关键。对于城乡用地形态而言，基于沟壑系统将建设用地末梢贯通成网是对城乡空间构型分形形态的完善。因此，陕北地区在城乡用地扩展中应尽量通过小流域的疏通实现次沟、支毛沟建设用地的连续化、密集化与网络化，以便于构建不同层次、不同疏密的网络体系(图 5-9)。

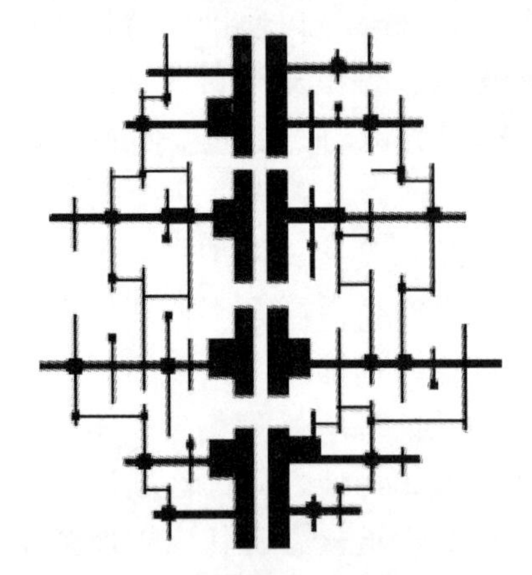

图 5-9 “叶脉连通成网”的理想空间模式示意

实现沟壑区域内的网络通达性对于黄土高原丘陵沟壑区的城乡发展具有重要意义。末梢贯通成网实现了不同沟道之间的联动，不仅打破了小流域末梢人居环境的封闭性，提升了村镇的外向性与开放性，使原本各自孤立的人居环境直接而紧密地联系起来；而且极大地提升了次沟、支毛沟的空间价值，弱化了狭长尽端沟道的低效问题。例如，延安市区市场沟与西沟打通后，该片区的交通状况得到明显改善，两条沟的土地利用价值也随之提升[63]。

通过在分水岭实施隧道、桥梁等工程建设，打通相邻的沟道，建立完善的交通网络是实现黄土高原沟壑区城镇空间网络化的重要手段。一方面，应加快县域内交通路网的建设，以国道、省道为主骨架，以县乡公路为补充，形成干支相连成网、沟道贯通成环的路网体系。另一方面，道路选线应结合地貌特征选取最适宜的路径，例如沟涧地是连系川道和梁峁之间的重要通道，可作为优选路径，因为其克服地形的交通建设成本相对较小。

总之，城镇空间的网络化拓展不仅在空间形态上增加了末梢层级空间的比重，利于沟壑区内城镇空间等级的互补协调；而且在功能上强化了各组团片区之间的关联性，便于城镇职能的统筹安排以及组团之间的分工协作。在陕北黄土高原丘陵沟壑区城镇分形构型的组织中，随着次沟沟道中城镇开发的适度加强，这种沟道间的疏通力度应随之加大。

5.5.3 延安、米脂城镇空间形态适宜模式

基于上节提出的城镇空间形态基本模式，以延安、米脂为重点案例，针对性地提出城镇空间形态适宜模式的具体形态，并进行解读。

(1) 延安——“‘Y’形网络+枝状组团”的空间引导

延安现状空间结构呈“Y”字形主干，以河流交叉处为核心沿河谷向外伸展。基于前文分析，延安不应无限制沿主川道延伸，而应该与分形地貌相适应，向周边小流域伸展，并且适度连通小流域沟道，形成以“Y”字为主干的枝状网络空间结构。当然，鉴于延安市区的人口规模和在区域中的聚集地位，必要的较为集中的空间拓展是难以避免的。而这一空间拓展需求正是应该建立在生态承载力基础上，成为城市向川道周边山体坡地伸展的动力。因此，可以在周边枝状延伸的总体格局下，对重要区域进行山地组团的必要拓展，从而形成以“Y”字形为主干形成枝状网络，并在枝状网络中生成山地组团的整体结构。这

一结构同样是局部(主川道)紧凑聚集和整体沿沟道(小流域)有机分散的双向发展格局。目前，延安燕儿沟等沟道空间单元的发展已经显现出这一空间结构的端倪，使得总体空间引导具备了更好的现实依据。

当然，按照整体生态格局保护的要求，山地组团的拓展同样要与地貌状态相适应，避免平山造地的建设行为。应该在地质安全、山体保护、满足功能的基本原则指导下，进行尽量小规模的山地平整，从而形成与山地环境相融合的城市空间单元，减少对山地生态环境的扰动，同时形成富有黄土高原地域特色的山地城市景观。

(2) 米脂——“主干组团+枝状网络”的叶脉式生长

陕北河谷地貌最突出的特征便是垂直于主河谷的众多次沟、支毛沟，这些次沟、支毛沟与主河谷紧密相连，成为河谷城镇富有特色的自然枝状空间基底。陕北城镇空间形态发展应该顺应地貌，沿主河谷组团式生长，并逐渐向周边次沟蔓延生长，最终达到城乡用地发展的适宜状态——“主干组团+枝状网络”的叶脉状空间形态。通过次沟、支毛沟分支空间职能的挖掘和整合，使其成为城镇空间形态中的有机构成，使黄土沟壑区城乡空间呈现新的局面。如同在一个方向上生长的树干被“修剪”引导为向四周较为均匀生长的枝干，把带状结构引导为组团状分枝结构，并使次级沟道空间逐渐进行生长连通，最终构成“主干组团+枝状网络”的叶脉状空间生长模式(图 5-10)。这种空间模式是基于组团化与网络化相结合的城镇空间形态结构，通过交通网络、社会设施网络、生态空间网络等城镇空间建设和自然生态空间修复，促进人居环境与自然环境的融合。

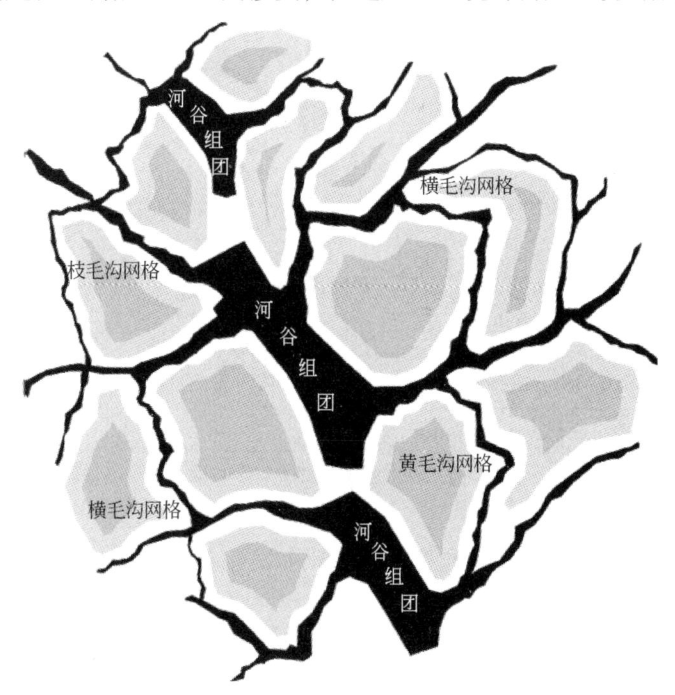

图 5-10　“组团+网络”的叶脉状空间形态模式

根据米脂现状空间形态特征以及川道、次沟、支毛沟的沟壑层级体系，提出米脂城市空间增长路径为“主干组团+枝状网络”的均衡扩展型——即城市形态以川谷和沟道并重的扩展模式为基础，以自相似的叶脉网状形态不断扩展，规模由小变大适度增长。均衡扩展的增长路径强调川道与周边沟道用地协同发展，川道与次、支沟用地均占有一定比例，形成川道与次、支沟并重、集中与分散结合的模式。

具体而言，以“老城中心和米脂古镇”为起点，通过川道与次、支沟用地同时增长的方式进行递变。在增长强度上，沿次沟拓展长度与沿川道延伸长度相协调；在增长主导方向上，离城市中心近的川道和次沟先发展，逐渐沿南北川道和东西次沟同时扩展，并利用支毛沟贯通次沟（图 5-11）。该形态下的米脂城乡用地在规模上可达 35~40km²，分维值在 1.67~1.68 之间，从分形城市角度判断具有较好的分维值，城乡的空间填充度较好，对土地的利用率较高。

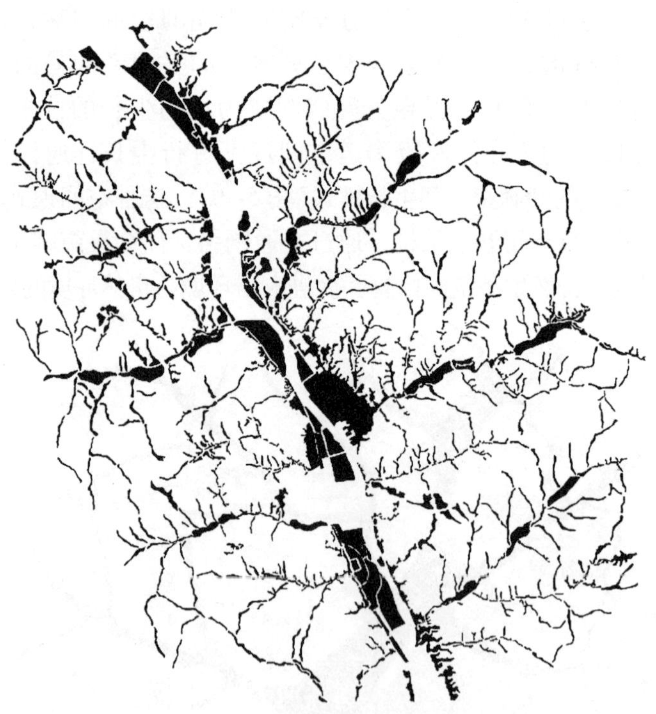

$D=1.673$；$R^2=0.995$；$S=40.0\text{km}^2$

图 5-11　米脂城乡空间增长形态

5.6　微观——小流域人居空间形态适宜模式

陕北黄土高原分形地貌的影响作用贯穿在人居环境各个层级的发展之中，

上至城镇总体结构形态，下至街区地段的城市空间设计。因此，小流域人居环境空间形态适宜模式的探讨也是重要内容。

5.6.1 小流域人居聚落空间形态组织

小流域沟道分散的城镇功能应该以居住单元为主。居住空间沿主沟道展开，一般沿沟道内侧可设置公共服务功能，外侧结合支毛沟布置居住组团。居住建筑应该鼓励继承传统窑洞智慧，结合陕北黄土资源优势，建设与自然环境相融合的生土类建筑形式。小流域居住单元空间与城镇主河谷川道组团相连接，交通便捷，但相对独立安静，形成理想的居住环境。

小流域支毛沟人居组团与相应尺度层级的山体绿化廊道交错生长，台地绿色景观环绕人居组团形成绿色屏障和各个组团间的绿色隔离带，形成富有地域特色的居住单元绿色环境。这一空间构成与上一级主河谷沟道两侧小流域之间的构成方式表现出明确的自相似性(图5-12)。

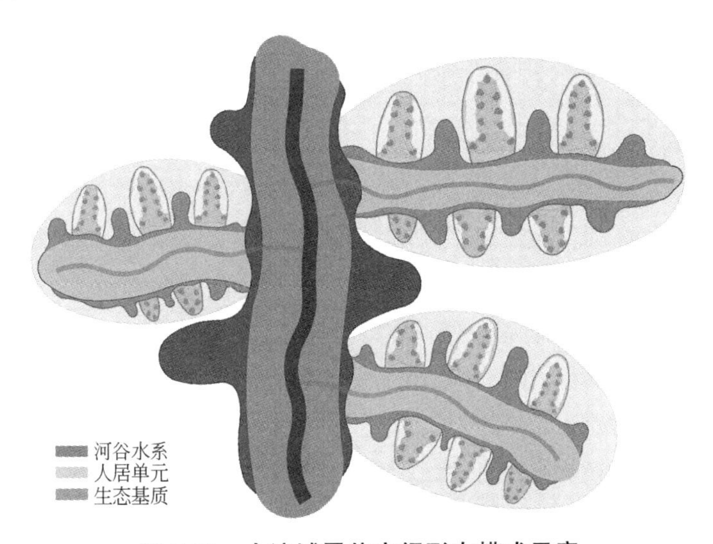

图5-12 小流域居住空间形态模式示意

5.6.2 马湖峪小流域人居空间适宜形态

这里以马湖峪小流域为例，进一步说明小流域人居聚落空间适宜模式的形成。马湖峪河发源于陕西省横山县石窑沟乡的脑畔山，是黄河的二级支流，流域干流全长41.8km，流域面积372km^2，流域形状整体呈羽毛状[64]。流域内总计57个行政村，168个自然村，聚落总面积约为290ha，占流域总面积的0.8%(图5-13)。

图 5-13　马湖峪河流域地貌

首先以沟谷线为表征，对该流域地貌的分形特征进行初步认知(图 5-14)。以马湖峪河流域五级沟谷线为基础，测算各级沟谷线的分枝角度及长度间距比，结果表明：流域地貌在形态上总体呈叶状对称分形，南北两侧分枝基本均衡，分枝角度约为 50°~60°的锐角，分枝长度间距比约为 1.0~2.2 之间。根据数据特征，结合实际地貌细部差异特征，初步绘制该流域地貌分形基本图式：流域整体地貌分形图式——叶状对称分形；支流域地貌分形图式——枝状对称分形、枝状不对称分形、银杏叶片状分形(图 5-15)。

图 5-14　马湖峪河流域沟谷形态

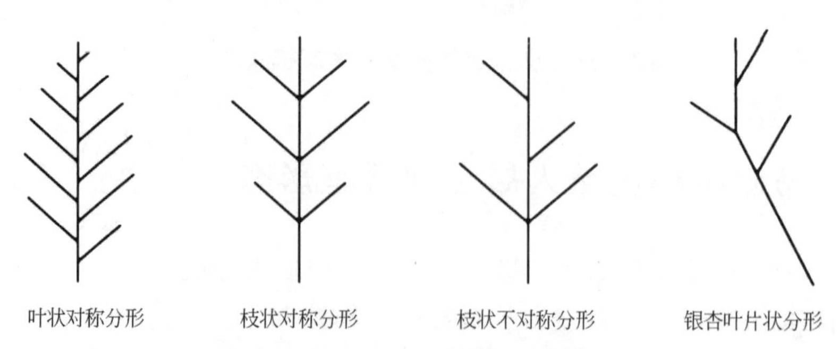

图 5-15　马湖峪河流域地貌分形基本图式

其次，以马湖峪河流域聚落平面分布图为基础(图 5-16)，采用网格法进行测算，得到拟合优度 $R^2=0.996$，说明了聚落的分形属性；而 $D=1.42$ 则说明流域聚落在形态上处于各住宅要素连绵成大小不一的簇群(即该流域中的团块形、带形等聚落)，同时又包含孤立要素(即该流域中的散点形聚落)的阶段(图 5-17)。

图 5-16　马湖峪河流域聚落平面

根据对流域地貌与聚落分形特征的初步分析，将二者叠加，可以看到：以地貌沟谷线为图底，聚落总体上也呈现出叶状分形的特征，而在流域中心东西向的主沟上，明显为聚落集中分布的区域，也与主沟的凹凸走向基本吻合，虽未连绵成线但已具有明确的线性特征(图 5-18)。次级支沟流域中的聚落也有较多聚落与主要河谷形态吻合，这类聚落在此归为“沿河谷聚落”，在数量上占总聚落的 61%。其余聚落则主要沿流域边界和支沟间的凹地分布，多呈散点团簇形。

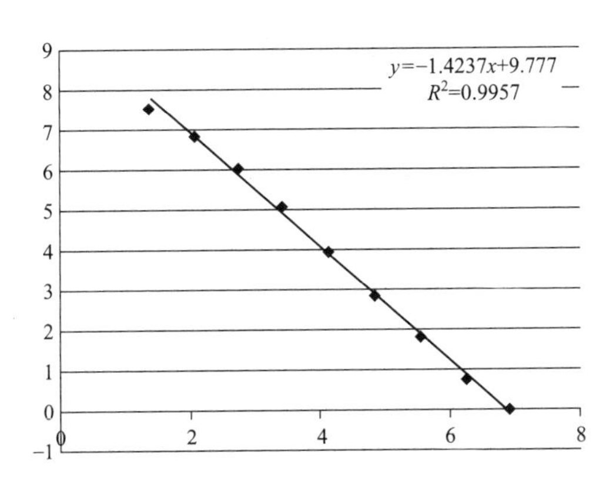

图 5-17　马湖峪河流域整体聚落分维测算

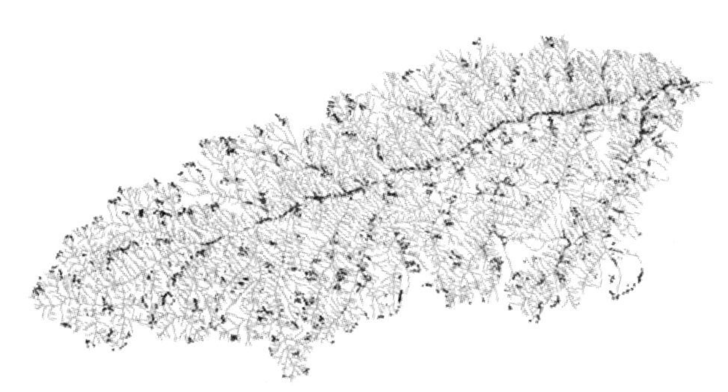

图 5-18　流域整体聚落与分形地貌的图形关系

结合道路体系来看，马湖峪河流域内硬化道路主要为沿较高等级的河谷分布，此外还有大量由居民踩踏而成的联系性道路，多沿流域边界分布，且道路形态与流域边界的凹凸形态十分接近。从道路分布图中可以看出，沿边界型道路占比最大，约为 67. 8%，多分布于总体流域上游区段；沿河谷型道路占比次之，约为 30. 9%，主要沿流域一级主沟和二、三级支沟分布(图 5-19)。分别提取“流域边界—沿边界型道路图”与“沟谷线—沿河谷型道路图”，可以直观看到，两类道路分别与流域边界和沟谷线高度吻合(图 5-20、图 5-21)。根据道路与聚落的交通关系，则以道路为媒介，也可判断出马湖峪流域的聚落分布与流域边界和河谷川道具有极高的关联度。

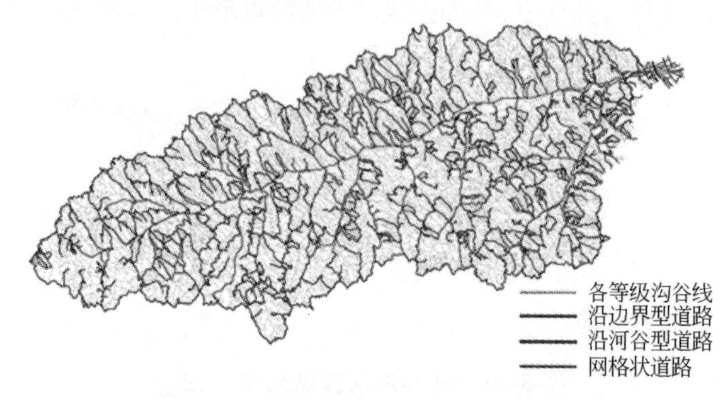

图 5-19　马湖峪河流域道路分布形态

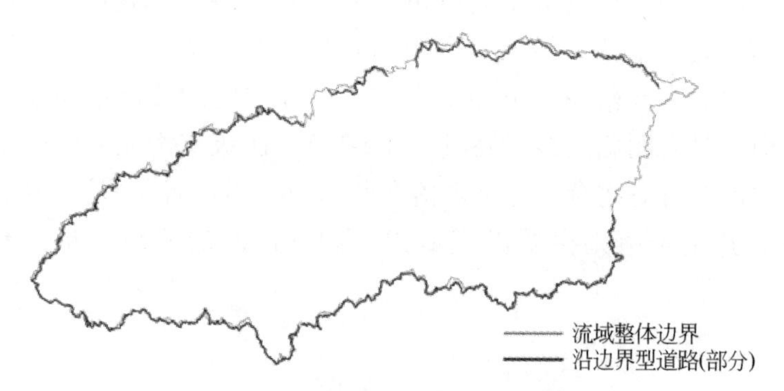

图 5-20　流域边界—沿边界型道路图

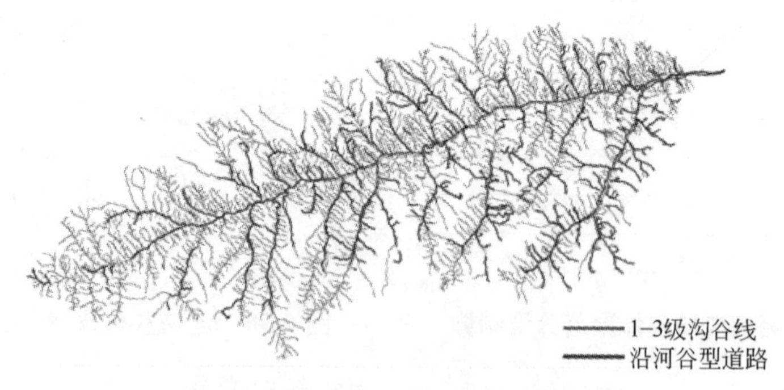

图 5-21　沟谷线—沿河谷型道路图

从分形形态上看流域地貌与聚落分布的具体关联特征，则会发现：流域内聚落整体上以利用高等级河谷的谷地与其他河谷之间的凹地(包括同一流域内的分枝河谷间凹地和不同流域间的边界处凹地)为主，与表征地貌的沟谷线或重叠，或远离(远离的聚落占比较多)。如果将沟壑河谷作为“正地貌”，则聚落集中分布于“负地貌”中，二者呈一种镶嵌关系，如同两只手十指相叉。这种关联特征反映出，现状的聚落大多选址宽阔河谷内的平地或沟壑之间的平地，对于次级较窄河谷的邻近坡地选址较少。

根据以上分析，选取流域内一条支沟——龙镇沟为例，借鉴 MUP-city 模型进行聚落分形优化探索。该模型是一种基于分形城镇化原则的、用于辨别适宜城镇化地区的计算机应用软件[65]；其工作原理基于以下认知：城镇化的空间分形选择路径和未来发展模式的分维选择路径具有内在一致性❶。结合对支沟流域的基础认知，聚落优化遵循两个基本原则：①将河谷用地优先选作耕地或自然景观用地；②将 5°～15°的缓坡地作为居住适宜用地。具体优化思路为：依托 MUP-city 模型，筛选得出可建设用地细胞（“用地细胞”为文献直译，其内涵相当于最小用地单元），再结合开敞空间可达原则、道路邻近原则及前述优化原则确定新的聚落生成点，得到聚落迁并选择方案。

从分布形态角度对龙镇沟聚落优化前后展开对比（图 5-22），可以发现：①优化后的聚落分布整体上依然延续原有聚落分布的基本结构，一方面保证了原有聚落与地貌的内在关联特征，另一方面也尽可能减少了聚落的搬迁和重新选点；②优化后的聚落分布呈现“大分散、小集中”的特点，较优化前的零散分布形态更集中。

再从分维测算角度对优化方案进行校对，得出优化后的聚落形态分维 $D=1.34$，较现状分维 1.28 有所提高，表明在分布上更趋于均衡，同时也验证了 MUP-city 模型在对聚落的分形优化中具有实际的可应用性。

基于 MUP-city 模型所得优化方案，进一步从图形分形角度探索，总结得出龙镇沟聚落空间布局的简化模式（图 5-23）。在该模式中，聚落整体用地分布将

图 5-22　龙镇沟聚落优化前后对比图

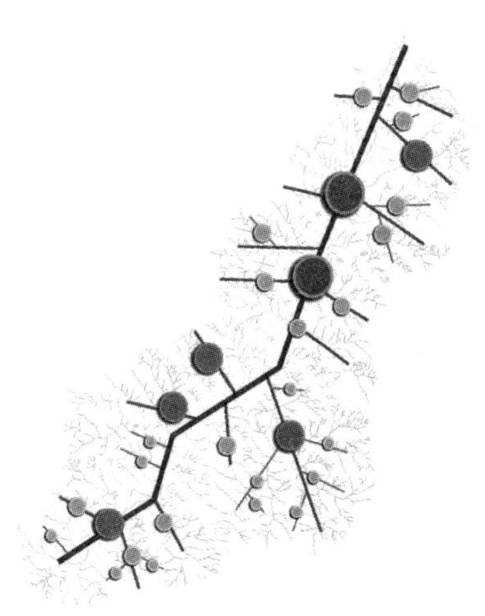

图 5-23　龙镇沟聚落优化模式图

❶ 具体方法介绍见：杨晓丹．陕北马湖峪河流域聚落分布与分形地貌的关联性研究［D］．西安：西安建筑科技大学，2016.

不再以主沟作为唯一核心，而是向两侧次级支沟转移，从“沿主沟带状生长”的集中分布模式转向“主沟—次沟—末梢”的多层级分布模式，最大限度地利用次沟及支毛沟，从而缓解主沟用地的生态压力，达到聚落单元与地貌形态等级的耦合分布。

5.7 基于空间适宜模式的城乡统筹思考

陕北黄土高原城镇空间适宜模式引导城镇空间在主河谷川道内组团化发展，沿主河谷两侧小流域向周边沟壑拓展，并进行必要的支沟交通连接，形成整体枝状网络结构。这一新的城镇空间组织方式从更大地域范围考虑城镇空间发展问题，也为城乡空间统筹发展提出了新的思路，即以县城为中心，将川道和两侧沟道的小流域纳入整体研究与规划范围，将县城与外围乡镇一并考虑、统筹安排，形成与自然环境相适应、富有地域特征的城乡空间统筹发展局面。

传统的陕北县城总体规划往往把县城周围小流域沟道仅仅作为“郊区”空间，这些郊区或乡村地区往往是布置垃圾处理场等城市市政设施的场所，沟道内的村镇与县城联系薄弱，尽管交通距离很近，但是公共服务、环境景观等与城区形成明显反差。根据上述具有分形特征的城镇空间发展模式，县城外围小流域沟道用地职能将进行新的适应性调整，与主河谷城区共同形成由主河谷川道、小流域次沟、支毛沟三级体系组成的城市空间与功能结构，使主川道县城功能向周边沟道进行一定的疏解。首先，居住组团可以分解到小流域沟道中，结合坡地进行新型生土建筑的布局，形成特色鲜明、与县城交通便捷的新型窑洞住区。其次，周边沟道可承担次级公共服务以及生态保障等更多城市功能，分解县城主川道普遍存在的空间拥挤压力，并且辐射带动乡村发展。最后，乡村建设可结合城镇发展和生态保护需求，对流域远端和各类规模过小的村落进行整合，进行必要的生态移民，从而与县城形成更加紧密的城乡统筹关系；对流域内比较成熟、规模较大的村庄则可结合综合研究，保留甚至进一步扩展其规模，增加必要的公共设施，强化与主城区的交通联系，并使之与邻近沟道内的乡村相贯通。此外，对于适宜的产业园区，也可以安排在空间、交通等条件适宜的沟道内。通过以上相关措施，一方面可以减少县城空间在主川道上的蔓延，也使县城周边沟道成为城乡统筹发展的特色区域。

总之，通过川道控制、进沟上坡、环通沟道等一系列空间结构调整措施，引导并推动陕北黄土高原丘陵沟壑区城镇空间从单中心带状形态转向多中心团状、网状形态；由平面伸展转向立体格局；由直线生硬扩张转向分形延伸。基于分形地貌的城镇空间形态优化，不仅为城镇空间发展提供新的发展模式，也为促进城乡社会、经济、自然环境的协调发展，推动城乡统筹共赢提供新的路径。

第6章

实证研究

尽管分形理论与城乡规划领域相结合的研究成果不少，但大部分研究集中于大尺度区域体系或者平原地区的大都市，针对复杂地貌区域，尤其是陕北黄土高原丘陵沟壑区内中小城镇发展建设的探索仍然很少，城乡用地形态与地貌分形特征又有怎样的对应关系也鲜有论述。在陕北黄土高原沟壑纵横的复杂地貌约束下，城镇空间形态具有枝状发展的特殊性，因此，已有研究相关成果总体而言并不适用于陕北黄土高原的城镇空间发展；此外，即使同在黄土高原沟壑地貌限制下，不同城镇仍然需要针对不同分形地貌进行分维特征描述，进而构建不同的城镇适宜空间形态。课题选取延安、米脂、神木为典型案例进行实证研究，通过具体案例对相关问题进行深化。

6.1 空间重构导向下的延安城市空间结构优化

延安主城区位于延河与南川河交汇处，交汇角度约为120°，呈对称的"Y"字形形态(图6-1)。河流交汇处显然是延安城市的空间生成点，之后沿主川道向外蔓延。随着近年来城市化进程的加快，延安作为区域内具有较强吸引力的作用逐渐显现，城市规模不断增长，城市用地紧张成为很现实的问题。如何引导城市空间形态适宜发展，已成为必须面对的课题。

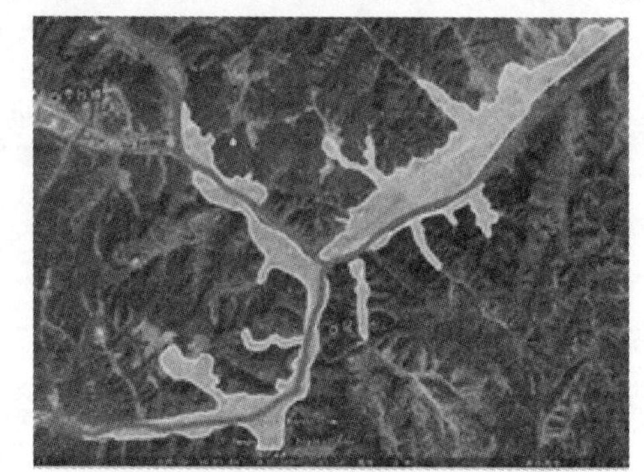

图6-1 河流交汇处的延安城市形态

6.1.1 城市现状分形特征

研究以《延安市城市总体规划(2011~2030年)》中2013年绘制的中心城区用地现状图为依据(图6-2)，获取其用地边界并进行网格维数、半径维数等的测算。

从边界维数来看，延安市中心城区的边界维数为1.42，低于1.5，说明城市形态边界复杂程度较低，非线性特征不明显。反映出城市沿河流发展，且边界呈现几何特征。从反映城市用地均衡性的网格维数来看，延安市中心城区的网格维数为1.70，接近于理论上的城镇空间形态理想分维，说明延安中心城区整体空间形态分布较为均衡。此外，分别对延安市中心城区的交通设施用地、绿地、工业用地、公共管理与公共服务用地、商业服务业设施用地、居住用地、市政用地、仓储用地等八类分项用地进行网格维数测算(图6-3)，得到以下结论：①交通设施用地的网络分维数1.66，大于其他用地的网络分维数，说明其

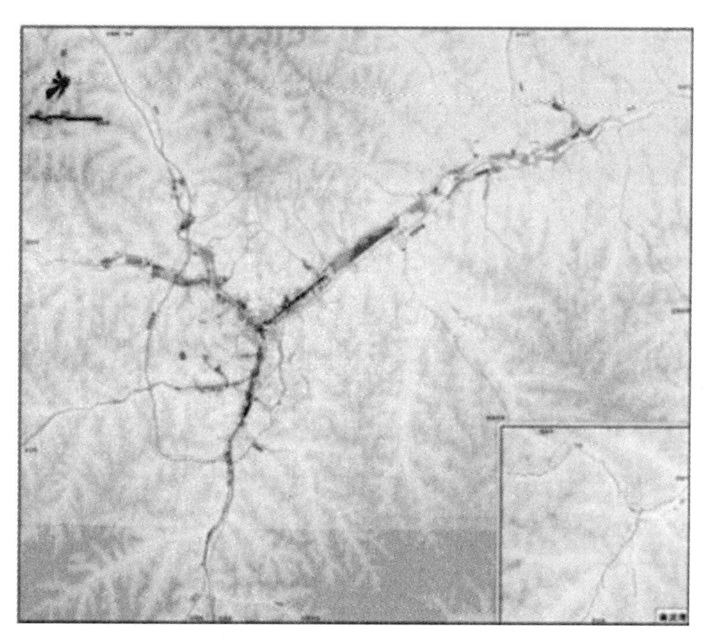

图 6-2　延安城市用地现状图

（资料来源：上海同济城市规划设计研究院）

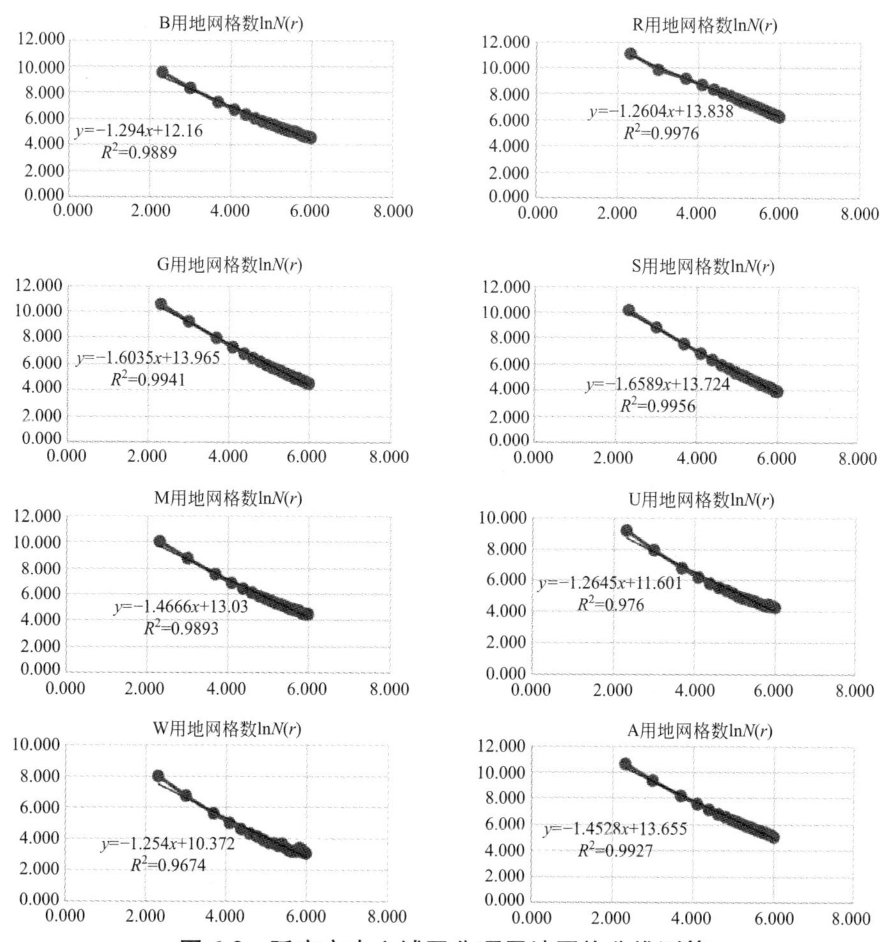

图 6-3　延安市中心城区分项用地网格分维测算

均衡性好。绿地网络分维数 1.60，也相对较大，有别于河流交叉处其他小城镇空间形态，这也反映出大小城市之间的区别。②工业用地网络分维数 1.46，公共管理与公共服务用地网络分维数 1.45，二者具有较高的均衡性。③商业服务业设施用地网络分维数 1.29，居住用地的网络分维数 1.26，市政用地的网络分维数 1.26，仓储用地的网络分维数 1.25，四者的均衡性较低。居住用地和商业服务业设施用地的分布具有较高的集中度，功能分区比较明确。

从反映城市集聚度的半径分维来看，延安中心城区建设用地存在三段典型的分形区间（图 6-4）：以延河、南川河河流交叉点为圆心，半径 200~1200m 范围内，半径维数 2.42，城市用地密度增加；半径 1400~8000m 范围内，半径维数 1.22，说明城市建设用地密度开始衰减；半径 10000~22000m 范围内，城市用地只有沿着延河向东北方向拓展，故该范围内城市用地密度集聚衰减，半径维数仅有 0.31。

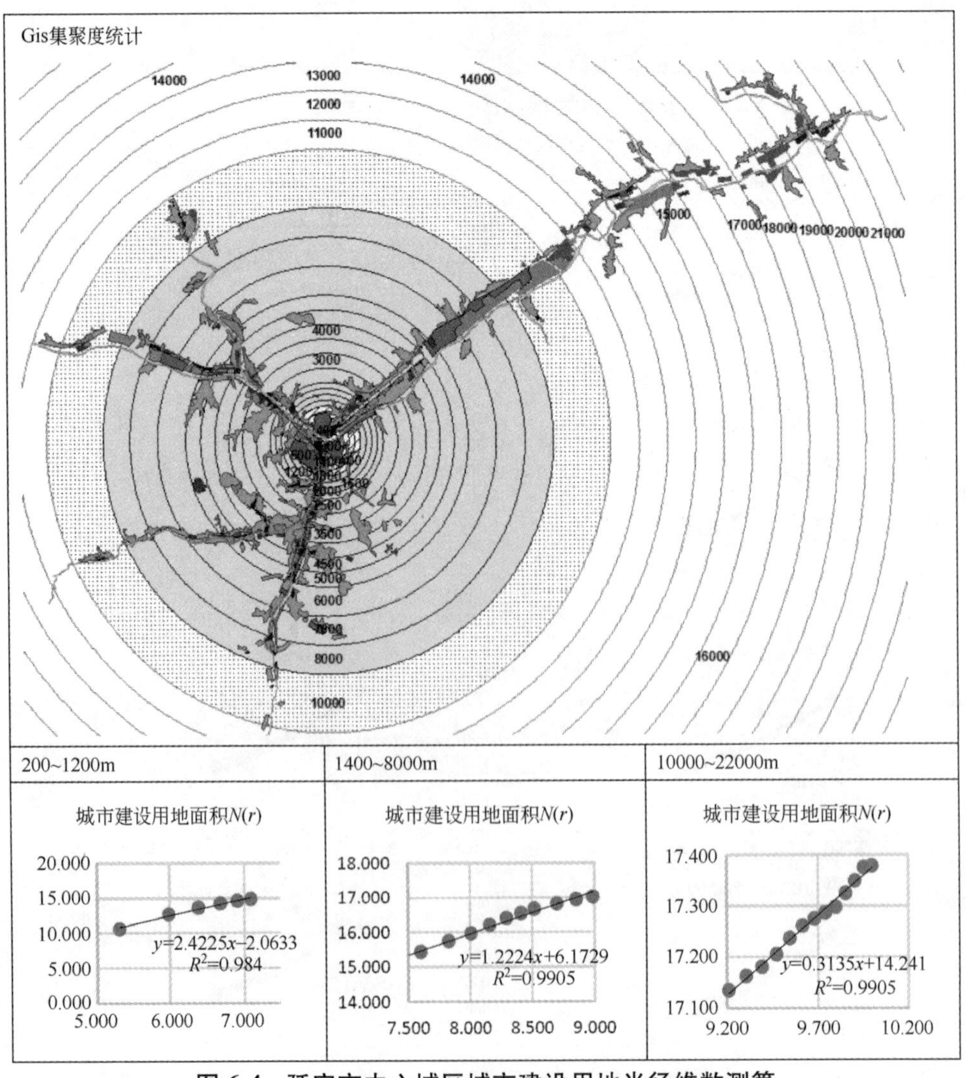

图 6-4 延安市中心城区城市建设用地半径维数测算

类似地，对公共管理与公共服务用地、商业服务业设施用地、居住用地、绿地等分项用地进行半径维数测算，得到结论如下：①延安城区中心城区公共管理与公共服务用地主要集中分布在半径 10000m 范围以内，存在两段典型的无标度区间：半径 2000m 以内，半径维数 1.98，接近于 2，说明该范围内沿着半径方向分布均匀；半径 2500～8000m 范围内，存在半径维数 1.14，说明该范围内沿着半径方向用地密度衰减。②商业服务业设施用地同样存在两段典型的无标度区间：半径 200～800m 以内，半径维数 1.98，说明该范围内沿着半径方向分布均匀；半径 1000～8000m 范围内，存在半径维数 0.78，说明该范围内沿着半径方向用地密度衰减。③居住用地的集聚度分布类似于中心城区城市建设用地的集聚规律，存在两段典型的分形区间：在 600～8000m 范围内，半径维数 1.73，说明居住用地密度沿着河流交叉处为圆心的半径方向开始衰减，但是衰减速度不大；半径 10000～22000m 范围内，半径维数 0.31，说明该范围内，居住用地密度急剧衰减。④绿地分布存在两段无标度区间：河流交叉口为圆心的半径 1200m 范围以内，半径维数 2.67，说明沿着半径方向绿地密度增加迅速，这也是延安城区三山公园建设造成的结果；半径 1200m 以外，绿地主要以河谷川道的绿带为主，用地密度逐渐减少。⑤工业用地主要分布在河流交叉点的半径 1400m 以外，半径维数 1.80，说明沿着半径方向密度逐渐减少。延安城区工业用地所占比例不大，且规模不多。

通过城市形态集聚度分析，城市整体用地密度沿着半径方向，呈“均匀分布—密度增加—密度减少—急剧减少”的过程。作为陕北河谷城市中的大城市，城市建设活动基本限定在川道之中，似乎除了不断沿川道蔓延之外没有别的途径，城市问题逐渐突出。城市沿川道蔓延几十公里，逐渐造成城市交通局部十分拥堵，总体联系却相对薄弱，现有城市规模内中心区到边缘区的通勤时间相对平原城市来说明显加长。河谷川道宽度一般不足 1km，并且需要容纳交通和各类市政设施以及水域等，因此城区用地普遍开发强度过大、人口密度过高、人居环境质量水平较低。现状城市建设用地面积 $36km^2$，人均建设用地面积 $73.6m^2$[66]。除革命纪念地、三山公园之外，城市边缘区多为不合理开发建设，与历史文化名城保护、革命旧址保护的矛盾日益凸显。河流交叉处高楼耸立，与宝塔山应有的历史氛围格格不入。由于沿川道不断蔓延，城市空间集聚度不够，使得城市的凝聚力与活力受到明显影响。

6.1.2　城镇空间分布特征解读

延安市属于河流交汇型城市中的“Y”型城市，由于在各个方向具有均好性，“Y”型交叉口是河流交叉中最为典型和理想的，除特殊情况外，各个方向的空间拓展的具有很强的相似性。

如图 6-5 所示，城市空间分布的具体特征为：以交叉点为圆心的 8km 范围内，半径2km呈现出同心圆的空间结构，居住用地所占比例不大，从内往外表现出“商业服务业—绿地—居住”的空间层次。半径2~8km范围内呈现“居住—公共服务管理、商业服务业—工业等其他”的空间结构层次。城市的重要交通设施，例如机场，设置在城市接近8km的外围地区，既保证其设置在市区外围，同时也为其与城区联系提供方便。延安作为革命圣地，有较多的革命旧址分布，并集中在西北川。因此，西北川也有别于其他两个川道，南川道居住用地较多，是主要的市民生活区。延安虽然是单中心城市结构，但是三个川道内次一级中心正在逐渐形成，对疏解核心城区职能，满足就近市民的生活需要起到了一定的作用。

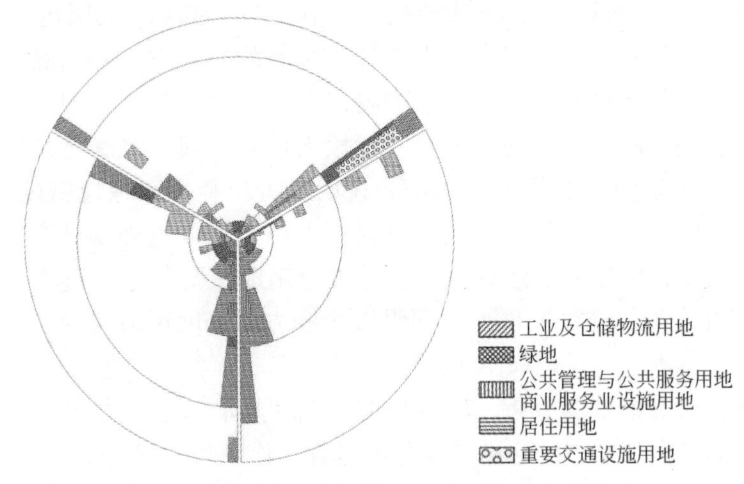

图6-5 “Y”形城市空间分布模式示意图

通过上述分析可知，拓展城市空间增长渠道，使城市空间避开主川道，适度向周边山坡地疏解，同时避免沿主川道形成绝对的线性延伸，向周边小流域沟道内伸展，并且增加相关沟道的交通连接，形成由相对线状空间组成的枝状网络结构，对于增加城市空间集聚度、降低主川道中心区建设强度和密度、疏解中心区交通、增强主川道之外的交通联系，具有明显的作用。因此，应该说，在保障枝状网络结构的前提下，适度向山上发展不仅是必要的，也是难以回避的选择。然而，如何展开山地城市建设的方式成为关键，不仅应该关注规模控制，而且特别应该注重山体自然生态的保护，包括尽量降低对山地原始地貌的改变；山地平整规模和方式的控制与选择；鼓励地域风貌建筑的研究与应用；原则上应该采用中低层建筑高度，从而与山地环境相融合，避免高层建筑对山体环境的压迫；保障地质安全；注重山地城市地域景观特色的表达等。

6.1.3 分形地貌对城镇空间的约束作用

城市形态是社会、经济、自然、文化等多方面要素综合作用的产物，自然地貌的作用毋庸讳言，甚至常常起着决定性作用，在陕北黄土高原丘陵沟壑地区尤其如此，自然地形对城市形态有着明显的约束效应。随着城市形态的扩张，伴随着克服最小生态阻力的同时，城市形态也难以避免地与地貌形态发生冲突，并常常以克服地貌阻碍的状态实现扩张，直至迎来更大的生态阻力。因此，城市形态与地貌形态是一个不断耦合的过程，是平衡各类代价的过程，是从一种耦合状态走向另一种耦合状态的过程。借鉴黄光宇教授对山地城市的研究，“实质是自然力与非自然力的相互作用而最终是非自然力克服自然力的结果，是非自然力驱动、促使城市跨越自然力所限定的初始门槛而向新的门槛跨越的动态过程”。[67]然而，尽管依据现有的科技力量，人们在许多情况下可以克服乃至忽略生态阻力作用，但人们也已经认识到，忽略自然生态代价的同时，人们付出的综合代价往往更是巨大的。因此，对于陕北黄土高原来说，减少城镇形态与自然地貌相互适应的门槛次数，尽早实现两者的融合，是具有重要生态意义的。陕北黄土高原河流交汇处川道地貌对城镇形态的约束效应主要体现在下述方面：

（1）约束城镇发展规模

河流交汇处是陕北河谷川道空间相对开敞之处，成为引发城镇生长的自然环境动力。然而，相对于平原城市而言，这里的发展空间依然有限，因此，其河谷的开敞度、长度等环境要素直接影响了城镇的发展规模。在古代，粮食产量直接影响人口的规模，河谷川道地区是优良农田耕作区，城镇空间不能侵犯，这就限制了城市在川道里的无序蔓延，也制约了城镇总体人口和用地规模。在当代社会，这种制约依然是城镇发展应该尊重的。

（2）约束城镇空间结构

以河流交叉处为特征的河谷川道地貌对城镇空间结构产生了直接的影响。由于交汇处是周边川道相互联系的必经之路，具有交通之利，加之空间最为开阔，空间资源价值最高，因此，一般而言都是城镇的中心所在，公共服务设施较为集中。城镇以此为中心，沿周边川道向外伸展，形成单中心加放射状的城镇空间结构。当然，这种结构的弊端也是显而易见的，城镇空间越是离开交汇处，地价衰减越是明显，造成城镇空间资源价值的差异过大，城镇空间综合功能效率低下。因此突破这一结构的束缚，同时依然与地貌环境保持耦合，成为重要的探索路径。

6.1.4 城镇空间优化的重要问题

耦合于分形地貌的城市形态不仅应该具有生态效益，而且应该同时考虑经济效益和社会效益，应该实现空间价值提升、运营管理高效率、公共服务均衡等目标。因此，以下从“紧凑与蔓延”、“生态与绩效”、“公平与效率”、“增量与存量”四个方面简单探讨延安城市空间优化应该考虑的问题。

（1）紧凑与蔓延

通过以河流交叉点为圆心的城镇空间集聚度的分维测算，在一定半径范围内，城市的集聚度比较高；随着半径的增大，城市的集聚度逐渐下降。也就是说，距离交汇处较近处（根据前文分析，约2km）的空间集聚度较好，之后进入平缓区（约8km），之外是衰减区域。因此，应该增强中心处的空间拓展，同时增加交通功能；进一步提升平缓区的空间效率，并且避免在衰减区基础上不断拉长城市空间在川道的蔓延。通过前文已经论证的枝状网络空间模式，可以增强中心区域的空间紧凑度，并且阻止城市的蔓延。当然，更加具体准确的区域判断应该依据进一步细化的空间集聚分维识别。按照理想城市分维数1.71的判断准则，可以划分出接近于2的紧凑区，接近于1.71的理想区域，低于1.71的城市蔓延区。同时应该注意，随着枝状空间网络结构的逐渐形成，主川道空间得到疏解，相关分维识别数据也会随之出现变化。

（2）生态与绩效

耦合于分形地貌的延安城市空间形态在保障城市生态效益的同时，必须同时保障城市的综合运营和发展绩效，不能以保护自然环境为由而完全无视城市的综合成本，这才真正具有可持续发展的动力。自然环境具有一定的自我修复与平衡能力，因此必要的城市跨越门槛发展也是应该面对的现实选择，通过对包括地貌在内的自然环境的必要介入，逐渐完成人与环境再平衡的过程。当然，这种介入应该是可控的、可平衡的过程。相反，低效蔓延式的空间拓展，由于忽略了必要的人工引导介入，使得城市空间在生态阻力较小的主川道随意蔓延，表面上看对生态环境的介入较小，却会因为城市尺度的过大松散而对自然环境带来更多的威胁，特别是对川道农田的侵蚀，使得这种危害极有可能是不可逆的。因此，城镇空间与分形地貌的耦合适应，并不意味着完全根据地貌形态随意延伸，而是通过人为的研究引导，与包括地貌在内的自然环境达到性价比最好的融合关系，以最小的生态代价，获得最大的城市绩效。

（3）公平与效率

公平主要是指市民享受服务设施的水平是否均等，是公众利益的平衡问题，其核心在于城市公共服务设施资源在城市土地上的分布。公共服务设施用地的分布是城市空间形态中的关键问题之一，既涉及市场性，也涉及公平性。对于陕北河流交汇处的城镇而言，由于受地形影响明显，公共管理与公共服务用地的均衡性就显得尤为重要。尤其是中小学和绿地广场的空间分布均衡性应该与居住用地的均衡性相匹配，使得居民活动、子女受教育能够有较为便捷的服务。商业服务业设施用地相对于公共管理与公共服务用地，要求有较高的空间集聚性和市场响应，因此，商业服务业设施用地应该综合考虑规模效益和合理的服务半径，通过服务层级等途径达到较好的平衡。

（4）增量与存量

对于陕北城镇发展而言，增量与存量发展往往是并行的，当前存量发展更具有现实意义。受地貌制约的陕北河流交叉处城镇，其增量发展常常带来城市蔓延，从而进入低效发展阶段，特别是城市边缘区的土地利用效率明显降低，延安的城市蔓延问题已经初现端倪，城市中心区高容积率开发严重破坏了交汇处的城市风貌，城市交通问题及安全隐患凸显。因此，延安的增量发展应该改变方向，避免在主川道空间的蔓延，转而向周边小流域沟道空间合理拓展，疏散城市中心区内部功能。同时，加大对现有城区功能、交通、空间等方面的优化，结合新的城市形态发展，挖掘和优化城市存量空间的资源价值。

6.1.5　基于空间重构的延安城市空间适宜模式

跳出主川道向周边小流域沟道寻求发展空间，形成空间网络结构，在有效部位设置规模适宜的山上组团，疏散中心城区职能，这是延安城镇空间结构优化应该选择的路径。在这一基础上，强化交通等基础设施、公共管理与服务设施、红色文化遗产保护、山地城市地域特色营造等方面的工作。

延安城市空间一直以来均沿主河谷川道呈“Y”形带状发展(图6-6)，随着城市能源经济的崛起、城市规模的增大、旅游热潮的升温，城市空间和交通压力越来越大，成为亟待解决的问题。空间拓展也是难以回避的现实，关键是如何进行空间拓展。依据前文分析，与分形地貌相耦合是以最低生态成本获取最大城市效益的选择。城市不再沿主河谷带型发展，而是向周边小流域拓展空间，将重要的小流域进行连接，与“Y”形骨干共同构成“Y”形枝状空间网络结构，并在适宜部位设置必要的山上组团，从而构成“‘Y’形网络+枝状组团”的城市整体空间结构(图6-7)。这一结构打破城市长期以来沿“Y”字形主河谷带状蔓延的布局，从带型结构向网络空间结构转变，从线性松散蔓延向网状集

图6-6　延安中心城区现状

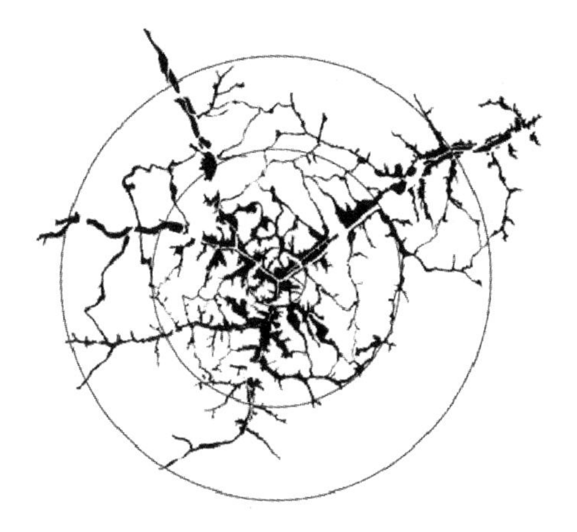

图6-7　“环形放射+组团”的网状空间结构

聚转变，在分型地貌的形态逻辑上完成城市空间格局演化的整体过程，也避免城市简单套用平原地区城市的一些途径进行空间重构。

该结构的核心是把主河谷周边小流域空间纳入城市整体空间结构，与城市空间主体构成紧密的结构关系，通过适宜的功能植入，形成多样化的城市小流域空间组团，如具有生态意义的新型生土窑洞住区、具有城乡统筹意义的新型乡村、具有结构疏通意义的交通职能等。新的城市空间结构对于尊重陕北黄土高原生态环境本底、解决城市面临的现实问题、塑造富有地域特色的城市空间形态和景观具有多方面的意义：

（1）有利于河谷保护

城市空间向小流域的扩展可以控制城市扩张对河谷川地的侵占，保护河谷优质的耕地，保持相对良好的城市生态格局，并在现有主河谷建设用地中形成具有重要价值的生态廊道、生态斑块等，增加基质孔隙度，维护城镇环境中生境类型的多样性，避免城镇硬质空间建设在主河谷中的不断蔓延。适应分形地貌的城镇空间形态相当于在小流域自然环境中嵌入人居斑块，与整体自然生态斑块呈拼图式的互补形态，减少了在主河谷生态环境内人居斑块的叠加强度，有助于人工系统与自然系统整体的互融共生。

（2）有利于紧凑发展

城市空间向周边小流域拓展，表面上看布局走向分散，实际上在中心区周边区域形成了网状空间的集聚，河谷城市有了纵深空间发展，使得从单向线性结构中分散出来的城市职能在相对紧凑的网状团块中发挥作用，并在紧凑集中的范围内有效缓解了城市交通、强度、安全等问题。总体形成城市主河谷中心高密度区、城市小流域生态低密度住区、城市小流域及郊区乡村窑洞区、穿越城市之中的山体沟壑生态区等相互融合，由中心向外围密度逐步递减的城市空间格局。城市向小流域疏解的同时，本质上却表达了一种集中，使城镇主体空间紧凑收缩在一定范围之内，避免在主河谷中无节制蔓延。同时，以往被遗忘的小流域获得全新的发展机会，土地价值得以提升。有机分散的目的，是要把城市土地的价值，纳入一种有秩序的经济体制内，使人民得到安全感[68]。总之，这是一种集聚与分散的辩证统一，是一种相对概念的紧凑，却是一种适应地域生态条件的唯一有效的紧凑。

（3）有利于交通疏解

现状延安城市空间呈放射状结构，全部交通干线汇聚在主川道内，并且单向连接，没有网络环状连通，在新的城市规模发展压力下，造成交通效率低下，拥堵严重。遵从分形地貌的整体枝状网络结构把重要的小流域进行了交通连接，形成了富有地域特色的环形交通网络，彻底改变了单向交通连接的现状结构，使得城市中心和重要单元的相互联系有了新的路径，也使交通疏解具备了可能条件。依托"'Y'形+枝状环线+末梢循环"的新型路网体系，主川道之间通过主要小流域沟道间连接线形成主干环线，小流域间又通过更多末梢连通形成城市微循环网络，形成川沟相连、沟沟贯通的环状网络，从而在整体拉大城市骨架的同时，构建了通达的交通路网系统，使得城市能量得到不间断循环。“Y”形主干依然是城市交通的基本构架，与城市对外交通相连，其他重要的枝状连线依据需求同样可以与对外交通便捷沟通，使得整体城市与区域交通建立更加紧密的关联。

（4）有利于城乡融合

在小流域空间中，除了疏解出来的住区等城市职能，也可以根据总体发展保留原有具有一定规模的乡村，通过新农村规划建设，强化与城市功能的联系与融合，形成特有的城镇、乡村融合发展模式。这一模式有利于城乡职能与空间的统筹安排，有利于形成相互依赖又相互独立的城市与乡村社会，有利于缩小城乡社会、经济、文化等各方面的差别，实现城乡统筹发展。农村居民能够较为方便地使用城市各类公共资源，成为能够留在乡村土地上工作和生活的城市住民，进而形成一种具有地域特征的城镇化发展途径。

（5）有利于特色景观

整体枝状网络模式将多种黄土高原地貌类型包容进城市空间结构之中，在城市内部展示了陕北黄土高原沟壑地貌千回百转、步移景异的风貌特征。人们的活动不再拥挤在同一的河谷之内，而是在城市活动中跨越大小不同的沟壑，领略不同地貌所呈现的环境氛围，时而活跃开敞，时而安宁隐秘，时而起伏登高，时而隧道穿行。城市、乡村、山体、河流交错共生，高层、窑洞、街道、绿野浑然一体，整体空间秩序反映了城乡空间统筹发展并与自然生态景观融合共生的完整系统。

6.2 “分维绩效”导向下的米脂城镇空间结构优化

6.2.1 理论前提：分维绩效作为判定依据

“分形是城市矛盾运动的结果，也为我们解决城市演化的各种矛盾提供了思路。尽管现实中的城市大都具有某种分形性质和特征，但与分形优化的要求都相距甚远。”[69]因此，需要设置一些指标数据对城镇形态的分形特征进行描述和评判。

一方面，“分形与否”是对城镇空间形态评判的重要依据之一。根据分形理论，分形的本质在于能量的优化分布，分形结构与形态在理论上具有“有限无穷”的性质，即它可以在有限的空间范围之内无穷层次地填充空间，使得空间得到最高效和最充分的利用[69]。因此，城镇空间形态是否达到了分形状态或其偏离分形状态的程度大小是本章研究对城镇形态“质量”评判的重要前提之一。

城镇形态是否达到分形可通过维数计算过程中的拟合优度指标（R^2）进行量化表征。

另一方面，并不是所有分形体都是最优或最佳的，分形形态之间也存在着效率的差异。分形理论与方法的优势在于可以透过复杂的社会经济现象，利用简单的分维值大小来判定城镇空间的分布状况，或从分维值的变化分析城镇的发展态势[70]。可见，分维数是表征分形特征与状态的核心指标，可借助“分维数”作为衡量分形“优劣”的标准。根据国内外的大量案例研究，分形理论关于城市空间形态的一个基本结论是：城市在发展过程中，空间形态的分维数总体会呈上升趋势，最终达到一个相对稳定值（该值为 $D=1.71$），这个稳定值被认为是城镇形态最佳的分形状态。因此，城镇形态实际分维数与理想值 1.71 的趋近程度是对米脂城镇形态“质量”评判的另一重要前提。

综合以上两个方面提出“分维绩效”概念，即通过拟合优度和分维数等指标对城镇形态的分形特征加以描述，并对不同空间形态在分形视角下的效益高低进行综合评判。

6.2.2 研究对象的划定与现状分形特征

（1）米脂县域概况

米脂县位于陕西省北部、榆林市东部，无定河中游，东经 109°49′~110°29′，北纬 37°39′。其东靠佳县，西接横山、子洲，南连绥德，北承榆阳。县域行政辖区东西长 59km、南北宽 47km，土地面积 1212km²，占榆林市域总面积的 3%。县域辖 7 镇、6 乡、396 个行政村，约 21 万人。县域边界呈向西北倾斜的“凹”字形。

县域交通：神延铁路贯穿米脂县境，210 国道纵贯县境南北。佳米公路、子米公路与 210 国道交汇于县城。县城银州镇位于县域中部，紧靠无定河，距榆林市区 76km。

地形地貌：米脂县是风沙草滩向黄土地貌过渡的区域，呈现较为典型的黄土丘陵沟壑地貌特征。地势东西高、中间低，由西北向东南倾斜。境内沟壑纵横、河槽深切、梁峁交错、川沟接替、地表支离破碎，唯中部无定河河谷平坦，农业生产条件较好。海拔最高 1252m、最低 843.2m，平均海拔为 1049m。

水文地质：米脂县境内河流属黄河水系，无定河从西北向东南纵贯中部；东沟、金鸡河、马湖峪沟、杜家石河、小河沟等九条小河从两翼汇入，河流长度较短、水流较浅；另外流水支沟 550 余条。水量丰枯随季节变化，夏季汛期河流夹带泥沙，冬季冰封，年平均径流量 6492 万 m³。[71]

受经济发展与交通等外部动因影响，城镇空间的用地增长边界建设开始突破原有的分形发展状态。河流交通与用地条件等主导城市建设的影响因素，成为米脂现状用地增长边界、延续分形地貌发展的阻碍。

（2）研究区范围划定

具体研究对象以米脂县城为中心，沿着川道和次沟四个方向扩展，划定出 20km 见方的区域作为“城乡空间形态分形特征与绩效测评”的范围（图 6-8），该研究区北至米脂县镇川镇，南到十里铺乡，东西各延伸约 10km 至次沟流域末端。该范围的框定考虑到以下因素：其一，城乡形态的研究强调空间关系紧密的城乡聚落特征，因此本研究区并没有采用县域行政边界为研究范围，而是选择米脂县城以及围绕在米脂县城周边的城乡空间。其二，为了使研究对象尽量相对独立和整体，且便于分形数据的计算，基于无定河流域的地形地貌特征，研究区以川道为主干囊括了不同层级、相对完整的流域单元。其三，依照分形理论中城乡用地网格分维与半径分维的测算方法与理论释义，框选正方形为研究范围，并以米脂县城和川道近似作为研究范围的几何中心。

（3）研究区现状分形特征

研究区由川道、次沟和支毛沟三级沟壑组成，该沟壑体系可形象地比喻为树形脉络：川道即为主干，次沟为分枝，支毛沟为末梢，形成干—枝—梢三级层次（图 6-9）。另外，通过计算可得，米脂研究区现状总建设用地面积约为 19.19km^2，其中川道内建设用地所占比例最大（约 55.1%），次沟内建设用地比例仅占 16.7%，支毛沟内建设用地比例占 28.2%（表 6-1）。

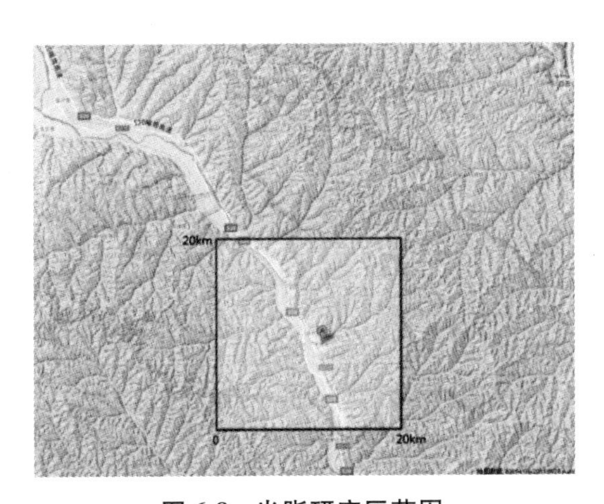

图 6-8　米脂研究区范围

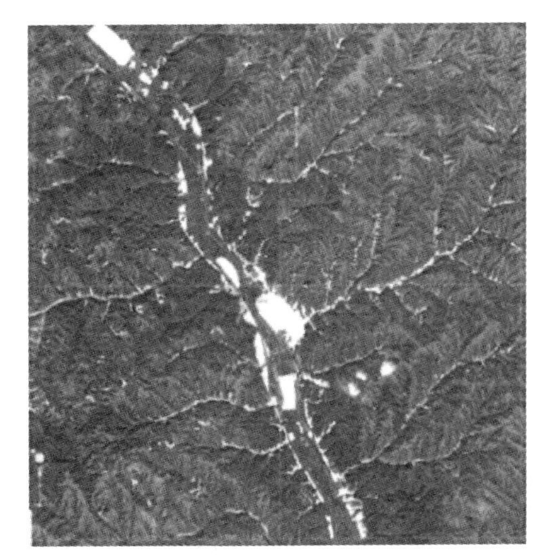

图 6-9　米脂研究区城乡建设用地现状

研究区现状建设用地分布特征　　**表 6-1**

	川道	次沟	支毛沟	总建设用地
建设用地面积（hm^2）	1057.68	320.36	540.93	1918.97
建设用地占总用地比例	55.1%	16.7%	28.2%	100%

根据半径分维数据测算结果，研究区城乡建设用地半径分维拟合优度 R^2 为 0.992，分形特征不够明显；半径维数 $D=0.941$，远小于 2，说明建设用地土地利用圈层密度从中心向外围呈递减趋势，与当前沿川道集聚发展的状况（即“强干弱枝”的形态）相吻合；另外半径维数 0.941 绝对值偏低（小于 1），说明研究区建设用地仍集中于县城中心（银州镇），周边乡镇建设用地的比重偏低，应加强米脂县城外围地区（包括次沟和支沟内用地）的空间利用与整合（图 6-10、图 6-11）。

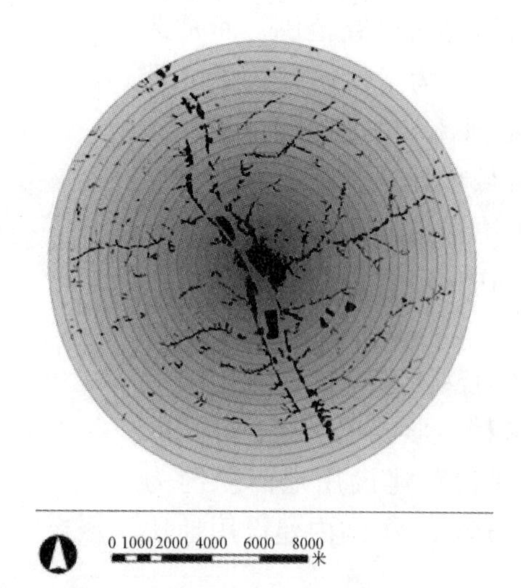

图 6-10　米脂半径分维的圈层设置

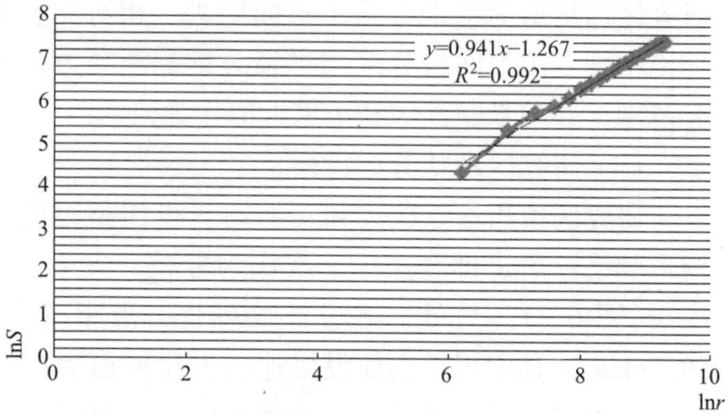

图 6-11　米脂研究区现状用地半径分维数据

根据网格分维数据测算结果，研究区城乡建设用地网格分维拟合优度 R^2 为 0.991，分形特征较弱；网格维数 $D=1.501$，在 1～2 之间，属于正常范围，但数值不高，说明米脂城乡空间发展的成熟度还不够，未达到稳定和饱和状态（图 6-12）。

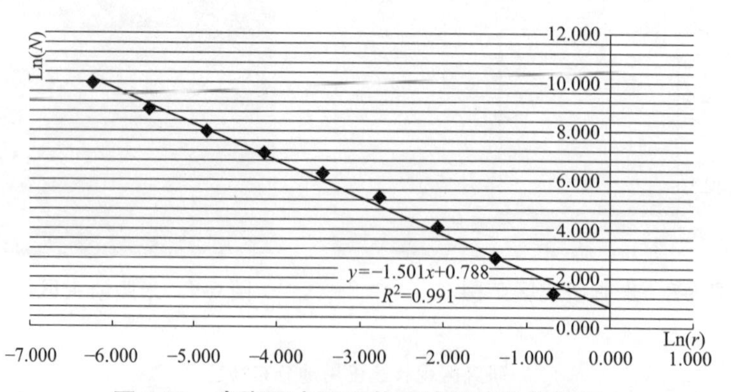

图 6-12　米脂研究区现状用地网格分维数据

综上，由于受黄土高原坡地、水系等大量不可建设用地的制约，米脂城乡空间骨架容易呈带形展开，大而松散，导致其整体用地比较离散和不均衡，城镇总体规模偏小，城乡空间分形特征较弱。因此，需要结合米脂研究区的空间潜力和实际状况，合理拓展城镇发展空间，引导城乡用地更加高效合理的布局，适当提升城镇用地分维数，使米脂城乡总体用地形态得到优化和提升。

6.2.3 米脂研究区城乡空间发展构型

通过对陕北黄土高原地区城乡发展的相关文献和案例的研究，米脂研究区未来的城乡空间形态发展应基于三种基本构成：川道形态与规模；次沟形态与规模；支毛沟形态与规模。通过对这三类空间构成的系统组织与统筹，结合城镇发展理论中带状、组团状、指状等不同形态类别，最终总结出8种米脂研究区城乡空间形态发展构型(表6-2)。利用“干、枝、梢”的层级关系代表川道、次沟和支毛沟的用地发展规模，可更为形象地概括其各自特征。这些构型尽管不能涵盖所有的用地布局形式，但能够代表黄土高原沟壑区主要的空间发展途径，具有“模式”引导的意义。

米脂研究区城乡空间发展构型图示 表6-2

	用地布局图	结构示意图
①单轴延伸状构型		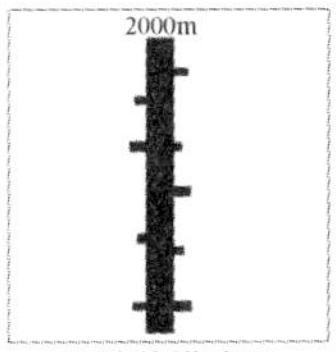 2000m 单轴状模式图 强干弱枝弱梢
②带形团块状构型		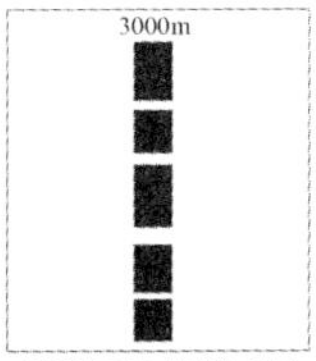 3000m 带形团块状模式图 强干弱枝弱梢
③鱼骨状构型		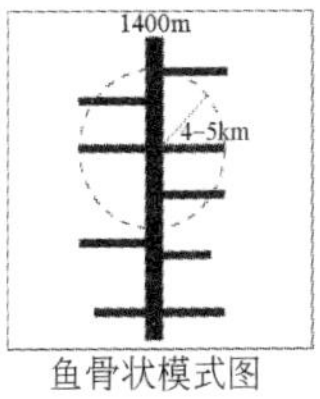 1400m 4~5km 鱼骨状模式图 强干中枝弱梢

续表

	用地布局图	结构示意图
④点轴状构型		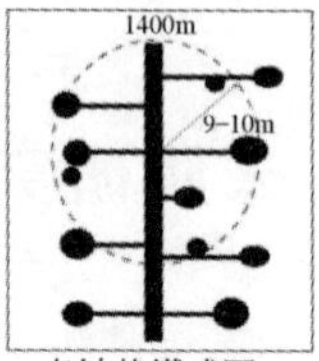 1400m 9-10m 点轴状模式图 强干弱枝强梢
⑤组团集聚状构型		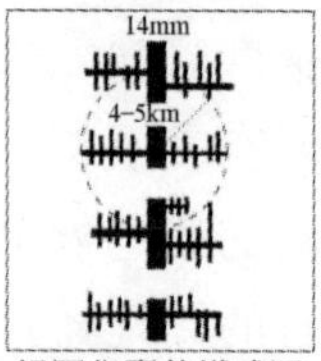 14mm 4-5km 组团集聚状模式图 中干弱枝中梢型
⑥带形叶脉状构型		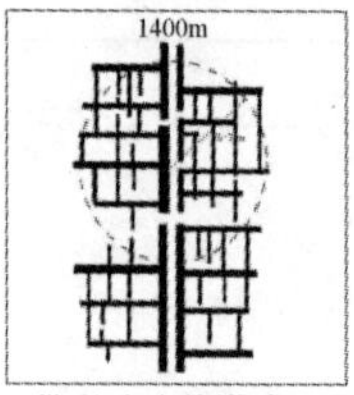 1400m 带形叶脉状模式图 中干中枝中梢
⑦羽（枝）状构型		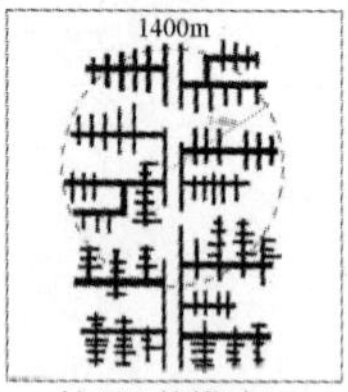 1400m 枝(羽)状模式图 弱干强枝中梢
⑧均匀网状构型		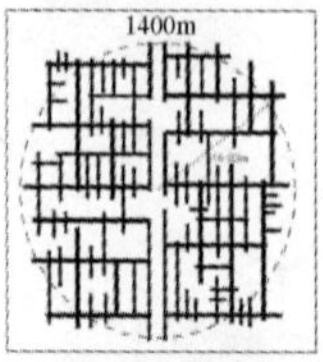 1400m 均匀网状模式图 弱干中枝强梢

需要指出，本研究发现，城乡建设用地的面积大小对城乡形态的分维数据会产生影响，为避免“建设量”对本研究产生干扰，确保各空间形态构型的可比性，以期在城乡空间形态与分形数据之间建立对应性，在本试验中创建上述

不同的城乡空间形态发展构型时必须达到统一的建设用地面积指标。具体而言，米脂研究区现状城乡建设用地面积为 19.19km²，因此本次研究设定各类空间构型在现状城乡建设用地面积基础上扩展 50%，即规划城乡总建设用地面积应达到 28.50km²。

（1）单轴延伸状构型——强干弱枝弱梢型

基于陕北黄土高原城镇发展往往先从川道内的开阔空间连续蔓延的现实规律，将米脂研究区所有建设用地集中布局在川道内，形成城乡用地沿主干线性蔓延的发展态势，具有典型的带形城镇特征。为了在不占用次沟、支沟空间的前提下达到试验要求的建设用地面积指标，需适度占用无定河两侧缓坡地带作为建设用地，此时川道内建设用地宽度达到 2000m。该构型的用地布局集聚而紧凑，在有限范围内空间联系较方便、效率较高；然而一旦沿川道过度延伸则不利于交通联系，因此该构型不适于更大尺度范围的空间拓展。

（2）带形团块状构型——强干弱枝弱梢型

该构型也是建设用地在川道内集中布局的主干式构型，但区别在于该构型强调城乡空间形态不应沿河谷连续扩张和填充，而应在河谷建设区中插入一些自然“间空”地带。具体而言，该构型由川道中的若干带形建设组团组成，各组团之间设置 1km 左右的非建设控制区。组团化格局可有效控制城乡用地沿川道无序蔓延的态势，并减弱由此带来的生态环境隐患和交通压力。但是，该构型亦需要拓宽川道用地宽度，如充分挖掘河流两侧坡地、川道与次沟沟口用地进行建设，并需要更高的技术保障，此时川道内建设用地宽度达到 3000m。

（3）鱼骨状构型——强干中枝弱梢型

该构型充分利用沿无定河两侧 4~5km 范围内川道与次沟中的平坦用地，弱化支毛沟或次沟末梢的建设用地。由于建设用地沿河谷川道和主要次沟连续发展，空间布局较为集聚和紧凑，收缩了交通成本；但主要沟道中的平坦耕地被占用，会导致大量耕地转向支毛沟内，从而改变河谷聚落临水就近耕作的传统模式与便捷性。

（4）点轴状构型——强干弱枝强梢型

通过对米脂研究区现状的调研发现，部分次沟末端呈现出一些村镇用地集聚的态势。因此，该构型在沿川道连续集中建设的基础上，通过生态移民将分散的村落进行有效整合，进一步强化次沟末梢和支毛沟内建设用地的集聚化和规模化；同时弱化次沟沿线内的带状建设用地空间，甚至将部分发育不稳定的次沟恢复为非建设用地。

该构型因跳出次沟空间而形成点轴跨越的发展态势，研究区城乡用地的空间骨架延伸至无定河两侧 9~10km 范围，一方面腾让出次沟用地作为耕地、绿化等生态自然用地，另一方面小流域末梢尽端式空间的交通效率较低，另外末梢可建设用地有限，需改变局部地形地貌以达到一定的建设用地规模。

（5）组团发散状构型——中干弱枝中梢型

基于米脂研究区现状建设情况，首先沿川道划定 4~5 处城乡集中建设区，每个集中建设区沿无定河纵向分布的长度约 3~4km，相邻建设区之间的川道空间保留为林地、耕地等非建设用地，形成川道内组团化的发展格局，组团之间的距离控制在 2km 左右。在此基础上，引导城乡建设用地沿着组团两翼的次沟继续发展，并延伸到次沟两侧支毛沟内，以强化次、支沟内建设用地的羽状肌理，沿次沟纵深发展的距离控制在 4km 左右（同构型 3），形成“短枝密梢”的态势。川道内非建设用地两侧的次沟、支毛沟仍保留为非建设用地，预留出与河流垂直的生态廊道。

总体构型如同在川道内种下若干“种子”，由“种子”向两翼生长出若干“枝叶”。该构型在城乡体系层面容易形成多核心化的组团格局，在组团层面也可组织多层级的空间层次，既提升了城镇空间发展的效率，又缓解了城乡发展对河谷生态环境的压力。

（6）带形叶脉状构型——中干中枝中梢型

首先在川道内沿无定河两岸各划定出 200~300m 的非建设控制区，在控制区与两侧缓坡之间进行城市建设，建设区宽度约为 200~400m，呈条带状延伸，由此在川道内沿河流形成宽阔的河谷生态走廊。之后，城乡建设用地沿次沟继续“渗透”，纵深发展长度控制在 5~7km，紧接着在次沟之间选择相邻小流域末端较近（即其间的分水岭较小）的支毛沟作为建设用地。同时，通过交通手段将重要的支毛沟连通起来，或将相邻次沟直接贯通，从而使“背靠背”的小流域相互融合。并非所有支沟都要连通，主要依据城镇整体交通网络体系效益提升原则判断连通是否必要，并通过连通效益性价比综合确定。对于规模较小、长度较短的支毛沟，保持其空间的独立性更加重要，有利于布置安静的独立住区。

该构型将次沟发展长度进行了限制，因此整体形态呈宽带状，在带状区域内形成由不同层级条带空间组成的网状脉络，仿似末梢相互贯通且层次有序的叶脉肌理。有限地域内的网状城乡空间与沟壑地形地貌更易融合，容易提升河谷地带的生态环境，但不易构建城乡发展的集聚中心。

（7）枝状（羽状）构型——弱干强枝中梢型

针对当前城乡建设对无定河流域产生的生态压力，该构型的发展思路从川道转向次沟和支毛沟，即将研究区的无定河沿岸主要平坦用地（除保留的县城中心外）均作为非建设用地，形成自然郊野化的生态河谷景观。主要建设区沿次沟和支毛沟伸展，一些次沟还会进一步分出二级、三级次沟，增加了沟道内的建设空间，次沟纵深发展长度达到 7~8km；各级次沟建设用地再延伸出支毛沟用地，一些间距较小、分布集中的支毛沟用地可整合为平行布局的城乡社区。

该构型在整体上呈现“绿带串联、枝状穿插”的特征：即建设区由若干相对独立的枝状或羽状小流域单元组成，川道作为中心绿带将这些建设单元拉接在一起。但末梢尽端式的枝状或羽状空间结构则不利于交通联系和功能布局。

（8）均匀网状构型——弱干中枝强梢型

基于枝状构型的思路，将主要建设用地分布在沟壑网络中，进一步提升次沟、支毛沟在建设用地中的比重。一方面，将次沟、支毛沟的建设用地扩展至研究区边界，次沟纵深发展长度达到 18~20km，城乡用地呈方形均匀扩展。另一方面，支毛沟末梢相互贯通，使城乡用地总体呈网状格局，而次沟与支毛沟在空间层次上不存在等级差异，使网状形态更加均质化。

该构型能够较充分占据研究区支离破碎的沟壑空间，并形成格网贯通的态势。但过于拉大的空间骨架和分散的用地布局，会导致基础设施建设成本较高、难以形成城镇中心等问题。

上述各个城镇空间模型又可归并为三大类：川道集中式、支沟分散式和混合式。川道集中式以单轴延伸状和带形团块状模型为代表；支沟分散式以点轴状、羽(枝)状和均匀网状模型为代表；混合式则以鱼骨状、组团集聚状和带形叶脉状模型为代表。

6.2.4 空间发展构型的分维计算与对比

基于上述城乡总体用地形态示意图，运用 ArcGIS 空间分析等技术对米脂研究区各类城乡空间发展构型的网格维数、半径维数进行测算。将测定的各类构型的分形数据形成列表，通过比对拟合优度、分维数等数据，从中寻找在相同建设用地面积情况下城乡空间形态与分维特征的对应关系，并判断哪一种城乡空间发展构型具有更好的绩效。

米脂研究区城乡空间发展构型的分形测算数据(包括网格分维与半径分维)汇总在表 6-3 中。结果显示，不同的城乡空间发展构型对网格分维和半径分维数据均有一定影响，即不同的城乡空间形态存在着分形特征与空间占据效率的差异性。

米脂研究区城乡空间发展构型分维数据 **表 6-3**

	网格分维数据			半径分维数据		
	网格维数	拟合优度	线性拟合图表	半径维数	拟合优度	线性拟合图表
单轴延伸状构型	1.597	0.996	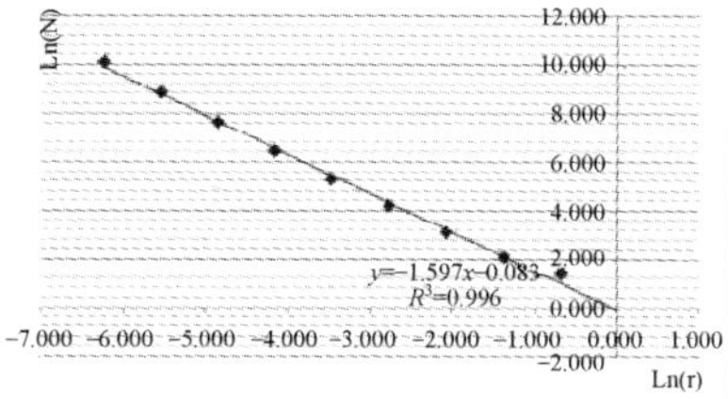 Ln(N)–Ln(r)：$y=-1.597x-0.083$，$R^2=0.996$	1.034	0.983	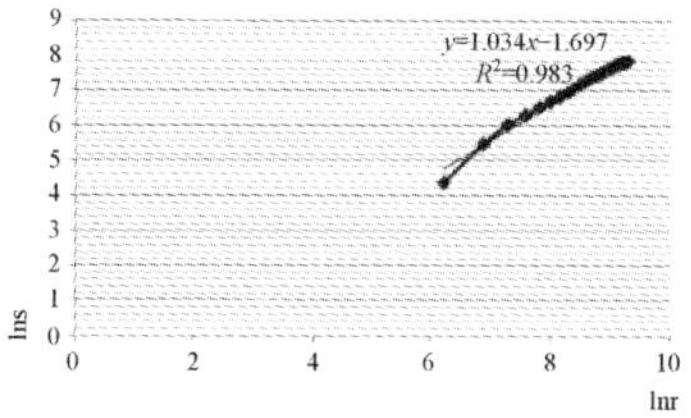 lns–lnr：$y=1.034x-1.697$，$R^2=0.983$

续表

	网格分维数据			半径分维数据		
	网格维数	拟合优度	线性拟合图表	半径维数	拟合优度	线性拟合图表
带形团块状构型	1.599	0.995	Ln(N) 12.000 10.000 8.000 6.000 4.000 2.000 0.000 −2.000; Ln(r) −7.000 −6.000 −5.000 −4.000 −3.000 −2.000 −1.000 0.000 1.000; $y=-1.599x-0.109$ $R^2=0.995$	1.048	0.986	lns 9 8 7 6 5 4 3 2 1 0; lnr 0 2 4 6 8 10; $y=1.048x-1.834$ $R^2=0.986$
鱼骨状构型	1.562	0.999	Ln(N) 12.000 10.000 8.000 6.000 4.000 2.000 0.000; Ln(r) −7.000 −6.000 −5.000 −4.000 −3.000 −2.000 −1.000 0.000 1.000; $y=-1.562x+0.369$ $R^2=0.999$	1.078	0.991	lnS 9 8 7 6 5 4 3 2 1 0; lnr 0 2 4 6 8 10; $y=1.078x-2.083$ $R^2=0.991$
点轴状构型	1.547	0.998	Ln(N) 12.000 10.000 8.000 6.000 4.000 2.000 0.000; Ln(r) −7.000 −6.000 −5.000 −4.000 −3.000 −2.000 −1.000 0.000 1.000; $y=-1.547x+0.530$ $R^2=0.993$	1.089	0.994	lnS 9 8 7 6 5 4 3 2 1 0; lnr 0 2 4 6 8 10; $y=1.089x-2.204$ $R^2=0.994$
组团发散状构型	1.591	0.999	Ln(N) 12.000 10.000 8.000 6.000 4.000 2.000 0.000; Ln(r) −7.000 −6.000 −5.000 −4.000 −3.000 −2.000 −1.000 0.000 1.000; $y=-1.591x+0.404$ $R^2=0.999$	1.126	0.992	lnS 9 8 7 6 5 4 3 2 1 0; lnr 0 2 4 6 8 10; $y=1.126x-2.524$ $R^2=0.992$
带形叶脉状构型	1.606	0.997	Ln(N) 12.000 10.000 8.000 6.000 4.000 2.000 0.000; Ln(r) −7.000 −6.000 −5.000 −4.000 −3.000 −2.000 −1.000 0.000 1.000; $y=-1.606x+0.508$ $R^2=0.997$	1.132	0.995	lnS 9 8 7 6 5 4 3 2 1 0; lnr 0 2 4 6 8 10; $y=1.132x-2.536$ $R^2=0.995$

续表

	网格分维数据			半径分维数据		
	网格维数	拟合优度	线性拟合图表	半径维数	拟合优度	线性拟合图表
枝状（羽状）构型	1.601	0.995	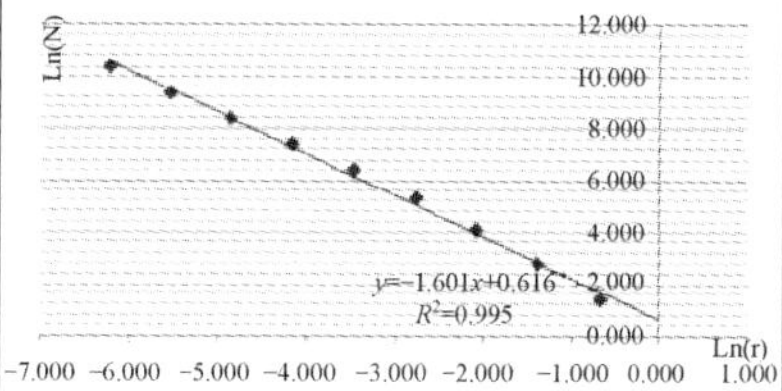Ln(N) Ln(r) y=-1.601x+0.616 R²=0.995	1.148	0.997	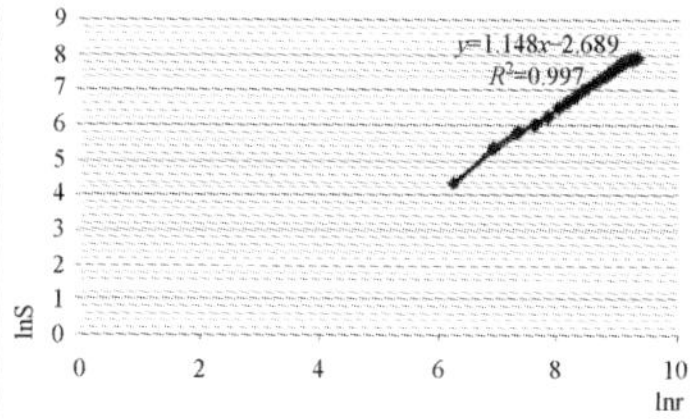lnS lnr y=1.148x-2.689 R²=0.997
均匀网状构型	1.630	0.994	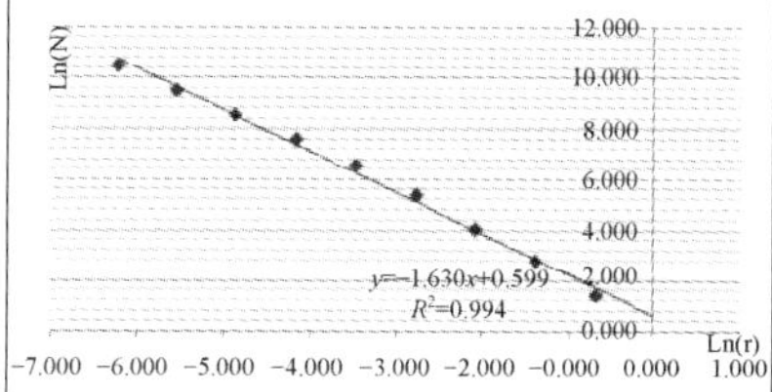Ln(N) Ln(r) y=-1.630x+0.599 R²=0.994	1.160	0.990	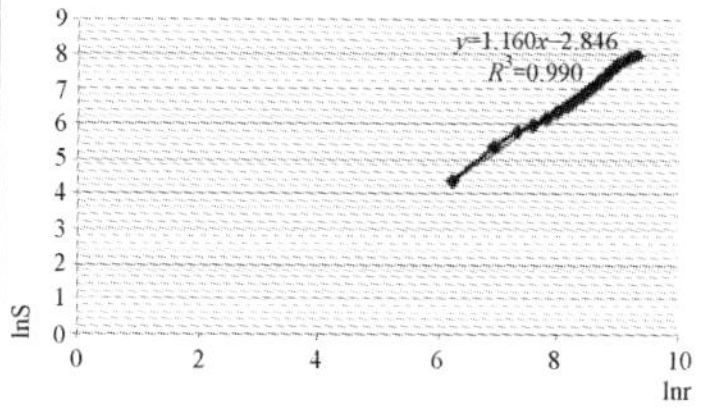lnS lnr y=1.160x-2.846 R²=0.990

（1）分维数据的空间描述

为研究城乡形态的整体格局，采用网格法和回转半径法作为计算城乡空间构型分维特征的主要方法。分维数可以反映出分形体的空间分布特征以及空间变化规律，基于城乡空间分形研究的已有成果可总结出网格分维与半径分维的空间内涵。

一方面，网格维数强调系统对空间的填充容量以及形态的均衡性[72]。分维数越大，表示城市用地分布越均匀，或填充度越高，当分维数高至极限 2 时，则城市形态填充为一个欧氏几何形态；分维数越小，表示城市用地分布越集中，或填充度越低，当分维数低至极限 0 时，城市用地退化为一个点。

另一方面，半径维数强调城市用地的向心集聚程度，即城市从中心到外围圈层面积密度的递变特征。分维数在 0~2 之间分布时，维数越小表示从中心到外围圈层密度衰减越迅速和明显，即要素向心集聚程度强，中心首位度偏高，维数越大表示从中心到外围圈层密度递减越平缓，趋于 2 时中心到外围呈均匀分布而无变化；分维数大于 2 时，说明城市从中心到外围呈现面积密度递增的情况，即中心集聚性和紧凑度不够。

总之，城市的发展过程往往是城市外部空间拓展与内部空间填充过程的结合，随着城市的增长，城市空间形态分维应呈上升趋势，但不应超过其极限值 2.0[72]。按照国内外城市分形研究的经验值，平原地区大都市的期望分维值应在 1.71 左右，此时，城市形态格局无论在均衡性方面还是在集聚性方面都会达到相对稳定和合理的状态[73,74]。此外，在分维计算过程中得到的拟合优度 R^2 是判定分形是否存在或城市是否达到分形状态的重要指标，国内外学者多以 R^2 大于

0.995 作为判断城市是否分形的依据[75、76]。

（2）网格分维数据的对比

首先，带形叶脉状构型的网格分维拟合优度 R^2 为 0.997，网格维数 D 达到 1.606，在各类构型中网格分维的综合指标最高，说明分形特征明显且空间均衡性与填充性效果较好。

其次，组团发散状、单轴延伸状、带形团块状和枝（羽）状构型的网格维数 D 亦达到了较高值（分别为 1.591、1.597、1.599 和 1.601）。其中组团发散状构型的拟合优度达到 0.999，分形特征明显；另外三个构型的拟合优度仅为 0.995 和 0.996，在 8 个构型中拟合优度值偏低。需要指出，单轴延伸状和带形团块状两种构型都是以川道饱和式填充发展为前提，进一步优化和提升分形效果的空间和潜力很少。综合而言，组团发散状和枝（羽）状构型比单轴延伸状和带形团块状构型的分形效果更好。

第三，点轴状构型和鱼骨状构型的网格分维拟合优度分别达到了 0.998 和 0.999，说明其具有非常明显的分形特征，但其网格维数在 8 个构型中最低（分别为 1.562 和 1.547），城乡空间分布的均衡性与填充性综合效果不佳。

最后，均匀网状构型由于整体布局过于分散，缺乏集聚性与层级性，其网格分维拟合优度仅为 0.994（<0.995），分形特征不明显。

（3）半径分维数据的对比

首先，仅带形叶脉状构型和枝（羽）状构型达到了半径分维的拟合优度标准（分别为 0.995 和 0.997），其半径维数分别达到 1.132 和 1.148，说明这两个空间发展构型从中心到外围的土地利用圈层密度分布呈现出分形特征，1.1~1.2 的半径维数值说明其具有较合适的城乡用地疏散态势：城乡用地从中心到外围圈层用地密度递减，且递减程度在 8 个构型中较缓慢，即中心与外围的建设用地比重差异较小，外围次沟、支毛沟的空间疏解较均匀，可适当增加川道主干中县城中心的建设用地。

其次，单轴延伸状和带形团块状构型的半径分维拟合优度最低（分别为 0.983 和 0.986），半径维数也最低（分别为 1.034 和 1.048），说明这两个构型的城乡建设用地从中心到外围圈层密度的分形特征极不明显，并且在这两种构型中，中心与外围的圈层密度相差较大，即米脂县城外围的建设用地分布偏少，沿川道主干的建设用地过于集中，外围次沟、支沟缺少层级递变，建设用地不够疏解。

最后，鱼骨状、点轴状、组团发散状和均匀网状构型的拟合优度居中（在 0.990 和 0.994 之间），说明这四类空间构型从中心到外围的圈层密度分布的分形特征不太明显。其中，组团发散状构型与均匀网状构型的半径维数也分布在 1.1~1.2 之间，鱼骨状构型和点轴状构型的半径维数分布在 1.0~1.1 之间。

（4）分形指标的综合评判

综合网格分维与半径分维的分析结果，具有相同建设用地面积的各类城乡空间发展构型呈现出不同的分形特征和分形“绩效”(表 6-4)。

米脂城镇空间发展模型综合评价　　表 6-4

<table>
<tr><th></th><th>带形叶脉状</th><th>羽(枝)状</th><th>组团集聚状</th><th>带形团块状</th><th>单轴延伸状</th><th>鱼骨状</th><th>点轴状</th><th>均匀网状</th></tr>
<tr><td>分形绩效</td><td>好</td><td>较好</td><td>较好</td><td>一般</td><td>一般</td><td>较差</td><td>较差</td><td>较差</td></tr>
<tr><td>等级性</td><td>干枝梢三级</td><td>干枝梢三级</td><td>干枝梢三级</td><td>强干一级</td><td>强干一级</td><td>强干中枝两级</td><td>强干强梢两级</td><td>枝梢一级</td></tr>
<tr><td>网格维数</td><td>1.606</td><td>1.601</td><td>1.591</td><td>1.599</td><td>1.597</td><td>1.562</td><td>1.547</td><td>非分形</td></tr>
<tr><td>网络均质性</td><td>较高</td><td>较高</td><td>中</td><td>中</td><td>中</td><td>中</td><td>较低</td><td>较高</td></tr>
<tr><td>分形特征描述</td><td>已达到较高的网格维数和拟合优度，城乡用地分布的填充度和均质性较好</td><td>网格维数较高，城乡用地填充度和均质性较好，但拟合优度需进一步优化</td><td>网格维数处于中位，拟合优度很高，具有清晰的分形规律</td><td colspan="2">网格维数和拟合优度处于中位，川道的填充度较高，但整体结构的均质性较弱</td><td colspan="2">网格维数较低，城乡用地分布的填充度和均质性较差，城乡发展还不够成熟</td><td>拟合优度未满足要求</td></tr>
<tr><td>半径维数</td><td>1.132</td><td>1.148</td><td>非分形</td><td>非分形</td><td>非分形</td><td>非分形</td><td>非分形</td><td>非分形</td></tr>
<tr><td>集聚与扩散性</td><td>有限集聚、有限分散</td><td>总体分散、有限集聚</td><td>团块集聚、有限分散</td><td>带状集聚、小分散</td><td>带状集聚</td><td>带状集聚、有限分散</td><td>大分散、小集聚</td><td>均匀分散</td></tr>
<tr><td>分形特征描述</td><td>城乡用地从中心到外围圈层用地密度递减，且递减程度较大，即中心与外围的差异较明显，中心集聚偏强</td><td>城乡用地从中心到外围圈层用地密度递减，递减程度略有趋缓，即县城中心首位度和集聚性略有下降</td><td>—</td><td colspan="2">拟合优度最低，维数亦最低，中心外围的分形特征弱，中心首位度和集聚性过高</td><td>—</td><td>—</td><td>—</td></tr>
</table>

可以看出，带形叶脉状构型、枝(羽)状构型和组团发散状构型具有相对较优的空间占据效果(即这三个构型的网格分维和半径分维指标均达到较高标准)。其中，组团发散状构型具有较优的均衡性与填充性，枝(羽)状构型具有较优的中心集聚性和外围扩散性，带形叶脉状构型则兼具这两方面的优势，具有更综合的空间占据效果。

6.2.5 基于分形优化的城乡用地适宜规模与形态探讨

首先，组团发散状构型因具有较高的网格维数而呈现出较优的均衡性与填充性：川道中组团化的集聚斑块确保了整体结构的均衡性，容易形成多核心化的组团格局。但该构型的半径分维未达到分形标准，说明其城镇中心与外围的集聚扩散性不佳：次沟中的用地分散度不够，使各小流域内的用地效率较低、相互间的协同效应不足(见图 6-13)。

其次，枝(羽)状构型因具有较高的半径维数而呈现出较优的中心集聚性和外围扩散性。城镇空间在次沟中的充分发展形成了相对独立的枝状或羽状小流域单元，川道作为中心绿轴将这些建设单元组织在一起，确保了对川道生态环境与耕地的保护。但末梢尽端式的枝状或羽状空间结构则不利于小流域之间的交通联系和功能布局，且不利于构建城乡发展的集聚中心。另外，点轴状构型和均匀网状构型具有相似的问题，且更为突出：即过度拉大的空间骨架和分散的用地布局，导致基础设施建设成本较高、难以集聚形成城镇中心（见图 6-14）。

图 6-13　组团发散状用地构型

图 6-14　枝（羽）状用地构型

最后，带形叶脉状构型则兼具网格分维与半径分维两方面的优势，具有更综合的空间占据效果。川道内的分段布局确保了城镇空间的均衡性，次沟内有限地域中的网状用地布局与沟壑地形地貌更易融合，且形成了多层级的空间体系。该构型既保障了城镇空间发展的效率，又缓解了城乡发展对河谷生态环境的压力（见图 6-15）。

图 6-15　带形叶脉状用地构型

基于上述陕北黄土高原城乡分形空间发展策略的汇总叠加，可勾勒出米脂研究区城乡用地的适宜模式与优化构型。该构型的空间形态是“组团+叶脉状”（图 6-16），米脂城乡用地在规模上可达 40km^2，分维值 1.673，从分形城市角度判断其具有较优的分维值，城乡的空间填充度和均衡性良好，土地利用率较高。

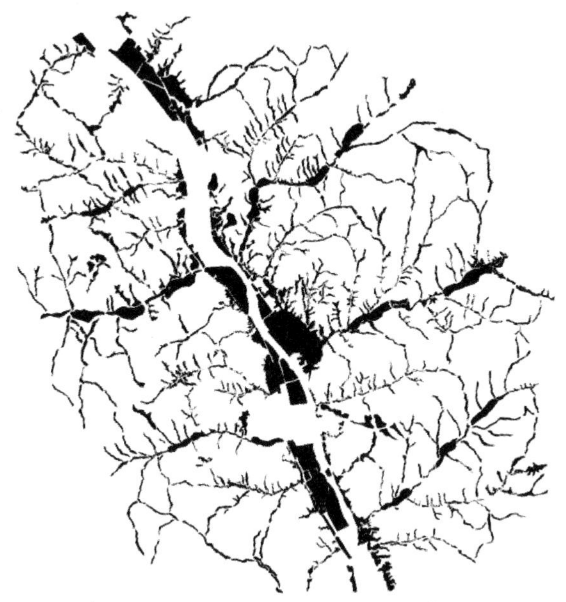

D=1.673; R^2=0.995; S=40.0km^2

图 6-16 组团+网络状构型

第7章

基于分形理论的陕北城镇空间规划方法初探

引入分形理论的规划已逐渐成为城市规划学科领域的研究前沿之一，基于课题研究和实证应用，探索基于分形理论的陕北城镇空间规划思想与方法，具有重要的理论补充价值和现实指导意义。本章将从体系构成、主导思想、方法程序三方面展开对分形规划内涵的初步阐述。

7.1 分形方法介入城市规划设计的价值

分形理论下的城市规划设计方法主要聚焦于城镇空间形态与所处自然地貌的和谐关系，包括容量上的和谐、形态上的和谐等方面。因此，该方法对于特殊地貌区的城市（如陕北城镇）而言，其现实价值尤为突出。

7.1.1 陕北城镇空间发展面临的问题

传统城镇的形态结构蕴含着自组织形成的分形内涵，强调城市规划与建筑设计都要在各种尺度上不断细分、不断变化。这种复杂模式与城镇发展的历史渐进性一拍即合，使各个时期的城市建筑在这样的构建模式中积淀下来，创造出一种各时期异质物相互融合、密度很高的城市场所。可见，传统城镇的构建模式本质上便具有分形特征，在当地条件下生成的自主单元依照当地自身的空间秩序组织形成整体，以自下而上的方式创造出一致性。

对于分形地貌特征鲜明的陕北黄土高原城镇空间规划建设，应该从当地空间环境和传统文化出发，挖掘具有地域特色的自组织和自相似规律。但现实之中却存在许多问题，由于城镇化进程迅猛，城市规划设计方法与城市内在的自组织规律及其地域环境逐渐产生脱节。尤其是在具有复杂地貌特征的陕北黄土高原地区，在社会经济发展、传统文化延续、自然环境保护等多种诉求下，城乡规划设计的理论变通与经验准备不够充足。例如，如果规划师对复杂地形空间环境缺少科学的分析、对历史城镇空间组织的秩序缺少研究、对人居环境和自然环境的协调缺乏综合考虑等，最终不但难以形成最适宜的方案，反而会给城镇建设带来一定的负面影响。

因此，研究以陕北黄土高原城镇规划为对象，通过对当前城市规划设计思维与方法的反思，在传统规划方法与思路主线的基础上，结合分形理论视角，一方面在规划主导思想层面提出新的原则与框架，另一方面在具体规划设计操作层面对相关方法步骤进行补充或调整，从而弥补现有城市空间规划设计方法的不足。

7.1.2 分形思维方法引入城市规划设计的意义

在系统论和控制论思想影响下形成的城市规划方法，体现的是线性思维，在应对陕北黄土高原复杂地貌下的城镇空间规划方面，缺少足够的适应性与灵活性。分形理论揭示出城市空间形态的发展不是直线的，促使人们从线性思维转为非线性思维，并且多层面、多视角、多维度地看待城市。

（1）基于人地和谐的空间高效利用

城市建设会占用大量的土地资源，而人多地少仍是我国的基本国情，故节约和合理利用城市土地等空间资源是城市建设中应该坚持的基本原则。陕北黄土高原地区的城乡用地效率不高、空间布局与结构组织复杂、旧城改造任务艰巨，这些特点都要求城镇发展采取相对集约的空间方案；但是，陕北黄土高原丘陵沟壑区生态环境脆弱、可建设用地分散，自然环境对于集中大规模建设的生态承载力有限。因此，在有限的沟谷川道空间中，城镇建设既要防止低效蔓延式的扩展，也要避免过度集聚的环境侵占，在规划、建设中处理好自然环境保护与土地开发利用的关系。

因此，运用分形思想进行城市规划与设计，对人居环境的优化和人地关系的协调具有重要的实践意义。分形空间结构与形态可以协调功能分区与有机组织的矛盾[69]，分维绩效与生态分维思想可以有效调节用地分布效率与生态保护之间的平衡，从而解决自然生态环境脆弱与城镇用地紧张的对立问题，营造环境友好型城镇。

（2）适于沟壑区的空间生长与再造

随着我国城镇建设的快速发展，城镇边界与规模不断扩张，加之新区建设过于追求功能效益与空间形式，由此产生土地浪费、生态环境恶化、地域文化内涵缺失等问题。因此，在新型城镇化背景下，以单纯扩大空间范围获得规模效应的城市建设模式已不再是主流趋势，重塑城市现存有限空间内的机能、提高其运行效率将成为必然。

分形理论所提出的针对复杂空间的衍生模式是一种可持续发展的典范：在边界固定的有限空间范围内，通过不断挖掘和细分空间来增加空间的使用效率。分形城市规划利用此衍生模式使城镇建成空间在发展过程中不断得到优化，使每一寸土地得以充分利用。例如，在规定城市增长边界的基础上，可以借助分形理论最有效地“填充”内部的空间，而不是无序向外增长。

因此，分形城镇规划对于复杂地形区域的城镇用地形态整合、传统城镇肌理与文脉的传承等具有积极意义，尤其符合陕北黄土高原丘陵沟壑区城镇的发展条件与状态——通过强化与优化城镇建成区内在空间的策略，恰好能应对陕北黄土高原地区城镇用地受限这一发展困境。

（3）针对物质空间形态的规划思维方法

物质空间环境在城乡规划学科中始终占有重要的位置。城市规划与设计的核心在于作为公共政策通过连续决策来塑造城市用地与空间。因此，城市空间形态是城市规划与设计研究的重要组成部分，其对城市要素的分布、密度、秩序、场所感等方面具有直接的影响。如果城市空间形态合理、高效且与城市功能相协调，那么城市空间必然是舒适、并富于感染力的；否则，城市空间只会杂乱无章、缺乏活力。

城市空间形态研究与设计作为城市综合规划的一个专项，前者对后者具有重要的支撑作用，二者的相互融合至关重要。从总体规划、分区规划到修建性详细规划乃至具体的工程项目的各个阶段，每一阶段都存在空间形态的设计与研究，城市空间形态的相关研究应与城市规划设计全过程相衔接。在城市规划的各个阶段，应发挥不同尺度层级下城市形态在城市规划建设方面的独特作用，使城市规划设计能有效地塑造城市空间、指导城市建设。分形规划设计的理论视角恰主要针对物质空间分布：城市空间具有分形结构并向着分形优化的方向发展，对城市规划和建设将起到积极的推动作用。

7.2 分形城市规划设计的体系构成

分形城市规划设计是以人居环境与自然环境的耦合问题为导向，将分形理论引入城乡规划后的产物，尤其为复杂地形地貌区的城市空间规划与研究提供了一种新的思维方法。分形城市规划设计并不是对现有城市规划体系的否定或替代，而是以城市空间的合理、高效建设为主导，强调将分形思维与方法融于城市空间形态的规划设计过程中，并用分形模型与指标描述城市空间。

7.2.1 分形规划设计的目标

分形城市规划设计是与可持续发展概念相适应的一种规划设计方法。

分形城市规划设计的总目标是：在可持续发展的指导下，引入一个直观、高效的城市规划方法平台，致力于“分析解构分形秩序、重构再生分形形态以及评估优化分形方案”的分形规划过程，从而建设适应当地自然环境与生态系统的城市空间构型与空间秩序的标准，促进人居环境与自然环境的和谐共处与协调有序。

分形城市规划设计的子目标是：①立足于城市动态循环体系的构建，设置适宜的城市空间优化路径与自然环境的生态保护路径，减少生态阻力，促进人居环境的可持续更新与发展。②立足于复杂地形区域生态环境的保护、恢复，在减轻自然环境负荷的前提下促使有限的城市空间高效发展，实现城镇空间效率与自然环境保护的相互协调。例如，城市总体用地构型要和谐于区域环境条件，并与分形地貌相耦合。

7.2.2 分形规划设计的对象与任务

分形城市规划设计的主要对象是城市空间，以分形理论和原则为基本指导，结合城市规划方法与分形相关方法，以解决城市空间形态的定性、定形、定量为主旨，同时涵盖与城市空间发展密切相关的广域范围的社会、经济、文化、生态等问题。对于陕北黄土高原地区而言，把基于地貌的分形形态问题纳入城市空间规划之中，并作为规划的一项重要指标，是分形城市规划设计的关键与核心，以空间分布为落脚点，重点关注人居环境与自然环境之间的耦合关系。

针对宏观层面的城市总体用地形态与微观层面的街区肌理形态两个不同阶段下的对象，分形规划设计的任务是不同的。针对宏观尺度城市空间的规划任务是：借助分形模型与数据指标比较，综合研究和确定城镇发展合理的空间规模和适宜的空间形态，统筹安排城市建设用地与非建设用地的布局，处理好近期建设与远期发展的关系，指导城市有序、高效的发展。针对微观尺度城市空间的设计任务是：基于分形地貌以及传统分形基因，结合现代城市空间发展的需求，创造具有分形秩序且舒适宜人的街区空间与建筑肌理。

7.2.3　分形规划设计的类型

分形城市规划设计的类型主要是从规划层次上划分，按照区域、市域、市区、街区等不同尺度层级可划分出不同规划类型，如针对区域层面的城乡分形体系规划，针对市域、市区层面的城镇分形用地形态与布局规划，以及针对街区层面的城市分形空间设计等。

宏观层面的城市总体空间形态主要指城市市域的整体结构与空间布局，分形城市在整体空间结构上会表现出一定的规律性或秩序性。研究陕北黄土高原城镇总体空间形态的分形特征，实际上就是探寻城市宏观空间结构的有机构成和各空间系统的分布、演化规律。空间战略规划、城镇体系规划以及总体规划中的部分内容都是与该层次的分形规划设计和研究相匹配和对接的，例如，对于城镇空间整体拓展方向、城镇用地规模、城镇交通体系、城镇主要视觉通廊等内容，都可以划归到该类型分形规划当中。将分形理论引入该层次规划，有助于规划师在规划中整体地把握城市空间的发展方向，运用合理、有效的手段高效地配置土地资源，使城市空间向生态有机的方向良性发展。由于该阶段的宏观战略意义在于把握重点和突出前瞻性，而不是面面俱到，所以分形规划的成果除了一些宏观分形指标的定量描述外，更多的则是以定性为主的规划政策与设计导则。

中观层面的城市空间形态主要指在市区或片区尺度下，不同城市空间要素的构成关系，如开敞空间、道路网络、建筑肌理等。这一层次的空间规划研究与城市肌理密切相关，也是城市空间形态开始具象化的阶段。因此，该层次的分形规划设计必然涉及对空间要素分形秩序与分布规律的探讨，既需要对空间形态组织进行定性研究，也需要对空间秩序进行必要的量化。在具体的规划项目实践中，详细规划(包括控制性详细规划和修建性详细规划)或者城市设计中的工作内容与该层次的分形规划设计和研究相匹配和对接。将分形理论引入该层次规划，既是对上一层次宏观城市分形空间结构的深化和具体化，也为下一层次微观空间要素的设计奠定良好的基础。

微观层面的城市局部空间分形设计主要针对具体的城市要素，例如广场、绿地、街道等某一特定的公共空间。该层次的分形规划设计对象转为微观具象的城市空间，人们可以在日常生活中直观体验与感受该空间的具体特征。因此，创造功能合理、尺度宜人、景观优美并能激发丰富城市公共活动的空间，成为这一层次规划设计的基本原则[77]。在具体的项目实践中，建筑、景观设计以及具体的工程实施都与该层次的分形规划设计和研究相关联和对接，例如居住区分形设计、绿地园林分形设计等特定功能区的设计项目。将分形理论引入该层次规划设计，可以更有针对性地对要素进行分析研判，使设计方案更具创新性和可操作性。

7.3　分形规划设计的主导思想

分形主导思想是利用分形理论开展城市规划与设计工作的基本思路，也是确保分形理论运用与推广的关键所在，是对分形城市规划思维创新的核心描述。

分形形态的整个生成过程表达的是一种自相似与自组织的思想，其本质是由最小单元的“分形元”按照一定逻辑秩序逐渐叠加衍生而成，因此，分形元与迭代秩序是分形的基本构成。在此举一个简单易于理解的例子，历史城镇院落的自相似发展过程体现了分形迭代填充的思维模式(图 7-1)：在界定了基本的空间增长边界后，以“十字形实体不断划分空间”的逻辑秩序使内部空间不断细化、丰富，而外部体积并没有扩张，这可视为一个历史城镇院落式分形结构的简化与抽象，其分形元与迭代秩序一目了然。当然，现实的城市分形空间形态并不是无限层级的递归，迭代规则也并非图形化的严格排布，其受到诸如社会、经济、文化、自然等多种因素的影响，因此应针对研究区域人居环境的具体特征挖掘和分析原生态基因与分形规律。

7.3.1　分形元的建构

分形城市空间结构的产生是从分析基本社会空间单元与物质空间单元开始的，在此基础上本着统一协调的原则将社会与物质空间单元融合成“分形元”。分形整体形态是由无数分形单元组成，最小尺度的分形元反过来影响大尺度空间形态的特征，因此，小尺度单元优先于大尺度存在，小尺度单元的相互作用能充分体现大尺度板块间的相互关系。一方面，构建分形元的首要工作是分析当地自然环境要素与人工环境历史肌理，在此基础上对原始肌理进行提升与重

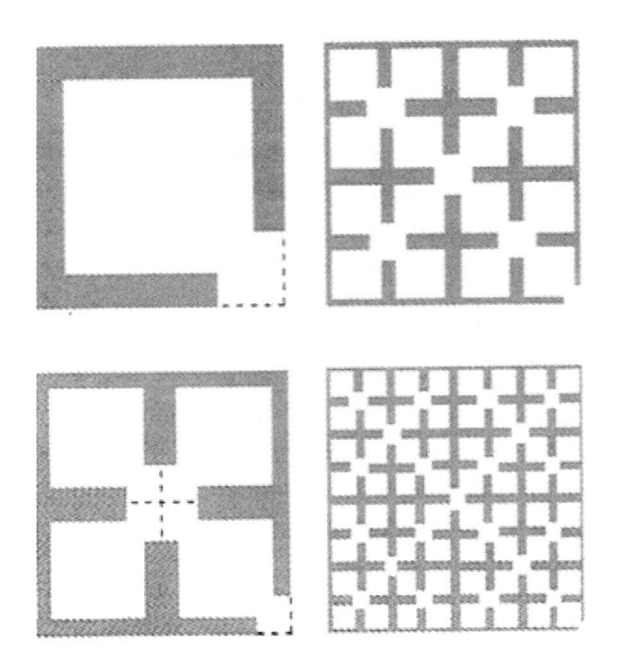

图 7-1　自相似发展的简化模型

（资料来源：Serge Salat（著），陆阳，张艳（译）. 关于可持续城市化的研究：城市与形态［M］. 北京：中国建筑工业出版社，2012）

构，即通过对历史城镇和自然地形的分析提炼出人性化的、与环境相协调的最小尺度单元。"分形元"的提炼与建立有两种方式——模仿和类比。模仿是指简单地遵循某一种原型模式，对原有形态的继承比例较高；类比则是继承与演变的结合，即不完全囿于原始构型，而是通过已知的对象向未知的新对象进行推理和转换❶。另一方面，城镇空间最小尺度单元往往是居民日常生活最频繁的场所，因此应结合当地居民的日常生活习惯、行为模式以及实际需求等，对所提炼的分形单元进行优化调整，最终形成的"分形元"才能被用于分形城市空间的重构设计中。例如，陕北黄土高原丘陵沟壑区含有围合式、联排式、庭院式、自由式等多种人居环境的分形元，那么在陕北黄土高原复杂地形中能否寻找一种最适合当地的居住组合模式作为分形元就成为值得关注的问题，而不是从构图美学角度出发设计一种"自上而下"被强制执行的居住单元模块。

7.3.2　迭代秩序的组织

分形元找到后，如何组构进行分形迭代是另一个关键问题，即分形元之间按照什么样的规律和原则进行组织联系和扩展、不同尺度层级之间如何连接？城镇的分形迭代涉及形态的迭代和功能的迭代。

❶ 王辰晨. 基于分形理论的徽州传统民居空间形态研究［D］. 合肥：合肥工业大学，2013. 04：66-67.

形态的迭代：城市空间的迭代秩序从分形几何无穷递归的特征而来，分层迭代规律促使城市空间要素形成复杂的嵌套关系。迭代递归原则主要是以空间分形元为起点，运用层级递归的手法，按照某一特定的组织原则或规律展开分形元的嵌套拼接与生长，形成具有自相似性的有序复杂体系，从而保持不同尺度、不同层次空间形态在拓扑关系上的一致，例如院落嵌套院落的组织模式。尤其是在陕北黄土高原地区，应该充分尊重自然、保护环境，挖掘并归纳总结出自然地形与历史城镇的复杂性和分层迭代特性，通过对迭代秩序的修正和优化指导新建城市空间的动态衍生，使之与所在自然环境和谐共存。需要指出，城市分形迭代组织注重的是对分形秩序与规律的借鉴，强调在各个尺度上建立连接关系，并不是单调的重复某一个空间单元。

功能的迭代：现代城市的城市肌理与城市功能的组织方式趋于简单化，不符合复杂系统的等级组织原则，缺乏必要的分层迭代，例如大尺度的功能分区简单随意的并置、缺乏关联(图 7-2)。分形理论中层层嵌套的组织思想同样适用于城市功能的布局。居住、商业、办公、广场等不同功能分别存在尺度的层级划分，每一个功能区内都包含更小尺度其他功能的细分，即城市中不同功能地块之间的连接符合分层细化、层层迭代的原则。例如，分形的居住区内细分有居住、公建、绿地、商业等不同功能街区，商业街区里亦可能进一步细分有公寓、商业、广场等功能(图 7-3)。总之，大尺度功能区应通过小尺度功能街块产生联系，小尺度功能区依存于大尺度功能区并与城市整体功能结构发生关系。

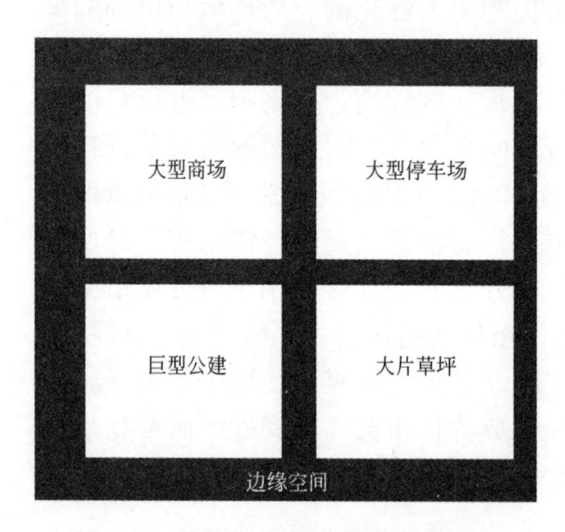

图 7-2　现代非分形城市功能并置图

（资料来源：李俊．基于分形几何概念的山地住区形态研究［D］．重庆：重庆大学，2010. 9：19-21.）

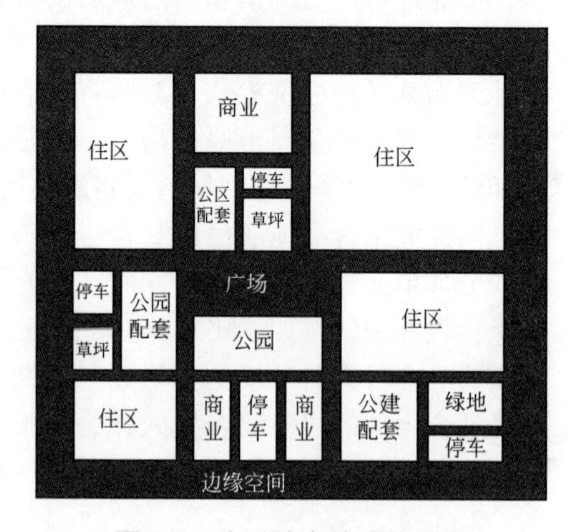

图 7-3　分形城市的功能迭代

（资料来源：李俊．基于分形几何概念的山地住区形态研究［D］．重庆：重庆大学，2010. 9：19-21.）

主题的迭代：由于空间肌理和功能的分层迭代，分形城市的空间序列中会产生空间主题的分形迭代，体现为一种非线性的主题情节安排或叙事体系。首先，在诸如米脂古城这样相对完整的传统城镇片区内，空间的起承转合与主题发展是开放的，并不存在一个单一或固定的空间游走顺序。因此古城片区内存在多个空间主题序列，各个主题平行展开、又适度叠加重合，相互交织、网状伸展。其次，某一个主题序列的发展可能沿着多条空间与时间线索展开，经历转折、演进、发展等阶段，即一个大主题可能分支成若干小主题，从不同空间路径中依次展开。再次，主题的层层迭代使城市空间体验中的情节线索具有随机性、不规则和非寻常的特点，甚至需要体验者、使用者的互动参与来完成，因此分形城市空间的主题迭代使整个空间网络更具有趣味性和生命力。

无论是空间、功能或是主题的分形迭代，其都不是相互隔离的，而是互为条件的存在，并且在不同的维度上相互协调成为一个有机的网络系统，从而衍生出空间的复杂性和文化精神。以城镇肌理形态为代表的空间分形迭代所形成的园中园、城中城等空间嵌套结构无疑为非线性的功能嵌套与主题嵌套提供了物质载体与条件，支撑着功能与主题的迭代规律；而功能与主题分形迭代所产生的丰富性与多变性使城市空间更具内涵，使不同层次的空间充满多样性与文化艺术性。

确定具有人性化尺度、适宜的分形元，以之为起始点并通过其相互作用、拼接进行逐级的衍生与递归，这是分形城市规划设计中一以贯之的主题。在城镇开发建设中，重构适宜的生成元与迭代秩序有利于保持新建城市肌理与传统城市肌理的相似性、新建人工环境与现状自然环境的和谐性，以及新建局部空间结构与城市整体空间结构的动态统一性。

7.4　分形规划设计的方法(程序)：构建分形城市形态

我们不仅需要建构理论支撑体系，还需要思考如何操作实施，并探讨如何有效、高效地实现目标。本节拟从上节提出的分形规划设计的若干主导思想出发，探讨分形城市规划设计的方法与内容，以及工作程序与技术路线，寻求分形理论与城市规划方法相融合的可能性，以其为解决或改善当今城市规划的一些矛盾与问题提供可能。

分形规划设计是对传统城市规划设计内容的深化与方法的改进，针对不同尺度的空间对象，城市空间规划设计的目标与内容不同、对其干预和导控的手段亦各有侧重，从而对应着不同性质的分形规划设计类型。本文将以探讨城市用地形态与城市肌理的分形规划设计为代表，对分形规划设计的一般方法进行探讨。

7.4.1　当前城市空间规划设计的主线

城市空间规划设计工作的基本内容是依据城市的经济社会发展目标和环境保护的要求，在充分研究城市的自然、生态、经济、社会和技术发展条件的基础上，根据城市自身的特点与要求，对城市的空间要素（如用地、建筑等）进行统一安排、合理布局，使其各得其所、有机联系。当前城市空间的规划设计方法与程序大致可分为三个阶段与内容：

首先是规划设计的前期分析，即针对规划对象的调查研究与基础资料分析，这是城市规划设计必要的前期工作。这一阶段的工作主要包括两个方面，一是现场踏勘和基础资料的收集与整理，二是对所取资料的分析研究。前者通过各种方式获取规划对象的基础资料，作为城市规划定性、定量分析的主要依据，主要包括城市空间要素的现状分布与历史演变情况、自然环境特征、社会经济人口等非空间要素特征等；后者是前期分析工作的关键，是规划师对城市从感性认识上升到理性认识的必要过程，也是城市规划方案的孕育过程，重要性不言而喻。

其次就是规划设计方案的生成。基于现状调查与分析研究工作，将收集到的各类资料分析结果所反映出来的问题，加以系统地分析整理，去伪存真、由表及里，挖掘影响规划对象空间生成的内在决定性因素，由此提出解决策略与手段，这是制订城市规划方案的核心所在。针对空间方案阶段的工作一般也涉及两个方面，一是空间结构与总体格局的确定，二是基于前者进行空间要素的填充细化或者各系统的具体布局。无论是用地层面的规划布局还是肌理层面的城市设计，构建明晰的空间结构体系是当前城市空间规划设计的首要任务。城市结构的调整、重构与优化必然促使城市功能的转换、催生新的空间形态与之相配合，进而推动城市的发展。可见，当前的城市空间设计环节主要是从结构到形态、从宏观到微观的逐级细化过程。

最后则是方案比选、后续评估及反馈。规划后期的重点在于不同构思方案的比较、综合和评估、反馈。方案的比选或评价需要针对项目的自身特点明确评估视角或标准，例如基于生态城市评价指标体系的评估、基于园林城市评价体系的评估、针对方案可行性的评估以及环境影响评估等。通过对方案的评估研究，既可以在不同空间规划方案之间科学地择选出较优方案，并进一步综合完善、形成优化方案；也可以针对单一方案寻找其不足之处或不合理之处，从而反馈到方案设计中进行修改和完善。事实上，规划方案设计与方案评估反馈是相辅相成、互为因果的螺旋上升过程。

分形城市规划设计是在上述现有城市规划设计框架下延伸出来的一种创新思维与方法：即在可持续发展概念的指导下，基于当前以“前期分析、中期方案、后期评价”为主线的城市规划方法平台与程序，结合分形理论自身的主导思想与思维特点，搭建“前期分析解构分形秩序、中期规划重构分形形态、后期评估优化分形方案”的分形规划设计程序与方法，从而引导适应当地自然环境与生态系统的城市空间构型与空间秩序的生成，促进人居环境与自然环境的和谐共处与协调有序。

7.4.2　规划前期：现状研究中加入“分析解构分形肌理”

在当前城市设计现状调研工作的基础上，引入或加强对地形地貌、历史城镇空间要素以及现状城镇空间的分形特征研究，涉及分形结构、分形秩序、分形肌理、分形网络等分析，由此寻找地域原生态基因的分形元和生成原则。该阶段对现状、历史和自然环境的“分形解构”，并不是为了简单肤浅地模仿历史城镇的外在形式，而是试图理解它们的内在逻辑与结构，揭示历史城镇与现代城镇的不同之处与优劣所在，从而更加充分地归纳总结当地城镇空间形态从历史到现状的发展脉络与特征，作为后续指导城市设计的关键因素。

（1）区域自然景观（地形地貌）的分形解构：分形骨架与格局

陕北黄土高原丘陵沟壑区千沟万壑的地形地貌奠定了其人居环境分布的基本骨架与格局，城镇空间形态呈现分枝状的带形特征。因此，在现状地形地貌分析中，除了现状高程、坡度、坡向等分析外，还需要进一步研究本地区甚至更大范围内沟壑地貌、水系网络等自然环境的分形特征，尤其是基地内地形地貌景观的形态特征，很有可能成为城镇未来生长发展的空间脉络。例如，河流是黄土高原沟壑区最重要的景观要素之一。河流不但具有生态环境的调节功能，还具有文化内涵——自古以来人们就近水而居，黄土高原人民对河水抱有特殊的情感。枝状延伸的河谷沟道为当地人们创造了宁静祥和的居住环境，沟谷绿色廊道是分形格局的重要支撑，因此，沟谷中的河流及两岸绿带往往是城镇空间发展的轴线或纽带，而河岸两侧缓坡地带则是潜在的承载人居环境的主要空间。

在传统城市规划设计的前期，一般都有生态调查与生态评价工作，对影响城市建设的自然生态因子进行评价，如地质、地形地貌、水文、气候、气象、土壤、生物和具有特殊价值的自然生态因子等。通过对这些生态因子的评价、加权叠加再进行分级，即可将基地划分为禁止建设区、限制建设区、适宜建设区等不同类型。在这一操作过程中，可引入“自然环境形态分形特征分析”，结合分形思维方法，综合地辨识、分析和评价基地所在区域内自然环境要素的空间特征，从而更全面地反映自然资源的生态潜力和其对城市发展可能产生的空间制约因素，进而保证城镇空间形态的演化与自然环境相协调。例如，可以对陕北黄土高原沟壑区现状地形的分形几何特征作定量描述，提取分维图示及对应的分维值作为后续规划设计的参考，通过保证人工环境与自然环境的分维相似，实现二者在空间分布上的耦合。

（2）历史街区建筑基因的分形解构：城镇肌理分形元

同上，在陕北黄土高原地区当前的城乡规划设计工作中，现状调研除了不重视传统城镇的公共空间特征以及当地居民的公共生活外，还忽视了当地居民半公共与半私密性的家族式生活方式以及承载它的居住街坊单元。这种自上而下为主导的规划设计所产生的居住模块，不仅缺乏实用性和亲和性，而且逐步丧失了家族文化特征。因此，陕北黄土高原地区的城镇规划设计需要在现状调研工作中增加“历史街区建筑基因解析”，以加强自下而上的自组织逻辑。通过对传统城镇、历史街区或村落中以家族为单位的邻里街坊或院落群组进行详细分析，归纳有特色的居住建筑群组模式，以此作为新型居住单元更新设计的重要参考依据，为后续自下而上的街区自组织设计创造必要的基础条件。

7.4.3 规划中期：方案设计中加入“重构再生分形形态”

分形城市规划设计的主旨在于吸取分形自组织与规划他组织的各自优势，构建主动营造城市秩序的积极导控方法，而不是寄希望于消极被动地自我调控。在具体方案设计过程中，应基于传统规划构思的主线并行引入分形的思维方法和内容，以加强城市设计中的理性思维和依据。其中，以分形肌理的提炼重构与再生设计为核心内容。

（1）基于原生秩序重构分形结构框架

分形城市具备自下而上的自组织能力，但其并非无序盲目地自由生长，而是沿着潜在的逻辑秩序进行构建，即分形城市的空间形态受到分形结构框架的引导。在分形视角下布局城市空间、建筑、环境等物质实体时，应把“自上而下的整体结构框架与自下而上的局部空间填充相耦合”纳入规划方法与过程中，其中，整体结构框架包括空间形态的体系结构、开敞空间的组织秩序、规模数量的等级结构等，这也是确保城市空间形态协调统一的基本条件。

陕北黄土高原地区分形城镇的发展应参考非建设用地的空间格局，建立一个健康安全的生态分形基底系统，作为城市总体建设和发展的支撑与引导，以维持城市发展与自然演进的动态平衡[60]。因此，在城镇总体用地形态层面上，基于规划前期对区域自然地形地貌的分形研究，可以掌握沟壑区城乡空间扩展的基本逻辑与路径，结合规划区的地形地貌特征和地质条件进行建设用地适宜性评定，由此制定分形视角下城镇总体空间形态衍生的结构框架，以此作为规划方案中用地形态构思的依据。

总之，在完整系统的规划设计中预留成长空间和发展空间至关重要。分形城市规划设计与当前规划思维方法的相似之处在于，优先强调在宏观层面构建完善的空间结构和网络体系，再进入微观设计；但区别在于，分形规划设计事先制定的空间结构并非一成不变，也不会事无巨细地涵盖所有内容，相反，该结构框架可能只是展现出一种空间组织上的逻辑秩序，并未形成确定的形态布局。在结构格局或逻辑秩序所设定的空间发展脉络的限定与引导下，分形城市规划设计既可以遵循自相似特征，自上而下地对城镇空间形态进一步细化和填充，也可以从局部用地形态或街区肌理形态入手，促进微观城市单元自下而上地衍生与扩展，从而逐步展现出分形城市的复杂性、动态性与可变性。

（2）基于原生肌理重构再生分形单元

分形城市自下而上的自组织性要求分形规划设计中必须关注微观层面的空间单元，包括路径单元、街坊单元、住宅单元等。这些空间单元是城镇分形组织的分形元，是黄土高原地区人居环境自下而上构建衍生的细部体现，对城市形态的形成具有至关重要的作用。因此，在陕北黄土高原地区的城市规划设计中，应基于对原生态基因的分析重构，结合新的功能需求创造“分形元”，并以分形元为母体指导微观单元的空间设计。

确定恰当的尺寸与适宜的形式是构建分形元的必要条件：分形元的尺寸应以人性化尺度为基准，分形元的形式应顺应当地居民的生活、传承地方文化特色、协调自然环境。分形元是城镇分形体自下而上分形衍生和拓展的起点，当分形元的尺寸与形式铭刻或固化在物质实体中后，将作为整个城市肌理衍生的共用参照物。

首先，分形规划设计中对分形元的再生设计需要建立在对传统城镇肌理的解构与重构基础上。例如，邻里住宅是陕北黄土高原传统人居环境最小的细胞单元，是居民日常生活最频繁的场所，住宅建筑围合而成的庭院空间更是家族群体社会生活的核心场所。这一最小尺度单元的密集分布使传统城镇空间结构更加紧致，空间布局与公共活动更加有序。因此，在规划设计中应首先挖掘和提炼传统居住单元的精华与特色，例如重塑院落式街区模式、传承与发扬陕北民居建筑特色。在此基础上，结合新的城市功能和人居生活环境，如居民生活行为、日常交往等需求，对原有围合院落式“分形元”的模式与尺度进行优化调整。基于此分形元还可以衍生出形状各异的居住单元，创造出丰富多彩的人居环境。

其次，由若干院落单元组合而成的街坊单元是组织城市形态的重要基础，因此，在明确单个分形元的尺度与形式后，应进一步构建分形元相互拼接衍生的组织序列。例如，传统城镇采用围合建筑与庭院交替分布、虚实结合的形式，逐渐形成一个均衡的空间网络。分形城市规划设计可以借鉴这种自下而上的嵌套组织逻辑，即从最小住宅单元开始，大小、样式不同的各类院落单元相互嵌套、穿插拼接，形成群组式的街坊单元，这种具有分形层级的院落群组可以不断衍生扩大，便于融入更高层级的城市结构和肌理中。总之，城镇群组的布局并不是简单地并置不同规模、不同样式的街坊，而是各种最小单元依次融合、嵌套、不断发展的过程，这样才能创建功能齐全、富有活力的精致城区。

7.4.4　规划后期：基于分维数据评估的优化调整或方案比选

在城市规划设计的中、后期，在最终方案生成前或许有若干比选方案，此时可引入方案评估环节。与用后评估(POE)不同，本文在此提出的评估环节仍处于方案阶段，是以分形理论及其相关数据为依据对空间形态方案的合理性和综合绩效进行评价，寻找其存在的问题与不足，从而对方案进行优化调整，或在方案比选中更理性、准确地选择适宜方案。基于分形视角的方案评估，使得原本单向进程的规划设计流程变为具有反馈机制的螺旋上升式规划进程。

一方面，利用分维数据的指标评价可以进行多方案的比选。基于分形思维可以获得城市发展的多种可能路径，通过分形城市数据指标的评价判断后，可筛选出最优的城市空间规划策略，指导城市空间形态的布局。例如，在规划方案中期可指定若干总体用地构型或城市肌理形态，基于"分形绩效"、"分形秩序"等准则对不同方案进行评测，确定最优的空间形态方案。再如，可以根据近期、中期、远期不同阶段城市扩张的规模与状态，基于"生态分维"准则纵向比较各阶段城市形态的分形指标，寻找适宜的城乡发展路径。另一方面，利用分维数据的指标评价，可对单个方案进行优化调整。例如，空间形态方案生成后，首先用不同的维数计算方法计算其分维数与拟合优度以及相关联的形态指标，如反映街道形态的交叉口密度、连接性指数等。之后从分形特征的各个层面对规划方案的城镇空间形态进行指标合理性的判定及其地理学解释，由此提出规划设计方案存在的不足以及调整改进的建议，最终得到优化后的城镇空间规划方案。

7.5 结语：分形方法与城市规划的关系

本章研究的分形方法，是对城市规划方法体系新的思考方式探讨。分形规划设计的核心思路在于，通过城市空间形态的分形解构、重构和指标比选，分别与城市规划设计前期调研分析、中期方案与后期评估全过程的对应衔接，将分形思维导向下的城市空间设计融入现有的城市规划方法体系中。分形规划的最终成果可单独以分形研究报告的形式呈现，包括基地分形现状、分形规划策略、形态示意与实施导则等内容，对同步进行的城市规划设计方案编制起到重要的借鉴作用；也可以将分形研究成果内容直接并入城市规划与设计编制的常规文件中，与其中的对应内容综合论述。

城市规划方法的在城市空间形态的布局与发展方面不应局限于传统的城市土地与空间利用模式，城市规划应充分借鉴和利用分形规划思维、方法等理论成果。而应发挥分形理论的优势，对分形城市空间进行专项研究并制定相应的规划策略。另一方面，分形城市规划设计仍需以城市规划的理论与方法为指导和支撑。尽管分形城市规划的相关研究结论是规划方案进行全局统筹时需要考虑的核心问题之一，但其在城市规划体系中(例如总体规划、城市设计等)仅仅是围绕空间形态布局的一个子项内容，并非全部。除了物质空间本身外，还涉及城市性质、城市发展战略、城市建设方针、人口政策、功能产业布置等一系列内容，因此不仅要重视分形效率，还需要综合考虑社会、经济、政策、交通、设施等问题。

总之，分形理论中的诸多思想与方法在城乡规划与设计中具有广泛的应用前景，可为研究复杂事物的秩序逻辑提供可行的手段与思路，为城乡规划与建设的评价补充新的量化标准。因此，未来应不断拓展分形理论在城乡规划学中的应用与实践。但是，分形理论主要聚焦于空间形态的布局与发展演变的路径等问题，并不能解决当代城市规划与设计中存在的所有问题。此外，影响城市空间形态特征的因素很多，城市中社会、经济、政治等任何一个要素的改变，都会导致城市空间形态的变化和发展。因此，分形城市的理论与方法应和其他学科配合，综合城市发展中的各项问题进行决策。多学科交融已成为现代城市空间形态研究的发展趋势，城市社会分析、城市经济分析、城市环境行为分析等多种不同学科背景下的研究方法、工具和视角，均可为城市空间形态研究及相关决策提供有益的借鉴。

后　记

春秋四载，倏忽一瞬，在国家自然科学基金课题（51278411）的资助与研究团队的通力协作下，书稿终于接近尾声。

回望2012年课题研究伊始，选择分形的理论切入点正是缘于博士期间的论文研究，随着问题研究的不断深入，愈加印证了最初对陕北城镇空间发展模式的理论推想，也促使研究团队深入探索分形方法与规划理论的交叉融合。在此期间，依托西安建筑科技大学与西安建大城市规划设计研究院的科研平台，研究团队得以获取陕北地区的地貌及城镇资料，借助GIS理论、数学模型、区域经济、城镇空间规划等多学科理论与方法，对陕北整体地貌及城镇体系、无定河及延河流域、25个县级以上城镇空间形态等进行了翔实的分形研究和耦合论证。在陕北城镇空间形态与分形地貌的耦合关系、耦合机制、数学模型等基本成果基础上，研究对陕北黄土丘陵沟壑区城镇形态的枝状网络空间结构模式进行了深入验证和实证拓展，并对引入分形理论的城市规划思想及方法进行了初步探讨。纵览全书，仍有许多不足和遗憾，但整体而言，达到了初始设定的相关目标。当前，全面展开生态文明建设，注重地域城镇化发展和富有地域特色的城镇风貌营建，已经成为学界乃至全社会的共识，为本研究提供了更多现实价值。希望本书的出版能为城乡规划分形领域研究提供一点补充，也希望对陕北黄土高原及类似河谷地区城镇空间发展规划有所启示。

一项重要的研究课题并非一人之力所能完成，研究团队成员包括西安建筑科技大学规划院、建筑学院、理学院的资深教授、青年教师和科研人员、研究生等。四年来，他们参与了有关课题的核心讨论、陕北地区的调研实践，并完成了相关研究内容和书稿。本研究书稿分为两部分，本书作为上册，整体论述研究的主体框架和具体内容；下册（河谷聚落之分形——理论模型与现实途径）作为上册的补充，重点讨论GIS理论和数学方法对研究核心内容的支撑。下册书稿主要由许五弟和魏诺教授等完成，在此对他们的有效工作表示真诚的感谢！同时，特别感谢雷会霞教授、吴左宾副教授、刘晖教授和青年教师杨彦龙、周在辉等，他们不仅为课题研究提供了多方面建设性意见，也完成了具体的研究工作。还要感谢研究生这一年轻群体，他们与课题共同成长，既为课题完成了大量基础工作，也完成了许多重要研究和书稿内容，多位同学完成了博士和硕士学位论文，本书中多个章节初始内容来自于这些论文，他们是田达睿、吴冲、张雯、杨晓丹、高元、花丽红、姚珍珍、韩莉莉等，杨晓丹还参与了全书的统稿工作。赵倩、侯帅、徐娉、王嘉溪、张怡冰等同学先后参与了课题研究工作并发挥了重要作用，在此一并感谢。

虽然结题在即，书稿将成，但关于分形视角下的城市规划研究才刚刚开始，研究团队在后续科研工作中将继续关注该领域的理论内涵与应用外延，希望为相关学术研究和实践探索有所贡献。

参考文献

[1] 雷毅．深层生态学思想研究［M］．北京：清华大学出版社，2001：31-34.

[2] 雷毅．深层生态学思想研究［M］．北京：清华大学出版社，2001：76.

[3] 周庆华．对人居环境的深层生态学思索［J］．城市规划学刊，2006，05：86.

[4] 那薇．道家与海德格尔相互诠释［M］．北京：商务印书馆，2004：31.

[5] 肖彦．如果城市并非树形——亚历山大与萨林加罗斯的城市设计复杂性理论研究［J］．建筑师，2013，06：76.

[6]［美］克里斯托弗·亚历山大．建筑的永恒之道［M］．赵冰，译．北京：知识产权出版社，2002.

[7] Mandelbrot B. B. The Fractal Geometry of Nature. W. H. Freeman and Company，1982.

[8] Eglash Ron. African Fractals：Modern Computing and Indigenous Design［M］. New Brunswick：Rutgers University Press，1999.

[9] 赵珂，冯月，韩贵锋．基于人地和谐分形的城乡建设用地面积测算［J］．城市规划，2011，35(7)：20-23.

[10] 周庆华．黄土高原·河谷中的聚落——陕北地区人居环境空间形态模式研究［M］．北京：中国建筑工业出版社，2009.

[11] 冒亚龙，雷春浓．生之有理，成之有道——分形的建筑设计与评价［J］．华中建筑，2005，25(02).

[12]［美］尼科斯·A. 萨林加罗斯．连接分形的城市［J］．刘洋译．国际城市规划，2008，6.

[13]［美］尼科斯·A. 萨林加罗斯．新建筑理论十二讲［M］．李春青，译．北京：中国建筑工业出版社，2014：67.

[14] 高鹏，李后强，艾南山．流域地貌的分形研究［J］．地球科学进展，1993，8(5).

[15] 陈彦光，李宝林．吉林省水系构成的分形研究［J］．地球科学进展，2003，18(2).

[16] 龙腾文，赵景博．基于 DEM 的黄土高原典型流域水系分形特征研究［J］．地球与环境，2008，36(4).

[17] 沈中原，李占斌，李鹏等．流域地貌形态特征多重分形算法研究［J］．水科学进展，2009，20(3).

[18] 胡最，梁明，王琛智．基于 GIS 的典型黄土小流域边界线分形特征研究［J］．华中师范大学学报(自然科学版)，2014，48(1).

[19] 蔡凌雁，汤国安，熊礼阳等．基于 DEM 的陕北黄土高原典型地貌分形特征研究［J］．水土保持通讯，2014，34(3).

[20] 刘晖．黄土高原小流域人居生态单元及安全模式——景观格局分析方法与应用：［学位论文］．西安：西安建筑科技大学，2006，6.

[21] 虞春隆，周若祁．黄土高原沟壑区小流域人居环境的类型与环境适宜性评价［J］．新建筑，2009，2.

[22] 冯健．杭州城市形态和土地利用结构的时空演化［J］．地理学报，2003(03).

[23] 白新萍．基于分形理论的滨海新区土地利用空间格局变化研究［J］．安徽农业科学，2011(24).

[24] Fatih Terzi, H. Serdar Kaya. Analyzing Urban Sprawl Patterns Through Fractal Geometry: The Case of Istanbul Metropolitan Area [DB/OL]. http://www.casa.ucl.ac.uk/, CASA Working Paper Series, No. 144, 08/2008, Center for Advanced Spatial Analysis-University College London.
[25] 陈彦光，刘明华．城市结构和形态的分形模型与分维测算［J］．信阳师范学院学报(自然科学版)，1998(03).
[26] 史念海．黄土高原历史地理研究［M］．郑州：黄河水利出版社，2001.
[27] 孙邈等．黄土高原志［M］．西安：陕西人民出版社，1995.
[28] 张丽萍，张海霞．简论黄土高原地貌类型的空间组合结构——以陇东、陕北、晋西为例［J］. 山西大学师范学院学报(综合版)，1991，03(1)：88-92.
[29] 雷会珠，武春龙．黄土高原分形沟网研究［J］．山地学报，2001，19(5)：474-477.
[30] 李军峰．基于 GIS 的陕北黄土高原地貌分形特征研究［D］．西安：西北大学，2006.
[31] 陈彦光，刘继生．城市形态分维测算和分析的若干问题［J］．人文地理，2007，22(3)：98-103.
[32] 艾南山，陈嵘，李后强．走向分形地貌学［J］．地理与地理信息科学，1999，(1)：92-96.
[33] 曹小敏，罗明良，刘承栩．基于 ASTER-GDEM 的延河流域水系分维特征分析［J］．遥感信息，2013，01：34-37.
[34] 胡珂，莫多闻，毛龙江等．无定河流域全新世中期人类聚落选址的空间分析及地貌环境意义［J］．地理科学，2011，04：415-420.
[35] 何隆华，赵宏．水系的分形维数及其含义［J］．地理科学，1996(02).
[36] 白钰．基于陕北黄土高原地貌特征的城镇空间形态结构研究：［学位论文］．西安：西安建筑科技大学，2010.
[37] 于汉学，周若祁，刘临安等．黄土高原沟壑区生态城镇整合方法［J］．西安建筑科技大学学报(自然科学版)，2006，38(1).
[38] 姜永清，邵明安，李占斌等．黄土高原流域水系的 Horton 级比数和分形特性［J］．山地学报，2002，20(2).
[39] 叶俊，陈秉钊. 分形理论在城市研究中的应用［J］．城市规划汇刊，2001(4)：38-42.
[40] 刘继生，陈彦光. 城镇体系空间结构的分形维数及其测算方法［J］. 地理研究，1999，18(2)：171-177.
[41] 刘继生，陈彦光. 城市地理分形研究的回顾与前瞻［J］. 地理科学，2000，20(2)：166-171.
[42] 谭其骧. 中国历史地图集(1-8 册)［M］. 北京：中国地图出版社，1982.
[43] 薛平栓. 陕西历史人口地理研究：［学位论文］. 西安：陕西师范大学，2000.
[44] 周庆华. 陕北城镇空间形态结构演化及城乡空间模式［J］．城市规划，2006，30(2)：39-45.
[45] 汪明峰．中国城市首位度的省际差异研究［J］．现代城市研究，2001(3)：27-30.
[46] 周宏等．现代汉语辞海［M］．北京：光明日报出版社，2003.
[47] 贾小勇，徐传胜，白欣．最小二乘法的创立及其思想方法［J］．西北大学学报(自然科学版)，2006(6)：507-511.
[48] 丁克良，沈云中，欧吉坤．整体最小二乘法直线拟合［J］．辽宁工程技术大学学报(自然科学版)，2010(2)：44-47.
[49] Wikipedia. [DB/OL]. [2015-11-22]. https://en.wikipedia.org/wiki/Spearman_ rank.
[50] 查尔斯·爱德华·斯皮尔曼著，袁军译．人的能力［M］．杭州：浙江教育出版社，1999.

[51] 陈彦光，黄昆．城市形态的分形维数：理论探讨与实践教益［J］．信阳师范学院学报，2002，15(1)：63-64.

[52] 陈彦光，黄昆．城市形态的分形维数：理论探讨与实践教益［J］．信阳师范学院学报，2002，15(1)：62-67.

[53] 米凯，彭羽．国外生态城市指标体系及其应用现状分析［J］．中国人口·资源与环境，2014，24(11)：129-134.

[54] 张伟，张宏业，王丽娟等．生态城市建设评价指标体系构建的新方法［J］．生态学报，2014，34(16)：4766-4774.

[55] 谢鹏飞，周兰兰，刘琰等．生态城市指标体系构建与生态城市示范评价［J］．城市发展研究，2010，17(7)：12-18.

[56] 魏诺，庞永锋．正三角形维数的计算方法［J/OL］．西北大学学报(自然科学网络版)，2011，9(1)：0451［2011-1-10］．http：//jonline. nwu. edu. cn/wenzhang/211001. pdf.

[57] 魏诺，庞永锋．维数合成问题研究［J/OL］．西北大学学报(自然科学网络版)，2011，9(2)：0457［2011-03-10］．http：//jonline. nwu. edu. cn/wenzhang/211007. pdf.

[58] 陈彦光. 分形城市系统：标度·对称·空间复杂性［M］．北京：科学出版社，2008：147，229-235.

[59] 周庆华，白钰，杨彦龙．新型城镇化背景下黄土高原城镇空间发展探索——以米脂卧虎湾新区为例［J］．城市规划，2014(11)：78-82.

[60] 赵珂. 城乡空间规划的生态耦合理论与方法研究［学位论文］．重庆：重庆大学，2007.

[61] 于汉学，周若祁等．黄土高原沟壑区城镇体系空间结构的协调发展［J］．西北大学学报(自然科学版)，2008，38 (2)：148.

[62] 张勇强．城市空间发展自组织研究：深圳为例［D］．南京：东南大学，2003，5.

[63] 惠怡安．陕北黄土丘陵沟壑区川谷型城镇空间扩展模式及其开发策略研究．［学位论文］．西安：西北大学，2007，5：67.

[64] 刘建红，刘红艳，邵红等．马湖峪河流域水沙特性及治理措施［J］．商情，2012(49)：225，228.

[65] Tannier C，Vuidel G，Frankhauser P，Houot H. Simulation fractale d’urbanisation——MUP-city, un modèle multi-échelle pour localiser de nouvelles implantations résidentielles［J］. Revue internationale de géomatique，2010(20).

[66] 刘智钰．合景和城——延安风景城市建构方法初探［学位论文］．西安：长安大学，2013.

[67] 黄光宇．山地城市学［M］．北京：中国建筑工业出版社，2002.

[68]［美］伊利尔·沙里宁著．顾启源译．城市：它的发展、衰败与未来［M］．北京：中国建筑出版社，1986：219.

[69] 陈彦光．分形城市与城市规划［J］．城市规划，2005，29(2)：33-40.

[70] 黄建毅，张平宇．辽中城市群范围界定与规模结构分形研究［J］．地理科学，2009，29(2)：181-187.

[71] 李建勇．陕北米脂窑洞古城民居聚落形态研究［D］．西安：西安美术学院，2007，5：13.

[72] 陈群元，尹长林，陈光辉．长沙城市形态与用地类型的时空演化特征［J］．地理科学，2007(2)：273-280.

[73] Batty M. Cities as Fractals：Simulating Growth and form［M］. In：A J Crilly，R A Earnshaw. H Jones(eds)，Fractals and Chaos. New York：SpringerVerlag，1991：43-69.

[74] 陈彦光，罗静．城市形态的分维变化特征及其对城市规划的启示［J］．城市发展研究，

2006(5)：35-40.

[75] 姜世国，周一星．北京城市形态的分形集聚特征及其实践意义［J］．地理研究，2006，25(2)：205-211.

[76] Benguigui L，Czamanski D，Marinov M，et al. When and where is a city fractal［J］．Environment and planning B，2000，27：507-519.

[77] 王中德．西南山地城市公共空间规划设计的适应性理论与方法研究．［学位论文］．重庆：重庆大学，2010，11：161.

[78] 王辰晨．基于分形理论的徽州传统民居空间形态研究［D］．合肥：合肥工业大学，2013，04：66-67.